《舌尖上的乐平》编委会

舌尖上的乐平

《舌尖上的乐平》编委会◎编

江西人民出版社
Jiangxi People's Publishing House
全国百佳出版社

图书在版编目（CIP）数据

舌尖上的乐平 /《舌尖上的乐平》编委会编 . 南昌 : 江西人民出版社 , 2024. 9. -- ISBN 978-7-210-15787-8

Ⅰ . TS971.202.564

中国国家版本馆 CIP 数据核字第 2024F0B826 号

舌尖上的乐平
SHEJIAN SHANG DE LEPING

《舌尖上的乐平》编委会　编

责 任 编 辑：吴艺文
封 面 设 计：同异文化传媒

江西人民出版社
Jiangxi People's Publishing House
全 国 百 佳 出 版 社
出版发行

地　　址：江西省南昌市三经路 47 号附 1 号（邮编：330006）
网　　址：www.jxpph.com
电 子 信 箱：jxpph@tom.com
编辑部电话：0791-86898470
发行部电话：0791-86898893
承　印　厂：深圳市精彩印联合印务有限公司

开　　本：787 毫米 × 1092 毫米　1/16
印　　张：17.5
字　　数：260 千
版　　次：2024 年 9 月第 1 版
印　　次：2024 年 9 月第 1 次印刷
书　　号：ISBN 978-7-210-15787-8
定　　价：88.00 元
赣版权登字 -01-2024-617

目录

上篇：名菜镜诠

一、景德镇名宴　戏宴·府宴

戏宴·曲水流觞

1. “戏宴·曲水流觞”的渊源与历史 …… 003
2. “戏宴·曲水流觞”的基本特色 …… 003
3. “戏宴·曲水流觞”的主要菜品 …… 004

府宴·洪马气度

1. “府宴·洪马气度”的渊源与历史 …… 014
2. “府宴·洪马气度”的主要特色 …… 015
3. “府宴·洪马气度”的主要菜品 …… 016

二、传统宴席·乐平水桌

1. “乐平水桌”的传统由来 …… 023
2. “乐平水桌”的特点特色 …… 024
3. “乐平水桌”的常有菜品 …… 025

三、地方品牌·乐平名菜

1. 接渡白切狗肉（接渡镇）…… 026
2. 清蒸甲鱼（涌山镇）…… 028
3. 涌山猪头肉（涌山镇）…… 030
4. 乐平豆豉蒸花猪肉（高家镇）…… 032
5. 镇桥灯笼贡椒（镇桥镇）…… 034
6. 共库小干鱼（共库管理局）…… 036
7. 鸬鹚烧鹅（鸬鹚乡）…… 038
8. 塔前雾汤（塔前镇）…… 040
9. 虎山鳊（浯口镇）…… 043

10. 李家白薯蒸排骨（接渡镇）……………………… 044
11. 乐平水芹炒腊肉（金鹅山管理处）………………… 046
12. 豆泡烧肉（乐港镇）…………………………… 048
13. 临港猪肚饭（临港镇）………………………… 050
14. 蟠龙神守汤（浯口镇）………………………… 052
15. 高家清蒸土鸡（高家镇）……………………… 053
16. 众埠血肠（众埠镇）…………………………… 055
17. 墨鱼排骨汤（后港镇）………………………… 057
18. 腊肉蒸萝卜丝（鸬鹚乡）……………………… 058
19. 名口豆腐（名口镇）…………………………… 060
20. 乌佬果（十里岗镇）…………………………… 061
21. 辣椒蒸豆腐（双田镇）………………………… 063
22. 邹家大块肉（洎阳街道）……………………… 065
23. 江维血鸭（塔山街道）………………………… 067
24. 天济水上漂（塔山街道）……………………… 069
25. 观音豆腐（洪岩镇）…………………………… 070
26. 鸿运当头（商务局）…………………………… 072
27. 鱼汤泡油条（市餐协）………………………… 074
28. 西街螺蛳糊（东方国际）……………………… 075
29. 年味腊三宝（禧香悦）………………………… 077
30. 大山坞花猪肉（山水国际）…………………… 079

四、江西小炒·乐平菜

1. “江西小炒·乐平菜”在外省发展的情况………… 081
2. “江西小炒·乐平菜”的经营特色………………… 082
3. “江西小炒·乐平菜”菜品的主要品种…………… 082
4. 媒体对“江西小炒·乐平店”的报道与推介 …… 082

5. “江西小炒 · 乐平菜” 的文化意义 …………………… 084

五、特色小吃 · 乐平名点

1. 油条包麻糍（乐平宾馆）……………………………… 085
2. 乐平十八包（乐平宾馆）……………………………… 087
3. 洄田排粉（礼林镇）…………………………………… 089
4. 桐子叶饺（乐平宾馆）………………………………… 091
5. 萝卜饺（乐平宾馆）…………………………………… 092
6. 清明粿（市餐协）……………………………………… 094
7. 港口清汤（乐港镇）…………………………………… 096
8. 洪岩芋饺（洪岩镇）…………………………………… 097
9. 众埠挂面（众埠镇）…………………………………… 099
10. 接渡煎饺（接渡镇） ………………………………… 100

下篇：品菜评谭

一、品菜评谭 · 忆传统

从节庆民俗“吃”的传统看乐平源远流长的饮食文化
（徐行溥）……………………………………………… 104
“乐平菜” 史事拾零（柴有江）………………………… 106
“塔前雾汤” 由此而来（卢军荣　毕然）……………… 110
古巷中老奶奶讲搨叶皮饺的往事（夏小艳）………… 113
塔前雾汤的历史故事（吴万清）……………………… 115
一个美丽的传说：驸马菜（罗卫平）………………… 119
“老字号”：乐平餐厅的记忆（柴有江）……………… 120
乐平 20 世纪高端酒店：德福大酒家（柴钧） ……… 123

1961 年谁上庐山为党和国家领导人烹饪乐平灯笼椒（张月）…… 125

二、品菜评谭 · 聊特色

味蕾的记忆——乐平的大块肉和水桌酒（张新华）…… 127
“乐平水桌”酒（吴子仁）…… 129
传统水桌宴里的“装碗仂肉”（张邦富）…… 132
乐平萝卜丝（汪日海）…… 135
幸福团圆大杂烩（汪丹）…… 138
豆泡灌肉（徐丹丹）…… 140
记忆中的乐平水桌——雾汤飘香（夏良兰）…… 142
家乡记忆：鱼头焖豆腐（石银琴）…… 144
“乐平水桌”与洛阳水席（汪礼丰）…… 146
乐平家常菜：豆豉蒸肉（王佳裕）…… 147
妈妈的味道：乐平粉蒸肉（龚细平）…… 149

三、品菜评谭 · 品名菜

乐平白切狗肉（曹涛勇）…… 151
一碗“盛福”话乡愁（王皓晟）…… 153
鸬鹚乡，香香甜甜萝卜丝（应清华）…… 156
猪肚饭（吴凤英）…… 157
大山深处的美食传承——十里岗镇石磨豆腐（程燕芳）…… 159
一道神仙汤的记忆——塔前糊汤（徐慧萍）…… 162
幸福年，虎山鳊（李年华）…… 164
乐平清蒸甲鱼（韩樟树）…… 165
塔前雾汤（黄建文）…… 167
鸬鹚烧鹅（王美珍）…… 168

乐平白切狗肉（余巧玲）…… 170
最是难忘猪肚饭（罗卫平）…… 172
乐平年鸡　人间美味（石晓鹏）…… 173
童年里的冬笋炒腊肉（马婷）…… 175
涌山猪头肉（朱园婷）…… 177
江维血鸭江维情（汪嘉琪　刘振清）…… 179

四、品菜评谭·尝鲜蔬

泥鳅黄瓜汤，书写在光阴背后的故事（邹冬萍）…… 182
红红火火灯笼椒（刘金英）…… 185
最是真味炒水蕨（汪华峰）…… 189
回味家乡的甜辣水果“乐平灯笼椒”（黄建松）…… 191
乐平苦槠豆腐（王佳裕）…… 193
乐平菊花糊（汪丽霞）…… 195
家乡的豆豉灯笼椒（华丽亚）…… 197
接渡民间的几道知名菜蔬（张邦富）…… 200

五、品菜评谭·评名点

乐平“萝卜饺仂”（吴子仁）…… 204
难忘乐平麻糍香（夏宇欣）…… 206
乐平叶子饺（黎素珍）…… 209
家乡的味道——洄田排粉（肖贵平）…… 210
乐平糕粿仂（王佳裕）…… 213
记忆中的晨曲——油条包麻糍（王小芳）…… 215
一味艾草寄乡愁——乐平清明粿（邓小婕）…… 217
乐平糯米糕（叶亮兰）…… 218
一片叶皮饺　一份传承爱（黄琼）…… 220
家乡的碱水粿（汤丽平　叶亮兰）…… 221

六、品菜评谭 · 说小菜

乐平霉豆腐（方乐珍）……223
小坑辣椒果（甘建和　董淑芳）……225
柚子皮（朱婉贞）……226
母亲的豆豉酱油（邵建勋）……229
秋日制作美食红薯干（汪华峰）……231

七、品菜评谭 · 侃酒俗

乐平人与酒文化（徐金海）……233
独具特色的乐平酒文化（曹晓泉）……237
“酒乡”侃酒（徐行溥）……242
乐平人的酒情结（曹涛勇）……245
乐平人喝酒（肖贵平）……247

八、品菜评谭 · 论产业

关于发展“乐平小炒”产业、推进品牌连锁经营的建议（柴有江　南海军）……250
“安牌”的危与机（曹涛勇）……253
关于做大乐平桃酥产业的思考（彭建飞　曹涛勇）……259
对推进“江西小炒乐平造”的几点思考（易安定）……263

后记……266

名菜镜诠

——上篇——

一

景德镇名宴　戏宴·府宴

戏宴·曲水流觞

2023 年 12 月 27 日，在“景德镇菜”名品认定发布暨“景德镇菜”昌南里示范基地授牌仪式活动中，乐平市选送的“戏宴·曲水流觞”（由乐平宾馆烹饪制作）入选为“景德镇名宴”。

1 “戏宴·曲水流觞”的渊源与历史

乐平，作为有着“诗书之乡”深厚文化背景、“江南鱼米之乡”经济基础和数百座古戏台物质条件的地域，历史上就是著名的“戏乡”。早在700多年前的元代，就有一位与马致远、张小山齐名的杂剧家赵善庆写下多部元杂剧；在距今500年的明嘉靖年间，就有流行于赣东北如汤显祖所述的“乐平腔”，到清代发展为“饶河戏”；在当代有着石凌鹤、龚泰泉、许还山等一批剧作家和表演艺术家。故而乐平当之无愧地被命名为“赣剧之乡”“中国古戏台之乡”。

然而，在乐平有“戏”必有“宴”，吃“宴”为观“戏”。曲水流觞，羽觞随流波；客来如流，流水席宴宾。在乐平乡间，无论节庆戏、寿诞戏，抑或破台戏、油台戏、谱牒戏……戏台下，观众如云；家庭里，宾客盈门。少则三五桌，多的十来桌，演出的三五天、七八天内，户户如此，日日如此。久而久之，戏宴成俗，演戏宴宾，赴宴看戏，“戏宴·曲水流觞”成为乐平特色民俗的一道风景线。

2 “戏宴·曲水流觞”的基本特色

一是“戏宴·曲水流觞”充分体现乐平传统的“乡土”特色。

“戏宴”以乐平传统水桌为基础，保留着长期以来流行的“乐平水桌酒”的筵席基本面，以猪肉猪骨熬汤配菜、大块肉食之不腻、店菜必备（商店购的粉丝、粉皮、海带、豆干、豆泡之类）、大碗装菜、每菜双份等特色。同时，随着时代的发展，物质的丰裕，在菜品质量样式上有新的改进与创造，形成了充分展现乐平当代风格的系列菜品。

二是“戏宴·曲水流觞”充分展示乐平特有的“戏乡”韵味。

乐平因“戏曲文化繁荣”而被认定为省级历史文化名城，因而“戏宴”离不开“戏”，它以“戏”为“魂”，依“戏”定菜，以“戏”为名，多数菜品均结合乐平传统赣剧剧目进行命名，力求菜的形象与戏的内容相统一。

3 “戏宴·曲水流觞”的主要菜品（由乐平宾馆烹饪制作）

跃龙门
（清蒸白鱼）

食材佐料：

白鱼一条，盐、鸡精、料酒、三丝、蒸鱼豉油少许。

制作工艺：

将鱼处理干净，上蒸笼蒸 12 分钟，放入蒸鱼豉油、三丝，浇油即可。

棋子块
（红烧肉）

食材佐料：

五花肉 750 克，盐、鸡精、白糖少许。

制作工艺：

五花肉切成大块放入锅中过水，锅中加入白糖熬成糖红色，加入过好水的肉，下锅翻炒上色加入清水慢火烧 60 分钟左右装盘即可。

红碧缘

（辣椒炒肉）

食材佐料：

本地土椒 250 克，精肉 100 克，五花肉 100 克，盐、鸡精、酱油、豆豉、料酒少许。

制作工艺：

土椒洗净切成刀块状，精肉、五花肉切片，起锅放油，加入五花肉片炒香，放入精肉片，再加入土椒一起下锅，炒熟即可。

年年发

（炒年笋）

食材佐料：

干笋 250 克，精肉 100 克，川香 100 克，盐、鸡精、生抽少许。

制作工艺：

干笋切丝，精肉切丝，锅中放油，精肉丝、笋干、川香一起下锅，调味炒熟即可。

一捧雪

（大块肉）

食材佐料：

三花肉750克，盐、酱油、生姜、大蒜、葱少许。

制作工艺：

肉放入锅中，小火煮60分钟，捞出切大片装盘，用小碗装上土酱油作蘸料。

摇钱树

（油条汤）

食材佐料：

油条3根，盐、鸡精、生姜、葱少许。

制作工艺：

油条切断放入碗中，锅里加入高汤调味烧开了以后倒入装好的油条碗中即可。

滚泼皮

（粉皮汤）

食材佐料：

肉末、乡下粉皮、盐、鸡精、葱、猪油、生姜少许。

制作工艺：

锅里放肉猪油，下肉末炒香，加入高汤，放入粉皮调味，装盘即可。

云屏雾

（糊汤）

食材佐料：

猪肝、瘦肉、冻米、香菇丁、豆芽末、冬笋末、猪油、红薯粉、五花肉油渣及香葱少许。

制作工艺：

倒入少许食用油，油六成热后，将猪肝、瘦肉放入锅内翻炒一下，然后将香菇丁、豆芽末、冬笋末也放入锅内翻炒片刻，并放少许盐、生姜、味精等配料，直至炒出香味就出锅备用。然后将锅洗干净，放入食用油，油六成热后，放入约 500 毫升水，煮沸为止，然后将炒好的配料倒入沸水中，用勺搅匀散开，不能让配料结成块状。将红薯粉用凉水搅拌均匀，缓缓倒入锅中，同时用勺子不停地搅动，直至锅内出现泡状为止，最后将五花肉油渣、冻米放入锅内，煮上 1 分钟就可起锅。起锅后，放入少许葱末，并在汤的表面放些麻油，即成。

水上漂
（飘丸汤）

食材佐料：

肉末，盐、鸡精、葱、生姜少许。

制作工艺：

肉末做成小丸子，锅里加入高汤放入小丸子，汤开锅，肉末丸子浮起即可。

疗妒羹
（木耳汤）

食材佐料：

木耳 100 克，鸡肉 50 克，盐、鸡精、生抽、葱少许。

制作工艺：

精肉切片，木耳洗好，锅里加入高汤，放入肉片、木耳调好味装盘即可。

白玉汤

（豆干丝汤）

食材佐料：

白豆干 100 克，墨鱼 50 克，盐、鸡精、生抽、葱少许。

制作工艺：

墨鱼洗好焖熟后切丝，白豆干切丝，锅里加入高汤，下入墨鱼丝、豆干丝调味装盘即可。

四进士

（狮子头）

食材佐料：

肉末 500 克，马蹄 50 克，盐、鸡精少许。

制作工艺：

肉末、马蹄放入盘中调好味，做成狮子头，锅中加入油放入狮子头炸熟捞出，装入碗中蒸 40 分钟即可。

得子汤

食材佐料：

土鸡蛋 3 个，枸杞、盐、鸡精少许。

制作工艺：

锅里加入高汤烧开，浇入蛋花，汤开装盆，撒几粒枸杞即可。

反昭关

（氽汤）

食材佐料：

木耳 100 克，土鸡蛋 1 个，精肉 20 克，盐、鸡精少许。

制作工艺：

精肉切片，木耳洗净，锅里加入高汤和切好的肉片、木耳，水烧开浇入蛋花，调味装盘即可。

丝罗带

（海带丝）

食材佐料：

海带 250 克，精肉 50 克，盐、鸡精少许。

制作工艺：

海带切丝，精肉切丝，锅里加入高汤，汤烧开后加入海带丝、精肉丝，调味装盘即可。

对金钱

（豆芽）

食材佐料：

黄豆芽、生姜、大蒜子、盐，鸡精。

制作工艺：

锅里放油，加入黄豆芽、生姜、大蒜子炒香，再加入高汤，烧开后调味装盘即可。

黄金印
（红薯）

食材佐料：

红薯 500 克，盐、鸡精少许。

制作工艺：

红薯切条，锅里放入高汤、红薯条慢火烧 5 分钟，调味装碗即可。

翠花缘
（青菜）

食材佐料：

青菜 500 克，盐、鸡精、猪油少许。

制作工艺：

锅中放入猪油，加入青菜炒熟，调味装碗即可。

满堂福
（全家福）

食材佐料：

豆泡 50 克，鹌鹑蛋 50 克，肉丸 50 克，平菇 25 克，粉丝 20 克，菠菜 10 克，蛋饺 6 个，盐、鸡精、十三香少许。

制作工艺：

锅中加入高汤，放入豆泡、鹌鹑蛋、肉丸、平菇烧开后加入粉丝、蛋饺调味，最后加入菠菜，调味装碗即可。

府宴·洪马气度

2023 年 12 月 27 日，在“景德镇菜”名品认定发布暨“景德镇菜”昌南里示范基地授牌仪式活动中，乐平市选送的“府宴·洪马气度”（由乐平宾馆烹饪制作）入选为“景德镇名宴”。

1 “府宴·洪马气度”的渊源与历史

乐平素以“洪公气节，马氏文章”著称于世。南宋风节名臣、乐平洪岩岩前村人洪皓使金被扣 15 年，不受高官厚禄诱惑，笑对死亡威胁，忍受种种折磨，历尽人间辛酸，坚贞不屈，全节南归。宋元时期著名的史家

马端临，宋亡后拒入元廷为官，专心执教，潜心治史，积数十年辛劳，写下煌煌巨著《文献通考》。

乐平历史上这两位著名人物，无论是洪皓，面对被刀斧手推出处斩之时而发出的“不愿偷生鼠狗间，愿就鼎镬无悔”铮铮之言，抑或是马端临婉拒作为贰臣的元廷吏部尚书留梦炎邀其赴京任职的毅然之举，展示的是乐平先贤的一种胸怀、一种气概、一种爱国士大夫的风度，我们称之为“洪马气度”。

洪马故里乐平，如清人范文程言“乐之土衍以沃，乐之人文以介，乐之俗质以厚”，历史上鲜有大的战乱纷扰，更因地域富庶、物产丰饶，民风淳厚、好客热情，“村村沽酒唤客吃”之遗风自宋以来于今不绝。在乐平，因节、因庆、因喜事，人们普遍好客，请客，热情待客。乡间，主人说之“欢迎到寒舍小饮”，客人答之“定当到府上拜访”，此类对话语久听不厌，常说常新。久而久之，勤劳智慧、淳朴好客的乐平人创造而形成了一种“吃”的文化，即饮食文化。

因而，乐平在景德镇名宴评比中，推出了这道体现乐平本土特色高贵雅致名为“府宴·洪马气度”的宴席。

2 “府宴·洪马气度”的主要特色

这道由乐平宾馆烹饪制作的“府宴·洪马气度”的主要特色体现在：

一是展示了乐平底蕴深厚的历史文化，因乐平的“洪公气节，马氏文章”是最能展示其历史人文深厚的一抹底色，故这道名宴命名为“府宴·洪马气度”。

二是乐平宾馆烹饪制作的各色菜肴菜名大度大气，吉祥吉利，含义丰富，背景深厚。或有洪马故事，或含文学韵味，或是历史地名，或展食材特产，或形象谐音等等。

三是由乐平宾馆名厨掌勺，精心制作，菜品“色、香、味”俱佳，色泽晶莹、香味弥久、口味鲜嫩。

3 “府宴·洪马气度”的主要菜品（由乐平宾馆烹饪制作）

白切狗肉

食材佐料：

农家优质土狗、自制酱油。

制作工艺：

采用传统的大铁锅密封隔水清蒸，约 2 小时后出锅，狗肉出锅后呈金黄色，清香入脾。待狗肉稍微冷却后将其切成片状，蘸以土制酱油食之。

富甲一方

菜品内涵：清蒸甲鱼

食材佐料：

涌山甲鱼 1 只，盐、鸡精、蒸鱼豉油少许。

制作工艺：

甲鱼宰杀洗净后放入 80 度左右温水中浸泡 5—10 分钟，手撕外皮，将甲鱼的胆汁涂抹在外壳上，能起到提鲜和入味作用；然后倒入花雕酒去腥，放入大蒜子、生姜片、五花腊肉等调料即可上锅蒸，一般蒸 30—40 分钟，出锅再倒入适量食用油，增加菜品色泽和风味。

五花献福

菜品内涵：豆豉蒸花猪肉

食材佐料：

乐平市乡村放养的土猪肉 1200 克，豆豉 5 克。

制作工艺：

清蒸，高压锅大火 5 分钟、中火 15 分钟。

福满乾坤

菜品内涵：涌山腊猪头肉

食材佐料：

乐平涌山本地猪头。

制作工艺：

制作工艺流传久远，用盐腌、日晒、烟熏等方法制作而成，一个成品腊猪头通常要经过近十道工序半个月时间完成。

鸿雁传书

菜品内涵：鸬鹚烧全鹅

食材佐料：

当地农户天然放养灰鹅 1 只，盐、鸡精、葱、姜、蒜、蚝油少许。

制作工艺：

将原料洗净，高温焯水后，加入啤酒、红椒、葱、姜、蒜等佐料爆炒而成，成品肉质鲜嫩，香辣可口，营养丰富。

满腹经纶

菜品内涵：猪肚饭

食材佐料：

洗净猪肚 1 个，糯米 500 克，鸡蛋 4 个，熏五花腊肉 150 克。

制作工艺：

糯米洗净浸泡 1 小时备用；糯米捞出控水，加入打散的鸡蛋，加入切丁五花腊肉，搅拌均匀；猪肚开缝，将搅拌均匀的糯米塞入猪肚，用针线缝合，并扎紧猪肚进口，防止膨胀后糯米溢出；猪肚上蒸笼大火蒸 1 小时，后小火蒸 1 小时；取出放至微凉方可切片装盘食用。

虎山鲜鳊

菜品内涵：红烧鳊鱼

食材佐料：

产于乐安河虎山脚下深潭的鳊鱼 1000 克左右，青红辣椒等。

制作工艺：

将鱼处理干净，放料酒、葱、姜腌制 10 分钟；准备青红辣椒、葱段、姜丝、蒜片、干辣椒段；放入自家菜籽油把鱼煎至两面金黄以后倒出控油；炒香配料，放入山泉水淹没鱼，烧至 20 分钟左右以后再放入调料；最后收汁装盘。

江梅回肠

菜品内涵：众埠血米肠

食材佐料：

新鲜猪血、肉末、糯米。

制作工艺：

新鲜猪血、肉末和蒸熟的糯米混合后灌入肠内，用秸秆烟熏干制。

泊水情深

菜品内涵：水芹炒腊肉

食材佐料：

泊阳水芹、腊肉。

制作工艺：

腊肉煮软切片，切片后再煮一遍；蒜头，小米椒，切碎备用，剁椒准备好；水芹菜洗干净去叶切段；起锅放一点油将腊肉偏肥的先煎出多余的油脂，然后加入瘦的部分一起炒，将炒后的腊肉拨到一边，倒入小米椒蒜剁椒炒香，放入水芹菜和腊肉一起翻炒，然后锅边淋一点生抽等，水芹菜炒熟，即可出锅。

辣上匡庐

菜品内涵：镇桥灯笼辣椒

食材佐料：

镇桥蔡家灯笼贡椒。

制作工艺：

精选优质的蔡家灯笼贡椒去蒂，用刀面压裂备用；蒜切碎与豆豉一起备用；炒锅内倒入 3 勺（45 毫升）食用油，开小火，将青椒倒入煎炒，待油热，听见嗞嗞的声音，再翻炒一下，可以防止起皮。然后放入豆豉和蒜；随着油温升高，每隔 4—5 秒就要翻动一次，每次翻动时都要用锅铲的背面压一压青椒，这样可以使所有的青椒都是双面紧贴、变软，临出锅前加适量盐和鸡精炒匀即可。

乐平鱼冻

食材佐料：

磻溪河野生鱼 1000 克，盐、鸡精、小米椒、酱油、蚝油少许。

制作工艺：

菜籽油过油，再用水煮加配料，鱼骨，最后冷冻。

共库干鱼

菜品内涵：蒸制小干鱼

食材佐料：

共库本地小干鱼 500 克，生姜、大蒜子、土辣椒壳、盐、鸡精、白糖少许。

制作工艺：

将全部用料与小干鱼一起搅拌均匀，用蒸锅小火慢蒸 40 分钟即可。

雁塔秋雪

菜品内涵：塔前雾汤

食材佐料：

塔前村松山泉水、猪肝、瘦肉、冻米、香菇丁、豆芽末、冬笋末、猪油、红薯粉、五花肉油渣及香葱少许。

制作工艺：

倒入少许食用油，等油六成热后，将猪肝、瘦肉放入锅内翻炒一下，然后将香菇丁、豆芽末、冬笋末也放入锅内翻炒片刻，并放少许盐、生姜、味精等配料，直至炒出香味就出锅备用。然后将锅洗干净，放入食用油，油六成热后，放入约500毫升水，煮沸为止，然后将炒好的配料倒入沸水中，用勺搅匀散开，不能让配料结成块状。将红薯粉用凉水搅拌均匀，缓缓倒入水中，同时用勺子不停地搅动，直至锅内出现泡状为止。最后将五花肉油渣、冻米放入锅内，煮上1分钟就可起锅。起锅后，放入少许葱末，并在汤的表面放些麻油，即成。

一

传统宴席·乐平水桌

1 "乐平水桌"的传统由来

宋代抗金名臣权邦彦留下的一首讴歌乐平美好田园、状写乐平风俗民情的《乐平道中》，仅"稻米流脂姜紫芽，芋魁肥白蔗糖沙。村村沽酒唤客吃，并舍有溪鱼可叉"寥寥数句，就精彩地勾画出古时乐平乡间"蔗糖沙"的甜蜜品味，"鱼可叉"的田园诗景，沽酒"唤客吃"的热情豪爽，活脱脱地展示出"富庶乐平""好客乐平"的历史风貌与传统民情。

于是乎，每逢节日、喜庆之时，乐平人必摆宴设席，并且在迎宾待客上，大气大方，毫不吝啬。比如寿宴、婚宴、戏宴等等，主人家势必是来客如流，佳宾满席，一种便于食材准备、操作灵活快捷、利于应对增客添

席的传统筵席——“乐平水桌”应运而生。“乐平水桌”，是历史上经历战乱较少的乐平，在长期的生活实践中形成的一种特有的饮食文化形态，是存在于若干代乐平人记忆中的文化符号。因而，作为一种饮食习俗一直传承至今数百年不变。

2 “乐平水桌”的特点特色

百度百科介绍说：“水桌酒，是别具一格的乐平酒宴，以每道菜均带汤水而得名。过去每逢红白喜事，均以水桌招待客人。先将办喜事的数十斤乃至上百斤猪肉切成若干长条状，放锅内用水煮。掌握好火候，及时把煮熟的肉捞出，无论肥瘦，均切成长约四寸、宽约二寸的肉块装碗，每桌 8 块瘦肉在上，8 块肥肉在下，用小碟盛酱油蘸食。肉汁则用来煮豆腐、海带、粉丝、粉皮、油条、肉丸、猪肝等菜，一般每桌 10 道汤菜左右，多则 16 道，因菜肴均用汤水制作的缘故，菜均不用盘装，一律用碗，故称为‘水桌’酒。”

综合起来，“乐平水桌”的特点特色主要有：

一是在菜品上，以“大块肉”（每桌 8 人，一般均有长约四寸、宽约二寸的 8 块瘦肉 8 块肥肉，也有 16 块肥肉的）为主菜、硬菜，适应了旧时平时食肉较少的食客需求，这是“乐平水桌”的一大特点。

二是在烹饪其他菜品时，配有“高汤”（制作“大块肉”前，先把数十斤乃至上百斤猪肉切成若干长条状放大铁锅内用水煮熟后捞出剩下的汤汁）用于烹制各类菜肴，以原汁原味奉给食客，每道菜品均用这种“汤水”烹制，这也是“乐平水桌”之称为“水桌”的基本特色。

三是使用食材上，必备各种为乐平人所称的“店菜”，例如海带、粉丝、粉皮、香菇、木耳、黄花、豆腐、豆干等等，不追求高端高价食材。

四是在适用口感、外观上，讲究“滚（热）、烂、淡”“色、香、味”，因此，对烹饪者掌握火候的技艺要求高。

五是菜品装碗上，主要用的是“碗”（旧时是景德镇产的一种“蓝边碗”或“炉碗”），且每份菜品是双碗（两份）。

六是利于灵活快捷地应对增客添席的“流水桌”。例如办“戏宴”，来看戏的亲带亲朋带朋客来如流不断，早就备下的大块肉等“硬货”主菜，端上便是，也不失主人面子。

3 “乐平水桌”的常有菜品

“乐平水桌”的菜品，基本菜品除了大菜如肉类、店菜类、自产蔬菜类大致相同外，随着时代的不同、主家经济丰歉的不同、四乡地域乡风的不同，是灵活变化的。例如硬菜“大块肉”，乐平就有“装碗仂肉”（也称盖碗仂，肉块大盖过碗沿）、“码碗仂肉”（小块）之分。在菜的品种数量上，传统乐平水桌，有 6 斤（猪肉）桌、8 斤桌、10 斤桌不等之分，有或 14 个碗（菜品种），或 16 个碗、或 18 个碗不等之别。但大多数不外乎这些菜品：大块肉（“装碗仂肉”）、回锅肉（“码碗仂肉”）、红烧鱼、大杂烩、飘丸、狮子头、豆干、豆泡、粉丝、粉皮、木耳、海带、年笋、豆芽、青菜、油条汤、雾汤、蛋花汤等等。

三 地方品牌·乐平名菜

1 接渡白切狗肉

该图展示的是由接渡镇选送参加2024年1月20日“乐平菜”名品评选活动中评出的30道乐平名菜之一“接渡白切狗肉”。

一、菜品简介

1. 白切狗肉源头与历史故事：

乐平狗肉，是在乐平至少有千年历史的一道传统美食。特别是乐平的“白切狗肉”是最具有地方特色的美食佳肴，历经数百载而不衰。乐平有句民谚：“狗肉滚三滚，神仙站不稳”“闻到狗肉香，菩萨也跳墙”，正是形容乐平狗肉香美之味，足以令人垂涎欲滴，也展现出乐平人爱吃狗肉的传统。

乐平狗肉又以接渡镇咀上邹家村烹制的为最，相传该村唯有一个家族的邹姓师傅能蒸出地道的乐平狗肉。师傅们凭借一手传内不传外的祖传绝技，闻香就知狗肉是否熟烂。连用的刀，也是李洪村的万铁匠一家所打。在接渡，“一把稻草秆蒸熟一只狗”，更是狗肉师傅的看家本领。

在乐平，自古就有“狗肉不上桌”的说法，意指一般不上正宴；又指因味道太好，等不到上桌便抢吃光了，如是四五个亲朋、三两个挚友，随聚随食，再伴饮少量白酒，其情其景其味更有一番境地。堪称乐平美食一绝。

2. 菜品含义：

“接渡白切狗肉”，一是意为主要产地在乐平接渡地域；二是标示出餐桌食品形态为“白切”，即采用清蒸的烹饪方式完熟后的狗肉，不回锅即白切入盘上桌，冷盘食用。

3. 使用食材：

农户家养优质土狗、自制酱油。

4. 制作工艺：

白切狗肉选用本地农家优质土狗，通过特殊工序蒸制而成，从选料、宰杀、清蒸、白切到佐料，各道环节都十分讲究。

白切狗肉制作时采用传统的大铁锅密封清蒸，约2小时后方可出锅，狗肉出锅后呈金黄色，清香入脾。待狗肉稍微冷却后将其切成片状，蘸以自制酱油食之，酱油中附撒新鲜大蒜、姜丝及辣椒等作料。

5. 特点特色与人文韵味：

芸芸肉食，猪肉肥、牛肉腥、羊肉膻，唯独被狗肉占去“香”。乐平白切狗肉因其“大锅密封蒸之”及熟后“白切”的制法技艺、食用方法独特。因而，其熟食成品，望之黄莹油亮，色泽晶莹；闻之香气扑鼻、香味弥久；食之油而不腻、鲜嫩爽口；食后温中带补、健肾强筋。接渡狗肉，可谓皮糯、肉香、骨酥，味醇美，营养价值高，冬天吃狗肉，能够和血、暖身、滋补力更强。有中医说：“常吃狗肉，延年益寿。”

《本草纲目》“狗肉”条：安五脏，补绝伤，轻身益气，宜肾，补胃气，壮阳道，暖腰膝，益气力，补五劳七伤……狗肉中富含蛋白质、少脂肪，有丰富的维生素、微量元素和十几种氨基酸。狗肉性温味甘，具有很高的药用价值，不仅蛋白质含量高，而且蛋白质品味极佳，尤以球蛋白比例大，对增强机体抗病力和细胞活力及器官功能有明显作用。

白切狗肉，作为一道传承多年独具特色的地方性美食佳肴，在乐平本地，逢年过节、欢宴宾朋的餐桌上，必备之；对外，乐平白切狗肉享誉赣

鄱大地，外地人出差乐平时，必尝之。乐平白切狗肉已成为乐平传统饮食文化的一道亮丽风景线。

二、菜品评价

乐平狗肉源头为乐平市接渡镇，从而以地名置前而命名。

2011 年 2 月 26 日，乐平白切狗肉入选“游客喜爱的二十道江西精品赣菜”。

2023 年 12 月 27 日“景德镇菜”名品认定发布会上，“接渡白切狗肉”被认定入选。在 2024 年 1 月 20 日“乐平菜”名品评选活动中，荣获 30 道乐平名菜之一。

2 清蒸甲鱼

该图展示的是由涌山镇选送参加 2024 年 1 月 20 日“乐平菜”名品评选活动中评出的 30 道乐平名菜之一“清蒸甲鱼”。

一、菜品简介

1. 菜品含义：

甲鱼是一种富含蛋白质、维生素、多种人体必需氨基酸和矿物质的水产品，也是一道营养丰富、美味可口，有多种保健功效的食品。历来，人

们都将烹制甲鱼作为一种良好的食疗补品。“清蒸甲鱼”，顾名思义，就是以甲鱼为主要食材，对甲鱼采取“清蒸”方式的一种蒸制菜品。甲鱼的烹饪方式有很多，清蒸的方法能最大限度保留食材本身营养物质与体现甲鱼的原汁原味。

2. 食材佐料：

主食材：以两斤左右的野生甲鱼为好；辅料：食盐、料酒、大蒜子、生姜片、五花腊肉等。

3. 制作工艺：

一是将甲鱼宰杀后放入80度左右温水中浸泡5—10分钟，然后用手撕掉甲鱼外皮；

二是用剪刀将泡好去皮的甲鱼壳与肚皮分开，然后将内脏全部去掉（注意甲鱼胆要保存好放一边），清洗干净；

三是将甲鱼胆汁涂抹在甲鱼壳上（甲鱼胆汁能提鲜，不会有苦的味道，而且容易蒸烂）；

四是将甲鱼放至盆中，倒入花雕酒去腥，放入食盐、豆豉、大蒜、生姜片、五花腊肉等调料即可；

五是上锅大火清蒸，一般蒸30—40分钟（具体时间看甲鱼的大小和厚度），出锅后再倒入适量食用油，增加菜品色泽和风味。

4. 菜品特点：

“清蒸甲鱼”肉质新鲜滑嫩，汤汁香醇，为上乘滋补佳肴。

5. 经济人文背景：

乐平涌山地区历史上因石灰石、煤炭资源丰富，宋代就建有瓷窑，元代官府就在此设有管理市场、税收、治安的“八涧巡检署”，历来工业经济兴盛、商贸繁荣，来往商贾不绝。从而，也使涌山地区百姓相对富足，加之涌山人豁达开朗、热情好客，逢有达官贵人、商场宾客、亲朋好友来了，总会用最好的招待，其中清蒸甲鱼就是上等招待菜品。八方食客的不断汇聚，清蒸甲鱼这道菜也就愈加有名，至今仍是涌山人招待贵宾的首选佳肴。

二、菜品评价

2023年12月27日“景德镇菜”名品认定发布会上，清蒸甲鱼被认定

入选。在 2024 年 1 月 20 日“乐平菜”名品评选活动中，荣获 30 道乐平名菜之一。

3 涌山猪头肉

该图展示的是由涌山镇选送参加 2024 年 1 月 20 日“乐平菜”名品评选活动中评出的 30 道乐平名菜之一“涌山猪头肉”。

一、菜品简介

1. 菜品源头与含义：

“涌山猪头肉”的历史在当地可溯上百年，制作工艺也相传久远，它是一种腊月寒冬制作的腊肉，所以又称“腊猪头肉”。乐平涌山地区历来工商业繁荣，来往商贾不绝，在物资匮乏之时，为招待宾客、亲朋计，百姓家年终宰猪后，往往将猪肉腌制保存下来，以备急用。久而久之，腌制技术不断改进，“腊猪头肉”成了一道独特的乐平美食，因以涌山为盛，故称“涌山猪头肉”。

2. 食材佐料：

涌山猪头肉制作的主要食材为猪头，辅以食盐、茴香、八角、桂皮及料酒腌制，烹饪时随制作方式而异，只需适量姜、蒜、料酒等调料。

3. 制作工艺：

腊猪头的制作工艺颇为复杂，一个成品腊猪头通常要经过砍、掏、

褪、腌、熏、挂、晒等工序，耗时半个月以上方能完成。

一是“砍”。完整的猪头拿回来，得洗净“砍”开成平整状，肉松散成花状却不能离落，提起来如折扇；

二是“掏”。“掏”净脑髓及杂物；

三是“褪”。随后燎干，“褪”净碎毛；

四是“腌”。均匀地抹上稀碎盐巴“腌”制一段时间；

五是“熏”。最重要的程序便是这“熏”，先前用稻草，讲究的用甘蔗渣，熏起来有丝丝回甜，只有熏到位了，才有足够的味；

五是“挂”。在透风的高处，风干；

六是“晒”。遇上天气好，再“晒”，晒出亮丽诱人的枣红色彩。

在冬日里阳光下，晒出明亮的油迎风滴落，待表皮锃亮微微干瘪，这腊猪头便可以烹饪端上餐桌了。

4. 菜品特点：

涌山猪头肉具有保存时间长，不易变质；肥而不腻，味香脆嫩；可蒸、炒、白切多种烹饪方法的特点。最正宗的吃法，是把腊猪头剥着吃。一个完整的猪头洗干净，用木制大蒸笼蒸熟，放在脸盆里，一家人或一众朋友围在一起，斟满谷酒，用刀划拉开，趁着氤氲的热气一块一块剥下来，连皮带肉，用手抓着吃才香。

5. 人文背景：

自古到今，国人祭天祀祖，喜用猪头，旧称“牺牲”。一来图个彩头，头头是道，鸿运到头，寓意甚好。二来求个整齐划一。一家人也好，一族人也罢，讲究个圆满。猪头上既有猪耳，谓之“顺风”；又有猪舌，称之“招财”，有传闻小孩吃了这舌头，便会说话，说好话，讨人喜欢。还有鼻子、脸颊、核桃肉，都是肥腴味美的好食材，乐平人谓之“盛福”肉。因此，民间祭祀庆典时，猪头便被恭恭敬敬地摆在了牌位正中间，时不时还得披红挂彩，点朱绛红。待焚香鸣炮，三叩九拜，敲锣打鼓，隆重热烈的仪式结束后，仿佛在上天的庇佑、祖宗的默许下，把这恩赐的祭品分而啖之，注入美好祝福的慰藉。

随着电商时代的到来，涌山腊猪头也做成了产业化，走向全国，成为拉动经济，促进农民增收，实现乡村振兴的重要媒介，曾经土不拉几，仅

限于年节自用的腊猪头，套上了干净卫生的真空保鲜袋，装进了礼盒，成为拜年的佳品。涌山猪头肉也成了乐平美食文化的一大亮点。

二、菜品评价

涌山猪头肉因其产地为乐平市涌山镇，从而以地名置前而命名之。

2023 年 12 月 27 日“景德镇菜”名品认定发布会上，“涌山猪头肉”被认定入选。在 2024 年 1 月 20 日“乐平菜”名品评选活动中，荣获 30 道乐平名菜之一。

4 乐平豆豉蒸花猪肉

该图展示的是由高家镇选送参加 2024 年 1 月 20 日“乐平菜”名品评选活动中评出的 30 道乐平名菜之一“乐平豆豉蒸花猪肉”。

一、菜品简介

1. 乐平豆豉蒸花猪肉的源头与历史故事：

古时，高家梅岩山崖陡峭，如笋如菌，岩下满山梅花、苍松，每逢雪后放晴，红梅、白雪、青松、峭崖，在艳阳下交相辉映，美不胜收，故被称为古乐平十景之一——“梅岩雪霁”。南宋末年，身为右相的马廷鸾，面对濒临灭亡的国势与窃持大权的奸贼，愤然辞官归隐家乡乐平后，就经常到“梅岩雪霁”等景观处，与文友品茗饮酒观景吟诗。在梅岩洞附近有当地村民养花猪，正逢一农户屠杀黑白相间的花猪，引得右相马廷鸾等人

好奇，热情好客的农户便做了一道“豆豉蒸花猪肉”给前来观景的马廷鸾等人品尝。马廷鸾品尝后便道：“五日一见花猪肉”，一直流传至今。

2. 菜名含义：

“乐平豆豉蒸花猪肉”，主要食材是高家当地农户自养的乐平花猪。旧时，农户平时杀猪因一时半会儿吃不完，一般都是卖了换钱。唯独过年是个例外。进了腊月，大部分农户都要杀猪，按五花肉、血脖、里脊、硬肋、后丘等部分分解成块，为过年包饺子、做菜准备肉料，民间谓之“杀年猪”。花猪瘦肉多，脂肪分布均匀，肉质细嫩，口感鲜美，具有较高的食用价值。通常大部分农户，在那个物质不很丰富的年代，没有琳琅满目的佐料，都会选择乐平花猪五花肉配上自制的豆豉以“清蒸”的方式食用。

3. 制作工艺：

将花猪梅花肉切成 2~3 厘米薄片状，用水洗净，再用姜汁去腥后摆入盘中，撒上豆豉和少许盐，保持肉质的嫩滑和原汁原味，放入柴锅中清蒸 25 分钟左右即可出锅。

4. 特点特色与文化意义：

乐平花猪是江西乐平的一种特产猪种，2010 年 3 月 25 日，经中华人民共和国农业部批准对“乐平花猪”实施国家农产品地理标志登记保护。乐平花猪分布于以乐平为主的赣东北一带，这种猪生长快、肉质好、性情温顺、适应性强、耐粗饲、无需特殊饲养，是江西省的优良地方猪种之一。

乐平花猪肉块饱满，肉色红润、皮泽油亮、皮质黏糯、肉质紧密、韧性十足；肥肉厚而雪白，瘦肉晶莹剔透，肌纤维细致直径小，在烹饪加工过程中肌内脂肪损失甚微，有利于肉食风味、嫩度和多汁性，以至肉质细嫩、口味特鲜，适合清蒸鲜食，配以农家自制豆豉，别有风味。

“乐平花猪”这一优良品种千百年来传承于今，实施国家农产品地理标志登记保护，这是对勤劳淳朴的乐平人民创造力的肯定，也是乐平地区包括高家人民千百年来农耕文化的延续与传承。

二、菜品评价

这道豆豉蒸花猪肉为乐平市高家镇选送，而因食材乐平花猪的国家地理标志意义，故以乐平冠名前置之。

2023 年 12 月 27 日“景德镇菜”名品认定发布会上，“乐平豆豉蒸花

猪肉”被认定入选。在 2024 年 1 月 20 日“乐平菜”名品评选活动中，荣获 30 道乐平名菜之一。

5 镇桥灯笼贡椒

该图展示的是由镇桥镇选送参加 2024 年 1 月 20 日“乐平菜”名品评选活动中评出的 30 道乐平名菜之一“灯笼贡椒”。

一、菜品简介

1. 灯笼贡椒的源头与历史故事：

乐平种植辣椒历史悠久，明清时期曾钦定为宫廷贡品，被誉为“天下第一椒”，以民国中期最盛，20 世纪 30 年代，全县产量达 5 万担。乐平沿河一带包括镇桥、乐港、礼林、接渡、众埠、鸬鹚等乡镇都大量种植辣椒，其中又以镇桥蔡家村产的大籽粒辣椒和接渡窑上华家村产的小籽粒辣椒最为有名。

目前，乐平辣椒全年种植规模有 2 万亩左右，是镇桥镇蔬菜主导品种之一。尤是蔡家村产的大籽椒，个大粗短、籽少肉厚、微辣带甜、清脆可口，外形似灯笼，俗称“灯笼椒”。“乐平灯笼椒”不仅口感好，而且营养丰富，维生素、蛋白质成分含量高，为甜椒系列上乘品种。

以灯笼椒为特色的“乐平辣椒”已获批成为中国地理标志证明商标。1959 年夏八届八中全会、1961 年政治局扩大会议和 1970 年秋九届二中全会期间，都曾指定乐平专送庐山毛泽东等党和国家领导人品尝。乐平著名

厨师程有根光荣地上庐山为中央领导亲自掌勺，烹饪乐平灯笼辣椒制作的荷包辣椒及其他菜肴，受到毛主席的高度赞扬。会后，毛主席还与包括程有根在内的全体工作人员合影留念。

从此，“灯笼贡椒”愈加有名。

2. 菜名含义：

“灯笼贡椒”这道菜，采用的是镇桥镇蔡家村产的大籽椒——形似红灯笼的“灯笼椒”，因曾为清代定为宫廷贡椒及尔后三上庐山，故菜名“灯笼贡椒”。

3. 食材佐料：

主料：镇桥镇蔡家灯笼贡椒；辅料：菜籽油、豆豉、调味品等。

4. 制作工艺：

是精选优质的蔡家灯笼贡椒去蒂，用刀面压裂备用；

二是蒜切碎与豆豉一起备用（如果买的豆豉表面有粉尘，应装入筛子用水洗一下）；

三是炒锅内倒入 3 勺（约 45 毫升）食用油，开小火，将青（红）椒倒入煎；

四是慢慢地油热了，可以听见嗞嗞的声音，用铲子翻炒一下，这样可以防止起虎皮，这时可以放入豆豉和蒜；

五是随着油温升高，每隔 4~5 秒就要翻动一次，每次用铲子翻动时都要用铲子的背面压一压青（红）椒，这样可以使所有的青（红）椒都是双面紧贴、变软。临出锅前加适量盐和鸡精炒匀即可。

5. 特点特色与文化韵味：

“灯笼贡椒”这道菜，因其主食材产地乐平“江南菜乡”之名品效应而驰名江南。该“贡椒”品种，具有个大肉厚、味辣微甜特点，食之清脆爽口，风味独特，且营养丰富、维生素和蛋白质成分含量高，加之精心烹调，遂成为乐平饮食文化的一道代表作。

乐平灯笼贡椒，明清时期曾钦定为宫廷贡品，被誉为“天下第一椒”。现代以来，20 世纪六七十年代，又数次供中央领导品尝；1980 年 12 月，蔡家灯笼辣椒被评为江西省地方优良品种；1999 年，灯笼辣椒又作为乐平及江西名特蔬菜品种送“99 云南昆明世博会”参展并获奖；2005 年 10 月，

灯笼贡椒种子搭乘“神舟六号”进行太空培育试验。“灯笼贡椒”已成为乐平的一个文化符号。

二、菜品评价

“镇桥灯笼贡椒”，因其食材采用的是乐平镇桥的特色辣椒品种，故以镇桥地名前置而冠名。2023 年 12 月 27 日“景德镇菜”名品认定发布会上，“镇桥灯笼贡椒”被认定入选。在 2024 年 1 月 20 日“乐平菜”名品评选活动中，荣获 30 道乐平名菜之一。

6 共库小干鱼

该图展示的是由共库管理局选送参加 2024 年 1 月 20 日“乐平菜”名品评选活动评出的 30 道乐平名菜之一“共库小干鱼”。

一、菜品介绍

1. “共库小干鱼”菜品食源：

共库小干鱼是大（二）型水库——共产主义水库的一种水产品。该水库于 1958 年 9 月 5 日开工建设，1960 年 3 月正式蓄水运行，是国家级水利风景区，以城市供水和灌溉为主、兼顾防洪、供水、发电和水产养殖等功能。其水产良种繁殖基地自 1962 年建立以来，主要以繁殖、生产四大家鱼及鲤、鲫、鲂苗种为主。

“共库小干鱼”，就是水产良种繁殖基地的一种副产品，充分利用当地资源优势，将共库盛产的新鲜小鱼种晾晒成鱼干形式，以便长时间地保

存，从而丰富百姓的餐桌。

2. 食材佐料：

主食材即是共库盛产的小鱼干。视不同的烹饪方法，配以蒜、青红辣椒，以及姜、生抽、糖、料酒、油、豆豉等调料，每一种料都需要精心挑选和加工，以保证新鲜与质地优良。

3. 制作方法：

共库小干鱼由于体型小，肉不多，所以小鱼干常拿来当作熬汤、熬粥提鲜的材料。如果直接食用，通常有两种：一是油炸小干鱼。用优质菜油炸成酥脆口感的菜品；二是爆炒小干鱼。与辣椒一起爆炒，做成一道佳品。

爆炒小干鱼的制作工艺十分讲究，除对各种用料精心挑选外，在烹制过程中，必须掌握好火候与用时，既要保证食材熟透，又不能失去其原有的口感和营养，需要一定的经验和技巧。

首先，将小鱼干放大碗（或小盆）里用温水浸泡 20 分钟以上，放几片姜（混在鱼干里）去除腥味，鱼干滤干水备用，同时备好姜切丝，青椒切片。

其次，热锅下油（最好用不粘锅），把鱼放进去，先不急着翻炒，待煎得有点金黄色后再炒。

再次，放入姜丝蒜，豆豉一起炒 2~3 分钟，再下入料酒和辣椒，炒片刻。放点酱油、糖调味即可。如果太干，可放入一点水，有点湿润的感觉即可。

最后，在起锅前在小干鱼的表面撒上一些葱末，以增加小干鱼的香气和口感。

二、菜品评价

共库小干鱼因其产地在共库，从而以地名置前而命名之。

2023 年 12 月 27 日“景德镇菜”名品认定发布会上，“共库小干鱼”被认定入选。在 2024 年 1 月 20 日“乐平菜”名品评选活动中，荣获 30 道乐平名菜之一。

7 鸬鹚烧鹅

该图展示的是由鸬鹚乡选送参加 2024 年 1 月 20 日“乐平菜”名品评选活动评出的 30 道乐平名菜之一“鸬鹚烧鹅”。

一、菜品简介

1. 鸬鹚烧鹅的由来与发展历程：

近年来，“鸬鹚烧鹅”作为乐平美食的代表声名远播。这应得益于 20 多年前，改革开放中迈开新一轮发展步伐时，鸬鹚乡蔡家村乡村两级干部的正确发展思路与举措。他们日思夜想的，是怎么帮老百姓脱贫致富，怎样把老百姓腰包鼓起来。经过慎重考虑，结合蔡家水资源丰富这个实际情况，认为养鹅很合适。于是就派人到浙江江山考察后决定引进“江山白鹅”，与江山鹅肉厂签订合同，蔡家村民养的鹅，江山那边负责回收回购。手续办妥以后，蔡家村家家养鹅，每户至少养鹅 20 只，多的 50 只。养了以后，整个村庄热闹非凡，村东村西村南村北，整天都是哦、哦的叫唤声。形成了“人与鹅欢，鹅与水舞”的生动场景。一只只白鹅长得很快，四个月就很肥硕了，该卖的卖，该吃的也吃。

这时有位能人张春平，蔡家人，多年经营“江西小炒”的饭店老板，他的烹饪手艺特别好。怎样把鹅肉烧得好吃，他用心反复揣摩、反复考究。朋友、亲戚吃了，纷纷赞叹叫好，纷纷竖起大拇指，渐渐地，越来越多的人慕名而来，都想尝个鲜。好事慢慢传开，一传十十传百，越来越多

的人知道了，“鸬鹚烧鹅”的名气就更大了。

民谚：喝鹅汤、吃鹅肉，一年四季不咳嗽。鸬鹚烧鹅鹅肉肉质鲜美，香辣可口、营养丰富，特有的食材，精湛的厨艺，让人胃口大开，深受人们的喜爱。

2. 食材佐料：

鸬鹚烧鹅以土鹅为主料，啤酒、淀粉等配料，适量的盐、红椒、葱姜蒜、味精等调料。

3. 制作工艺：

第一步，将鹅洗净高温焯水，放高压锅里蒸熟。

第二步，将少许食用油倒入锅中，待油温适中后放入红椒、姜、蒜炒香后，放入鹅肉继续翻炒，然后放入啤酒后大火收汁。

第三步，将少量凉水配制好的生粉搅拌均匀后，缓缓倒入锅中，同时用勺子不停搅动锅内汤液，再加入葱、调料等起锅即可。

4. 特点特色与文化韵味：

鸬鹚乡是一个环境优美，资源丰富的省级生态乡镇，乐安河穿境向西而去。长年受雨季冲刷而成典型的江南冲积平原地貌，使当地拥有独有的土层深厚、水分充足，疏松肥沃、透气性能良好的泥沙淤积区。如今清冽甘醇的东方红水库水源灌溉着全乡 15000 亩良田。“一方水土养一方人”。特有的山林水土资源，古韵新风的交织，孕育出萝卜丝、龙亭挂面、烧鹅等特色食品，衍生出当地独有的饮食文化。“鸬鹚菜鹅当家鹅主打”“清明粿首选鸬鹚萝卜丝”“到鸬鹚吃芦笋美容去”，皆是举“市”闻名津津乐道的佳肴美食。鸬鹚人数百家经营在浙江“江西小炒”饭店，在异地演绎着乐平传统的饮食文化。

二、菜品评价

鸬鹚烧鹅源头为乐平市鸬鹚乡，从而以地名置前而命名之。由于其发展历程离不开鸬鹚，今天，这道名菜属于鸬鹚的，也是属于乐平、属于景德镇的，2023 年 12 月 27 日“景德镇菜”名品认定发布会上，鸬鹚烧鹅被认定入选。在 2024 年 1 月 20 日“乐平菜”名品评选活动中，荣获 30 道乐平名菜之一。

8 塔前雾汤

该图展示的是由塔前镇选送参加2024年1月20日“乐平菜”名品评选活动评出的30道乐平名菜之一“塔前雾汤”。

一、菜品简介

1. 塔前雾汤的源头与历史故事：

塔前雾汤是一道源于清末年间的传统汤品。据当地百姓口口相传的故事所述，“塔前雾汤”起源于晚清战乱年间。

1856年10月，天旱少雨，一支太平军队伍行军至桃林、塔前一带，准备攻占乐平县城，为首将领想着士兵们劳累饥饿，于是令军队就地休整。此时，一方面缺水缺粮，另一方面，因为打仗又要想尽办法让士兵们饱吃一顿。炊事官没办法，命令士兵到地里弄瓜果蔬菜，并请来几个当地的妇女协办。巧妇难为无米之炊，因为干旱缺水，同样难以为炊。为了节工节时节水，几个妇女偷偷商量出一个办法：将所有的瓜果蔬菜混在一起洗两遍，全部剁碎，倒入大锅中炒至九成熟时，边搅拌边倒入稀释的红薯淀粉，黏稠的一大锅“汤菜”便成了。

难以置信的是，饥饿的士兵们吃过几口后，大喊“真过瘾、太好吃了！”也许是士兵们太饿了，也许是真的很好吃，将领们也端来一碗，吃过后，味道确实难得，问几位妇女这叫什么菜名，一位塔前女子略思片刻，随口而出“塔前雾汤”。当天晚上，太平军凭着“塔前雾汤”增添的力量，攻占了乐平。“塔前雾汤”由此而来。

2. 菜名含义：

塔前雾汤本质上是一种糊稠状态的汤菜，应称为“糊汤”。按乐平传统方言，“糊”读为“雾”（wu），加之成品菜汤呈“雾蒙蒙”状，故乐平人依其源头产地塔前，普遍形象地称为“塔前雾汤”。

3. 食材佐料：

塔前雾汤以瘦肉、猪肝以及生粉（以葛根粉最好）、水为主料，香菇丁、豆芽末、笋末、冻米、猪油渣等配料，适量的盐、生姜、味精等调料，每一种料都需要精心挑选和加工，以保证新鲜与质地优良。

4. 制作工艺：

塔前雾汤的制作工艺十分讲究，除对各种用料精心挑选外，在烹制过程中，必须掌握好火候与用时，既要保证食材熟透，又不能失去其原有的口感和营养，需要一定的经验和技巧。

制作塔前雾汤的第一步是翻炒。将少许食用油倒入锅中，待油温适中后放入猪肝、瘦肉（均用刀切成碎丁状），迅速翻炒至变色。接着，将香菇丁、豆芽末、笋末等配料放入锅中，与主料一起翻炒片刻。在炒制的过程中，加入适量的盐、生姜、味精等调料，以提升汤品的口感和香气。炒制的时间和火候非常关键，炒制时间过长会使食材变老变硬，而火候不足则可能无法将食材炒透。

接着是煮制的过程。将锅洗净后放入适量的食用油，待油温适中时放入约 500 毫升水，迅速煮沸。将炒好的菜料倒入沸水中，用勺子不断搅动，使配料在水中充分散开，避免结块。这时既要保持汤水处于沸腾状态，又不能让水煮干。

然后，将已用适量凉水配制好的生粉再搅拌均匀后，缓缓倒入锅中，同时用勺子不停搅动锅内汤液，直到出现泡状为止。这一步，要特别注意避免锅内液体过干过稠或粘锅。

最后，将猪油渣、冻米放入锅中煮上 1 分钟，即可起锅。在起锅前，可以在汤的表面撒上一些葱末和少许麻油，以增加汤品的香气和口感。

整道塔前雾汤的制作过程需要一定的耐心和细心，才能制作出口感滑润、香气扑鼻的汤品。

5. 特点特色与文化韵味：

一是塔前雾汤因其美味口感和营养价值的特点而深受人们的喜爱。猪肝、瘦肉等主料富含蛋白质、铁等营养成分，香菇丁、豆芽末等配料也富含维生素和膳食纤维。整道汤品营养丰富、口感滑润，能够起到开胃消食、醒酒提神的作用。

二是塔前雾汤不仅是一道美味的汤品，更是一种历经 170 余年的乐平地方民间饮食文化的传承和展现。在品尝这道汤品的过程中，我们不仅可以感受到其美味口感和营养价值，更能够领略到传统文化的深厚底蕴。从清代塔前民间女子的灵巧与智慧在战乱中的展示，到今天人民物质生活极大丰富后对口味的追求，塔前雾汤成为备受民众欢迎的美味菜品，塔前雾汤所承载的文化内涵体现在每一个制作环节中。从食材的选取到制作工艺的传承，都凝聚着无数劳动者的智慧和心血。在当今社会，随着人们对美好生活的不断追求，许多传统的手艺和文化，正在经历着创造性转化和创新性发展，塔前雾汤这道美味也在文化传承中被保留下来，成为一道独具特色的地方美食。在乐平，无论是家庭聚餐还是朋友聚会，塔前雾汤都是一道不可或缺的美食佳品。

二、菜品评价

塔前雾汤源头为乐平市塔前镇，从而以地名置前而命名之。由于历史的沿袭，文化的传承，今天，这道名菜属于塔前的，也是属于乐平、属于景德镇的，2023 年 12 月 27 日“景德镇菜”名品认定发布会上，塔前雾汤被认定入选。在 2024 年 1 月 20 日“乐平菜”名品评选活动中，荣获 30 道乐平名菜之一。

9 虎山鳊

该图展示的是由浯口镇选送参加 2024 年 1 月 20 日“乐平菜”名品评选活动评出的 30 道乐平名菜之一“虎山鳊”。

一、菜品简介

1. 虎山鳊的源头和历史故事：

虎山鳊是源于清朝末年间的一道菜品。相传道光年间，福建漳州一群瑶族人为躲避饥荒，辗转来到浯口瑶冲村定居，至今已有 200 余年历史，虎山鳊鱼就是瑶族人民发现的一道美味佳肴。当时瑶冲地区发生大旱，农田干涸，庄稼歉收，百姓生活困苦。为了祈求天神降雨，当地百姓举行了盛大的祭祀活动。在祭祀仪式上，人们将从虎山湾深潭中捕捞到的鳊鱼作为祭品献给神灵。祭祀结束后，百姓们将剩下的鱼烹饪，发现虎山鳊鱼肉质细腻，没有腥味，美味异常，这道佳肴便一直流传至今。

2. 菜名的含义：

虎山鳊鱼是一种深水鱼类，因主要分布于乐安河虎山段的深潭中，便称之为虎山鳊。

3. 食材佐料：

以乐安河虎山段生长的 1 千克左右的鳊鱼为主料，青红辣椒段、香葱、生姜、香菜为辅料，配上菜籽油、蚝油、盐、味精、料酒等调料。

4. 制作工艺：

一是按正常剖鱼程序将活鱼处理干净；

二是将处理干净的鳊鱼放料酒葱姜腌制 10 分钟；

三是将腌制鱼放入烧热的菜籽油锅，把鱼煎至两面金黄；

四是倒出控油，将准备好的青红辣椒、葱段、姜丝，炒香成配料；

五是放入山泉水淹没鱼烧至 20 分钟左右以后再放入调料；最后收汁装盘。

5. 特点特色与文化韵味：

虎山鳊鱼肉质细腻柔软，没有任何腥味，与其他鱼类相比，鱼肉更加嫩滑紧实且充满弹性，口感非常好，被誉为“江南水中珍品”。

在数百年的历史传承中，虎山鳊鱼以其产地命名的特色，在烹饪过程中，从选材到制作，都在实践中不断改进，最终形成如今的虎山鳊鱼这道美食，凝聚着广大劳动者的无数智慧和心血。如今在乐平，只要家中要来尊贵的客人，必会上虎山鳊鱼予以款待，并作为地方美食文化内涵之一在不断传承中。

二、菜品评价

虎山鳊鱼为乐平市涪口镇特色菜品，因食材特定产地在虎山，故以虎山冠名前置之。在 2024 年 1 月 20 日“乐平菜”名品评选活动中荣获 30 道乐平名菜之一。

10 李家白薯蒸排骨

该图展示的是由接渡镇选送参加 2024 年 1 月 20 日“乐平菜”名品评选活动评出的 30 道乐平名菜之一“李家白薯蒸排骨”。

一、菜品简介

1. 李家白薯蒸排骨的源头与历史故事：

在乐平白薯主要产地接渡李家村，相传有一孝子，常年在父母身边侍候。但父母年老体弱，为给父母做一些适合老人的口味、清淡又极具营养的菜肴，经多次尝试，将自家产的白薯与排骨一同蒸制，这样蒸出来的白薯既有排骨的香味，同时油而不腻，适合老年人食用。由于做法简单，即使这位孝子在农忙时也能为家中老人做上一道美味而营养的菜。

白薯 + 排骨，这不经意间被发现的好搭档，逐渐成为当地颇有影响的一道名菜。

2. 菜名含义：

蒸制，是一种常见的家庭烹饪手段，可以很好地保留食材的原汁原味，而且较为清淡，很适合在潮湿炎热的时节吃。

因其主要食材为白薯和排骨蒸制而成，故称“白薯蒸排骨”。

3. 食材佐料：

主食材：李家白薯、排骨。适量的盐、大蒜、生姜、味精等调料。

4. 制作工艺：

一是将白薯切块，放入盘中。同时备好大蒜和生姜等佐料；

二是锅中加入足量的水，烧到冒热气后放入排骨，煮几分钟后捞出备用；

三是锅里入油，油烧到六成热时，放入排骨，翻炒，再加入豆瓣酱和蒜姜末及米酒汁、盐和生抽，翻炒均匀。

四是将炒过的排骨码放到白薯上面，上蒸锅，水开后旺火蒸 30 分钟即可。

这样的排骨蒸好后肉质非常嫩，既保留了肉汁，并被垫在下方的白薯完全吸收，白薯绵软，入口即化，香气扑鼻。

5. 特点特色与文化韵味：

尤其这白薯，属山药的一种。在乐平，又称“李家白薯”，土名为“脚板薯”。李家白薯是一种多年生草质藤本植物，其根（地下块茎）肥大，掌状或块状，表面棕黑色，断面白色或深褐色（紫色）。将其切开，其肉生脆，还带有黏性。接渡镇李家村有百年以上种植白薯的传统，在农

耕文明保守一面的影响下，村民对其栽培技术向来秘不示人，且有传男不传女的习俗，故这种与外地棍状山药不同呈脚形块茎的白薯，在乐平仅李家村独产。

“白薯蒸排骨”主食材就是这种“李家白薯”。

现代医药研究表明，白薯茎叶中含有的黄酮类活性成分，具有抗氧化、抗癌、增强免疫、降血脂血糖、抗突变和调节心肺等作用。在医学上对治疗冠心病、癌症、脑血栓、消除自由基以及抗衰老等效果明显。

故“李家白薯蒸排骨”，是一道既有农耕文化传承意义又有药用价值的乐平地方名菜。

二、菜品评价

“李家白薯蒸排骨”主食材就是这种李家特产山药，故以李家冠名置前。在 2024 年 1 月 20 日“乐平菜”名品评选活动中，“李家白薯蒸排骨”荣获 30 道乐平名菜之一。

11 乐平水芹炒腊肉

该图展示的是由金鹅山管理处选送参加 2024 年 1 月 20 日“乐平菜”名品评选活动中评出的 30 道乐平名菜之一“乐平水芹炒腊肉”。

一、菜品简介

1. 菜名含义：

芹菜是一种高营养价值的蔬菜，而乐平主要种植的是“水芹”，是区别于其他地方“旱芹”的一个特有品种。“乐平水芹炒腊肉”，就是一道充

满乡土风味的品牌菜肴，它以丰富的营养和药膳价值，以及味道香纯口感好，成为享誉四方的一道备受喜爱的家常菜。乐平人每当传统节日或客人来临，家家户户的餐桌上总少不了这道美味佳肴。

2. 乐平水芹炒腊肉的源头与背景：

在乐平农科园金鹅山村，水芹种植已有 40 多年历史，村民务农靠的是种植蔬菜以水芹为主，因为专业种植，故而金鹅山村的水芹上市早、品质优、产量大。水芹上市时恰逢早春，正是蔬菜供应青黄不接之时，为招待客人，聪明的农妇就用年前腌制的腊肉炒自家种的水芹，经用心控制火候、调整用材比例及佐料的用量，不想一道香气四溢、令人垂涎欲滴的菜品，竟被人赞不绝口，成为四方称誉“芹菜炒腊肉”的名菜，也成为心灵手巧的金鹅山农妇代表作。

3. 食材佐料：

主材是金鹅山本地自产的水芹，优质腊肉。以及精炼油，适量的盐、生姜、辣椒干、味精等调料。

4. 制作工艺：

一是精心挑选食材包括新鲜水芹与优质腊肉，刀工要求：入炒的水芹粗细、长短一致，腊肉以瘦肉为主，切片厚度匀称；

二是将少许食用油倒入锅中待油温适中，再把切好的腊肉倒入锅中进行翻炒；

三是待腊肉炒至微黄将水芹倒入锅中，进行翻炒；

四是放入葱姜蒜爆香，最后加入盐、鸡精等调料调味即可出锅。

整个烹饪过程看似简单，却需要对火候和调料的精准掌握，既要保证食材熟透，又不能失去其原有的口感、色感和营养，做到色香味齐全，必须掌握一定经验和技巧，才能呈现出最佳的口感和风味。

5. 特点特色与文化韵味：

“乐平水芹炒腊肉”这道菜，因其食材为乐平地域特有的芹菜品种——“水芹”，而独具乐平地方特色。尤其是近年来，金鹅山村积极调整种植结构，以“党支部 + 合作社 + 基地 + 农户”的模式，鼓励农户规模化发展芹菜种植，助力农户增收致富、乡村振兴，芹菜种植成为该村“一村一品”的特色产业。同时，因其烹饪快速简捷便利的特点，成为乐

平人经营并“火”在江浙的“江西小炒”的主打菜之一。这道菜的味道，早已超越了味蕾的满足，它更是一种在外打工乐平人情感的寄托。一道芹菜炒腊肉，融合了人们的淳朴与热情，当腊肉在锅中嗞嗞作响，释放出诱人的香气时，家乡的温暖便悄然而至。而当芹菜的清香与腊肉的醇香交织在一起，仿佛是家乡的呼唤。

二、菜品评价

“乐平水芹炒腊肉”因以乐平特有的“水芹”为主食材，故以乐平冠名前置。在 2024 年 1 月 20 日“乐平菜”名品评选活动中，“乐平水芹炒腊肉”被评为 30 道乐平名菜之一。

12 豆泡烧肉

该图展示的是由乐港镇选送参加 2024 年 1 月 20 日“乐平菜”名品评选活动中评出的 30 道乐平名菜之一“豆泡烧肉”。

一、菜品简介

1. 豆泡烧肉的由来：

“豆泡烧肉”是一道地道的乐平本地菜，豆泡饱含肉汁，猪肉油而不

腻，软糯适中，因绝佳的口感传播开来。在乐平乐港地域，豆泡烧肉大多采用的是传承多年的袁家豆泡，袁家豆泡以优质黄豆 + 优质菜油，经过磨浆、冲浆、水豆腐、压坯、切块、油炸等多道传统工艺，采用纯手工技艺自制而成。成品豆泡色泽金黄、内如肉丝，细致绵空、富有弹性。豆泡富含优质蛋白、多种氨基酸，铁、钙的含量也很高，因良好的口感和丰富的营养价值，深受乐平人民的喜爱。为追求更好的口感，多年来，很多人慕名到乐港袁家采购豆泡，制作豆泡烧肉，豆泡烧肉成为一道出现率极高的乐平家常菜。

2. 菜名含义：

豆泡烧肉直接以主要食材、烹饪方式命名，即“豆泡、新鲜猪肉 +‘烧’的烹制方法”，烹饪过程中要注重把握食材的选择和火候，以保证菜品绝佳的品相和口感。

3. 食材佐料：

准备新鲜的袁家豆泡、去皮五花肉各 200 克，五花肉切片加料酒、酱油拌匀腌制 20 分钟左右，锅中加入适量食用油，加入冰糖小火熬至枣红色，加入腌制的五花肉翻炒，翻炒过程中加入适量大蒜子、生姜，起锅后撒上适量葱花。

4. 制作方法：

第一步是腌，新鲜五花肉切 1 厘米左右的厚片，加酱油 1 勺，料酒 1 勺拌匀腌制 20 分钟。

第二步是熬，锅中下少许食用油，开小火，放入冰糖慢慢熬至融化。

第三步是炒，糖色呈枣红色起密集大泡时，糖色的火候正好。立即下入腌制好的五花肉，迅速翻炒使肉块均匀裹上糖色。放入姜、蒜、八角、桂皮、香叶一同翻炒，充分激发香料的味道。

第四步是煨，加入油豆腐，倒入开水至淹没所有食材，沸腾后改微小火盖上锅盖煨煮 30 分钟。30 分钟后，打开锅盖，淋入酱油 1 勺，料酒 1 勺，改大火收浓汤汁，撒上葱花即可出锅。

二、菜品评价

在 2024 年 1 月 20 日“乐平菜”名品评选活动中，“豆泡烧肉”被评为 30 道乐平名菜之一。

13 临港猪肚饭

该图展示的是由临港镇选送参加2024年1月20日“乐平菜”名品评选活动中评出的30道乐平名菜之一的“临港猪肚饭”。

一、菜品简介

1. 临港猪肚饭的源头与历史故事：

“临港猪肚饭”源头与明朝初年的著名将领盛庸有关。盛庸，字世用，乐平临港镇下堡村人，生于元朝末年。他出身行伍，少年时便文武双全，在元末时期追随朱元璋，积功封千户，官至都指挥。盛庸在朱棣的靖难之役中扮演了重要的角色，在朱允炆与朱棣的皇位争夺中，支持朱允炆，并被委派去对抗朱棣的军队。他曾在德州与山东参政铁弦合作，巧妙设伏，大败燕军。在随后的战役中，盛庸对燕军发起猛攻，几乎全歼燕军。尽管盛庸成功抵御了朱棣的进攻，但最终还是没能阻止朱棣登上皇位。朱棣攻入京师后，盛庸忧心朱棣会下令屠城，为避免生灵涂炭，后率余众归降。永乐元年（1403），朱棣登上皇位并未立即对盛庸下手，而是保留了他的“历城侯”封爵，并命其继续领兵镇守淮安。然而两年后，诬其有异图，削去官职，但朱棣为安抚稳定军队，特赐婚其孙盛瑜迎娶建文帝之女为妻，被封为驸马。

据下堡村民口口相传的故事叙述，在当时建文帝之女下嫁到其孙盛瑜后，因为公主有胃病，生孩子产后身体虚弱，宫中御膳房炖许多补品给公主吃，可是她吃什么都没有胃口，身体日渐消瘦。太医想尽办法做种种名贵补品给公主吃，还是无济于事。而驸马盛瑜的乐平中堡家人想到“药补

不如食补”的方法，于是把临港民间传统坐月子吃鸡汤的做法加以改良，把鸡汁加上糯米配以名贵药材放进猪肚里文火慢炖。公主吃后果然胃口大开，经过一段时间饮食调理，公主的胃病痊愈，而且肤色也红润有光泽，美艳动人。

2. 食材佐料：

临港猪肚饭主食材是猪肚 1 个、糯米 500 克、鸡蛋 4 个，熏五花腊肉 150 克等配料，适量的盐、生姜、味精等调料，每一种料都需要精心挑选和加工，保证新鲜与质地优良。

3. 制作工艺：

临港猪肚饭的制作工艺十分讲究，除对各种用料精心挑选外，在烹制过程中，必须掌握好火候与用时，既要保证食材熟透，又不能失去其原有的口感和营养，需要一定的经验和技巧。

制作临港猪肚饭程序是：首先将猪肚洗净，用盐、白酒、冰糖、胡椒粉等调料稍加腌制，并用苏打粉揉搓洗净，去除白色物质。然后，将糯米洗净后与腌制好的肉块混合，放入猪肚中，并根据不同食用者的需要，加入滋补药材，适量的水和盐，用文火煲煮，直至猪肚熟透。最后，将煲好的猪肚切开，即可食用。

整道临港猪肚饭的制作过程需要一定的耐心和细心，才能制作出口感滑润、香气扑鼻的菜品。

4. 猪肚饭的特点特色与功效：

这道猪肚饭，有非常好的滋补作用，而不同的食者添加有关滋补药品食之，既祛病强体，又有养生保健之功效。如胃寒者最适宜吃猪肚饭，加上胡椒、小北芪、党参、白果、枸杞等药材，有很好的滋补、祛风、祛寒的作用。肾亏者食后减少夜多小便症状。燥热虚火夜梦多者食之，能够调整晚上睡眠，并且一年四季都适宜食用。

二、菜品评价

临港猪肚饭源头为乐平临港镇，从而以地名置前而命名之。在 2024 年 1 月 20 日“乐平菜”名品评选活动中，“临港猪肚饭”被评为 30 道乐平名菜之一。

14 蟠龙神守汤

该图展示的是由浯口镇选送参加 2024 年 1 月 20 日“乐平菜”名品评选活动中评出的 30 道乐平名菜之一“蟠龙神守汤”。

一、菜品简介

1. 蟠龙神守汤的源头和历史故事：

浯口镇位于三水交汇处，河流、水塘多，盛产甲鱼，甲鱼营养丰富，浯口百姓一直以来有食甲鱼的习惯。相传明朝时期，浯口桃园村有一富商，家财万贯，其子 20 余岁却一直身体虚弱，寻访乡医调理效果都不佳。一日遇一云游四方的医者，为其丌方调理，并告知其坚持每月食用 2 次甲鱼汤，一年之后果然身强体壮。后该汤流传开来，当时百姓禁止杀牛吃牛肉，故汤中只有甲鱼、中药材。随着时代不断发展，人们将原来的甲鱼汤中加入牛鞭，才逐渐形成如今的蟠龙神守汤。该汤味道鲜美，营养丰富，深受当地百姓喜爱。

2. 菜名的含义：

蟠龙，即牛鞭的古代雅称，是一种具有极高营养价值和药用价值的食材。神守，即鳖的雅称。《淮南子》曰：“鳖无耳而守神，神守之名以此。”《宋史本传》作者、陆游祖父陆佃曰：“鱼满三千六百，则蛟龙引之而飞，纳鳖守之则免，故鳖名神守。”

3. 食材佐料：

以牛鞭、甲鱼为主料，以人参、枸杞、当归、天麻、红枣为辅料，配

上盐、味精为调料。

4. 制作工艺：

一是将牛鞭洗净切断打花刀，甲鱼宰杀洗净；

二是将洗净后的主食材过水焯水；

三是将焯水的食材放油炒至金黄，再倒水淹没食材并煮开；

四是煮开后倒入砂锅，加入人参、枸杞、当归、天麻、红枣等辅料，放盐、味精等调味品，微火慢炖 2 小时左右即可食用。

5. 特点特色与文化意义：

蟠龙神守汤味道鲜美，富含蛋白质、优质脂肪、氨基酸、钙等多种营养成分，具有增强免疫力、预防骨质疏松、抗衰老等多种功效，特别是对于男性而言，还有重要的滋补和补肾效果，养精蓄锐。牛鞭、甲鱼在中华传统文化中都具有深厚的历史和文化背景，不仅是滋补养生的佳品，也是一种充满诗意和文化气息的文化符号。

二、菜品评价

“蟠龙神守汤”为乐平市涺口镇特色菜品，在 2024 年 1 月 20 日“乐平菜”名品评选活动中荣获 30 道乐平名菜之一。

15 高家清蒸土鸡

该图展示的是由高家镇选送参加 2024 年 1 月 20 日“乐平菜”名品评选活动中评出的 30 道乐平名菜之一“高家清蒸土鸡”。

一、菜品简介

1. 高家清蒸土鸡的源头与历史故事：

高家古时属九都金山乡，处饶州通往徽州的通衢要道，自古于此设有官方的驿站——桐林驿，因设驿而成街（今仍有桐林街村），从而往来客人颇多，达官贵人嘉宾常临。宋代抗金名臣官至兵部尚书签书枢密院事、曾在婺源筑室而居的权邦彦，到乐平后写下的“稻米流脂姜紫芽，芋魁肥白蔗糖沙。村村沽酒唤客吃……”诗句，正是描绘乐平金山乡一带的风俗民情。传承驿站礼仪、热情好客的高家人，招待尊贵客人的宴席中，就离不开清蒸土鸡这道菜。久而久之，这道味道纯正、地道正宗的清蒸土鸡，也就出名而成了接待客人的压轴菜。

2. 菜名含义：

“高家清蒸土鸡”，主要食材是高家当地农家自养的土鸡，每逢来了尊贵的客人，高家人为给客人做一顿丰盛的宴席，从自己喂养的鸡中，挑选出又肥又大的一只母鸡，用最简单的方法和仅有的材料，做成了这道清蒸土鸡。

烹饪方法即“清蒸”，无需多么丰富的佐料，便可做成。在那个物质不很丰富的年代，没有各种各样的佐料，也没有丰富多彩的食材，因此，清蒸土鸡也是一道操作简单的菜。

3. 制作工艺：

一是选择整只鸡，处理干净内脏，用少许面粉抓捏，多冲洗几遍，直至无血水即可。

二是用盐、生抽、料酒擦鸡身后，将鸡斩成小块，加入姜片、葱段腌制一个小时。

三是腌制好的鸡放蒸锅中蒸制，水烧开后转文火蒸 50 分钟，撒上葱花，即可出锅。

4. 特点特色与文化韵味：

“高家清蒸土鸡”与其他蒸鸡是不同的，汤清明见底，啜之却又极鲜，肉汤相容，却聚而不散。入口嚼之，紧散有度不腻不柴，不化渣亦不塞牙。

作为高家镇民间招待尊贵客人的最上等宴席的当家菜品，展示了高家村人热情好客的淳朴民风，在早期，有一个更接地气的别称——“凤凰恰自来”。对高家村民来说，清蒸土鸡传承着世世代代人的舌尖记忆，也是热情好客高家村民坚守的家的味道，永远记住的“乡愁”。

二、菜品评价

高家清蒸土鸡源头为乐平市高家镇，故以高家冠名前置之。在 2024 年 1 月 20 日“乐平菜”名品评选活动中，荣获 30 道乐平名菜之一。

16 众埠血肠

该图展示的是由众埠镇选送参加 2024 年 1 月 20 日“乐平菜”名品评选活动中评出的 30 道乐平名菜之一“众埠血肠”。

一、菜品简介

1. 众埠血肠的源头与历史故事：

相传旧时众埠街上有个姓江的财主，家财万贯，富甲一方，家中光大厨就有三人。某日，遍尝各种美味的江财主突发奇想，要求三位厨师以猪肠为料各做一道菜，合其意者，额外有赏，不合其意，则罚薪一月。三人闻言，不禁心中惴惴。众所周知，猪肠为猪内脏之一，为消食排泄之道，最是污秽且腥臭无比。名以猪肠为料制美食，实有刁难之意。三人绞尽脑汁，不得其法。一天，三人中的徐姓厨师偶然听见私塾先生在给少爷讲《庄子》，正好讲庖丁解牛的故事。听完，徐厨师顿时豁然开朗，只需切中肯綮，烹饪亦然。猪肠烹制，难在其臭，只要做到掩其味，留其质，便可成功。于是，徐厨师采用猪血拌猪肠，阴阳相济相克之法，烹制出一道特

别的菜肴——血肠。刁嘴的江财主尝过血肠之后，大为赞赏，且依约重赏之。而血肠因其原料普通，制作简易且风味口感独特，很快便在当地流传开来。因此菜源于众埠街，故被人们称为“众埠血肠”。

2. 菜名含义：

众埠血肠本质上就是灌肠，因加入了新鲜猪血且该制作方式一直流传于众埠区域得名众埠血肠。

3. 食材佐料：

众埠血肠以新鲜猪肠、糯米、新鲜猪血、精肉末为主料，葱姜蒜末等配料，适当的盐为调料，每一种材料都要保证新鲜与质地优良。

4. 制作工艺：

众埠血肠的制作工艺较为简单，取一副猪肠，用盐洗净待用；把事先用净水浸泡了约 3 个小时的糯米淘好，拌上鲜猪血，再将精肉末、胡椒粉、蒜末、盐、葱花一同拌匀，灌到猪大肠里，灌紧后，用麻线将两端捆好。然后将灌制好的灌肠放到蒸笼里蒸上约 20 分钟，切片装盘。

5. 特点特色与文化韵味：

一是众埠血肠因其美味口感和营养价值的特点，深受当地人们的喜爱，猪血、猪肠、瘦肉、糯米等主料皆富含蛋白质、铁、淀粉等营养成分。二是众埠血肠制造方式简洁，蒸熟后烘干可久存，是逢年过节待客的一道名菜。在乐平历史上号称富庶东南乡的众埠传承已久，至今众埠镇村民每逢过节杀猪，家家户户都做血肠，是众埠地区饮食文化的一个符号。

二、菜品评价

在 2024 年 1 月 20 日“乐平菜”名品评选活动中，“众埠血肠”被评为 30 道乐平名菜之一。

17 墨鱼排骨汤

该图展示的是由后港镇选送参加 2024 年 1 月 20 日“乐平菜”名品评选活动中评出的 30 道乐平名菜之一“墨鱼排骨汤”。

一、菜品简介

1. 菜名含义：

墨鱼排骨汤是用排骨、墨鱼干制作的一道家常菜，汤汁鲜美，香味浓郁。因主料为墨鱼、排骨，俗称墨鱼排骨汤。

2. 食材佐料：

以墨鱼、猪排骨为主料，料酒、生姜、大蒜、葱花、胡椒等配料，适量的盐、味精等调料，每一种都需要精心挑选和加工，保证新鲜与口感并存。

3. 营养功效：

墨鱼除含有丰富的蛋白质外，还含有大量的碳水化合物和维生素 A、维生素 B 及钙、磷、铁、核黄素等人体所必需的物质。中医理论认为，墨鱼骨具有止血养血、健脾养胃的功效，墨鱼肉则活血化瘀、补肾养血，为妇科佳品，且有一定的抑制癌细胞的作用。猪排骨除含蛋白质、脂肪、维生素外，还含有大量磷酸钙、骨胶原、骨粘蛋白等，适合幼儿和老人补钙。中医认为，墨鱼和排骨都属阴性，葱姜蒜和胡椒通阳助阳，墨鱼加排

骨，水陆同舟，兼收并蓄，可达到阴阳平衡作用。

4. 制作工艺：

首先，猪排骨清洗去腥，加入料酒焯水，确保去除汤中的杂质，使得排骨更加鲜嫩。接下来慢火慢炖，让排骨的鲜味充分释放，使得骨汤更为浓郁。

其次，新鲜墨鱼去内脏，清洗干净，切成适当大小的块状，放入锅内一并煮制。20 分钟出锅后即撒上少许葱花提升香气。这种独特的处理方式，不仅保留了墨鱼的鲜香，还让墨鱼在汤中更好地融入其他食材的风味。

二、菜品评价

该菜原本为粤菜，如今在后港成为特色招牌菜，备受乐平群众喜爱。在 2024 年 1 月 20 日“乐平菜”名品评选活动中，墨鱼排骨汤被评为 30 道乐平名菜之一。

18 腊肉蒸萝卜丝

该图展示的是由鸬鹚乡选送参加 2024 年 1 月 20 日“乐平菜”名品评选活动中评出的 30 道乐平名菜之一“腊肉蒸萝卜丝”。

一、菜品简介

1. 腊肉蒸萝卜丝的发展历程：

鸬鹚萝卜丝制作工艺始于明清时期，远销浙江、安徽等地，至今还

流传着乐平人民在抗美援朝期间送百万斤萝卜丝上前线的佳话。鸬鹚萝卜丝生产加工过程极其严格，纯手工晒制，不含添加剂、防腐剂，是居家食用和馈赠亲朋的上等佳品。由于萝卜丝可储存，以往早春蔬菜供应青黄不接时，当地农户用自制的腊肉蒸萝卜丝，作为鸬鹚本地人最喜爱的菜品之一，历史传承已久。近年来，鸬鹚乡外出从事“江西小炒”经营者将此菜在江浙一带推广，“腊肉蒸萝卜丝”现已成为一道广为流传的美食。

2. 食材佐料：

以萝卜丝、腊肉为主料，米酒、淀粉为配料，适量的盐、豆豉、味精等调料。

3. 制作工艺：

“腊肉蒸萝卜丝”制作不复杂，烹饪方法主要是“蒸”，要义是“大火”蒸。腊肉洗净后滤干水切片，鸬鹚萝卜丝与米酒、淀粉腌制几分钟，将腊肉片与腌制后的萝卜丝摆盘后，放锅里大火蒸 20 分钟即可。在蒸制过程中，使得腊肉的香味充分融入萝卜丝里，而萝卜丝的清香与微甜又能完美中和腊肉咸味和油脂，成品通透明亮，肥而不腻，美味可口。

4. 特点特色与文化韵味：

鸬鹚乡是一个环境优美、资源丰富的省级生态乡镇，乐安河穿境向西而去，为典型的江南冲积平原地貌，属土层深厚、含水充足，疏松肥沃、透气性能良好的泥沙淤积区。“（物）生沙壤者甘而脆”，当地这种独有沙质土壤种植出来的白萝卜，皮薄肉嫩，汁多味美。制作萝卜丝就是选用当地特有的个大皮薄肉厚的萝卜，洗净去皮切丝，露天晒于特制器具上，日晒夜露，一个月始成正品。鸬鹚腊肉蒸萝卜丝，就是用自制的腊肉，配以色泽棕黄光亮、味香略甜、质地柔软松嫩的鸬鹚萝卜丝。此外，萝卜丝还可用于炖肉、炖鱼，做包子馅料等，食之祛火，生津润肺，增强人体免疫力，有益气健脾，去火清肺，爽口开胃等功效。因而，“腊肉蒸萝卜丝”属于当地农户冬春时节每家每户必备招待客人的名菜，更是明清以来鸬鹚当地一直传承的美食文化符号。

二、菜品评价

2024 年 1 月 20 日“乐平菜”名品评选活动中，腊肉蒸萝卜丝被评为 30 道乐平名菜之一。

19 名口豆腐

该图展示的是由名口镇选送参加 2024 年 1 月 20 日“乐平菜”名品评选活动评出的 30 道乐平名菜之一的“名口豆腐”。

一、菜品简介

1. 名口豆腐的历史：

名口豆腐代代相传，至今已有数百年历史，名口豆腐的传承，是伴随着旧时“洺口”镇的发展而来的。历史上的名口水运发达，商贸繁荣，为乐、德、婺三县来往船舶的停靠码头，物资集散中心，因此商贾云集，客栈颇多，客流带来的饮食需求，催生了名口本地豆腐制作行业，使得这种不限季节的菜流行开来，名口的豆腐随之声名远播，不少周边地区人员慕名前来购买，“名口豆腐”这道家常菜也就应运而生。

2. 食材佐料：

以名口本地豆腐为主料，配合猪肉、食盐、老抽、生姜、大蒜、红辣椒、蚝油、生抽、葱花等调配料。

3. 制作工艺：

选用优质大豆，经过浸泡、磨浆、过滤、煮浆、点浆、包浆等步骤，做成豆腐。先把豆腐切块，再用手掰成小块，用手掰的豆腐比用刀切的豆腐更入味。锅中水开后放入一勺食盐，倒入少许老抽，豆腐下锅焯水 3 分钟左右捞出，放在凉水中过凉。热锅倒油，放入蒜末、红辣椒丝爆香，下精肉大火翻炒，炒到精肉变色，改小火，加入蚝油增鲜、少许生抽、老抽上色再次翻炒均匀，接着倒入焯好水的豆腐，放入少许凉水，铺平整后盖

上锅盖，大火烧开，中小火慢炖5分钟，开大火收汁，汤汁收浓后装盆，最后撒点葱花点缀增香。

4. 文化意义：

一是豆腐作为最能体现中国饮食文化符号菜品的文化传承意义。豆腐是我国发明的绿色健康食品，具有风味独特、制作工艺简单、食用方便的特点，深受我国人民以及世界各地人民的喜爱。豆腐发展至今，品种齐全，花样繁多，名口本地制作的豆腐就是其中的佼佼者。

二是名口豆腐与名口地区经济社会俱进的历史文化意义。名口曾是乐平置县史上的县治所在，水陆交通便利，商贸繁荣，历来为乐平重镇之一。“名口豆腐”这道菜，是随着名口这一物资集散中心的经济繁荣、客商云集而发展传承来的。今天，这一具有高蛋白低脂肪，降血压降血脂降胆固醇功效的养生补益食品愈为百姓喜爱。

二、菜品评价

2024年1月20日“乐平菜”名品评选活动中，“名口豆腐”入选乐平名菜。

20 乌佬果

该图展示的是由十里岗镇选送参加2024年1月20日“乐平菜”名品评选活动评出的30道乐平名菜之一“乌佬果”。

一、菜品简介

1. 乌佬果的历史故事：

相传，唐末黄巢起义，其弟黄揆率军来到乐平东南乡一带。当地一老

农为避战祸，率家人躲入深山老林（现十里岗镇篁坞一带），过着风餐露宿的生活。在山中，老农家人主要的食物来源为山蕨。然而，山蕨有季节性，到了秋冬季节便难以采摘到。于是，富有智慧的老农开始尝试用山蕨的根制作食物。他将山蕨根洗磨晒粉，再包入野菜和野味，以此解决冬季的食物问题。待黄揆军撤离后，老农一家人重返故里，由此当地人也学着做起了这种蕨粉果，又称“乌佬果”。

2. 菜名含义：

由于做这种蕨粉果的老农较长时间生活在深山，皮肤黝黑，乡人俗称这位黑皮肤的老农为“乌佬仂”，也就把这种蕨粉果称为“乌佬果”。

3. 食材佐料：

山蕨粉（现大多用薯粉替代）、豆腐、瘦肉、葱花、盐、味精等。

4. 制作工艺：

将薯粉放入干净盆中，隔水蒸 10 分钟后，加入沸水搅拌均匀；将豆腐和瘦肉切碎，加入葱花、盐、味精拌匀；然后，将薯粉和剁碎食材混合上锅蒸，待蒸熟后，用热油煎炸至金黄色捞出，同时还可以根据自己的口味来选择搭配的调味料，常见的有酱油、辣椒和葱花等。

5. 特点特色与文化韵味：

乌佬果是一种非常独特的菜品，在整个乐平境内，只有十里岗镇一带有人制作，由于主食材山蕨粉由天然野生山蕨根精制而成，产量有限，因此老百姓对其改良使用薯粉替代，同样也别具一番风味。乌佬果不仅是一种美食，更是地域丰富历史文化的传承，它反映了中华农耕文明中，“天人合一”，人与自然和谐共生自然主义的哲学思想。万物为我所用，农民对自然资源的珍惜和利用，展示了劳动人民创造物质财富的聪明与智慧。因为作为一种食物，历经长期的改造与发展，无论是从口感、营养价值，还是文化内涵上来看，乌佬果都是一款值得品尝和了解的特色菜品。

二、菜品评价

乌佬果的发源地为十里岗镇，在 2024 年 1 月 20 日，“乐平菜”名品评选活动中，乌佬果排位第 20 名。

21 辣椒蒸豆腐

该图展示的是由双田镇选送参加2024年1月20日“乐平菜”名品评选活动评出的30道乐平名菜之一“辣椒蒸豆腐”。

一、菜品简介

1. 辣椒蒸豆腐的源头与历史故事：

“辣椒蒸豆腐”是一道源于明末清初年间的菜品。明朝末年，天下大乱，民不聊生。相传在乐平双田一带，有父子二人相依为命，因家贫吃不起猪肉，为解口腹之欲，聪明的父子俩想到了豆腐，尝试用滑嫩的豆腐还原猪肉的鲜嫩滑爽口感。于是父子二人经过多次配料并改进做法，终于做成了“辣椒蒸豆腐”这道色香味俱全的特色菜。街坊邻居尝过之后，皆赞叹肉味之鲜美亦不过如此，于是纷纷效仿，这道菜便成为双田一带的招牌菜。

2. 菜名含义：

辣椒蒸豆腐本质上是一道素菜，主要是将切碎的辣椒放在豆腐上蒸熟，其口感胜似猪肉，加上佐料点缀的豆腐展示的视觉美感，让人食欲大增，双田人因料而称为“辣椒蒸豆腐”。

3. 食材佐料：

以豆腐、绿辣椒、干红辣椒、豆豉、腊猪油为主料，香菜、葱花等配

料，适量的盐、味精等调料，每一种都需要精心挑选和加工，保证新鲜与口感并存。

4. 制作工艺：

辣椒蒸豆腐的制作工艺简单，除对各种用料精心挑选外，在蒸的过程中要掌握好火候和用时，保证食材的口感顺滑。

将豆腐切成适中块状，叠铺在碗底，再将青辣椒和干红辣椒切碎放在豆腐上面，加上香菜碎，放上小块腊猪油或腊肉，加入适量盐和鸡精；上锅蒸制 20 分钟左右就可出锅，出锅后即撒上少许葱花提升香气。蒸的时间非常关键，时间适中才能有顺滑口感、咸香腊（辣）味俱全，时间过长会导致豆腐口感变硬。

5. 特点特色：

一是营养丰富。豆腐内含人体必需的多种微量元素，还含有丰富的优质蛋白，素有“植物肉”之美称。豆腐的消化吸收率在 95% 以上。辣椒富含丰富的维生素，与豆腐的搭配更是一绝。二是口感顺滑鲜美。有腊肉的咸香腊味，又有豆腐的滑溜，还有辣椒的鲜辣。整道菜营养丰富、口感滑顺、味道鲜美、开胃消食。

二、菜品评价

“辣椒蒸豆腐”历经几百年，深受当地百姓青睐，为双田、塔前、涌山、临港等乐平北部乡村用来招待亲朋贵客的必备菜。在 2024 年 1 月 20 日“乐平菜”名品评选中获选。

22 邹家大块肉

该图展示的是由洎阳街道选送参加2024年1月20日“乐平菜”名品评选活动评出的30道乐平名菜之一“邹家大块肉”。

一、菜品简介

1. 邹家大块肉的源头：

“邹家大块肉”源于传统的“乐平水桌”的一道“硬菜”。乐平人待人接物，大多实诚厚道，请客吃饭主要是“乐平水桌”。这种酒席虽不乏汤汤水水，但必须有“硬菜”，包含鸡、鸭、鱼、鳝等荤菜，其中猪肉是当家的硬菜。乐平水桌又以邹家水桌最为出名，而大块肉就是邹家水桌的代表菜。

2. 菜名含义：

大块肉本质就是普通的白水肉蘸酱，但是肉块非常大，有的大到四寸长、二寸宽、五分厚，体现了乐平人民的单纯朴实和大块吃肉、大碗喝酒、粗犷豪爽的性格特征。

3. 食材佐料：

邹家大块肉主要以乐平花猪后腿肉为主，蘸料则由蒜泥、酱油、少许盐等调料制成，并且每一种料都需要精心挑选和加工，保证新鲜与质地优良。

4. 制作工艺：

首先，做大块肉要选料，必用乐平花猪后腿肉，鲜香味美，切起来有形；

其次，火候很重要。如火候掌握不好，煮不熟不行，煮太柴不行，煮太烂也不行。不熟不能吃，太柴不好吃，太烂又切不成形；

再次，酱汁很重要。蒜泥、酱油、少许盐等调料来调制，面上飘着些许红皮椒末，透着诱人的喜庆色彩；

最后是装碗。乐平的大块肉，大到有些夸张，一块可盖过蓝边海碗，于是也叫盖碗肉。碗中通常有十六块，“八精七肥一猪脚”。猪脚撑碗底，肥肉码上头，顶上头是精肉，方方正正、满满登登地摆上桌，一碗端上桌需要好几斤猪肉。

5. 特点特色与文化韵味：

与文人雅士吟风弄月不同，“大碗喝酒，大快朵颐”，通常是豪侠之士所为，体现的是一种慷慨、豪爽、侠义的英雄气，而邹家水桌大块肉，恰恰最能体现乐平人这种大气大度的性格特征。乐平地处吴头楚尾，虽是江右古邑，却有燕赵之地慷慨激昂的遗风。自唐以降，当地较少罹乱战祸，民众得以休养生息，因而经济较为富庶，养成了待人接物出手宽绰、为人豪爽侠义的性格。同时，为守护家园与财产，当地人又普遍习武，形成尚武传统，并以宗族血缘为纽带，形成浓厚的宗族文化传统，影响于今。“乐平人爱看戏，酒量好”，是外乡人对乐平人的普遍印象。吃大肉、喝烈酒、听高腔（即乐平高腔，以不事管弦，唱腔高亢激越为特征）是乐平民俗常态，崇文尚武，重礼好义是乐平民风使然。乐平人吃硬桌伪酒、大块伪肉，是最能代表乐平乡间饮食传统与民俗文化的一道亮丽风景线。

二、菜品评价

在 2024 年 1 月 20 日“乐平菜”名品评选活动中，“邹家大块肉”被评为 30 道乐平名菜之一。

23 江维血鸭

该图展示的是由塔山街道选送参加2024年1月20日“乐平菜”名品评选活动评出的30道乐平名菜之一“江维血鸭”。

一、菜品简介

1. 江维血鸭的源头和历史故事：

江西维尼纶厂，简称江维厂，位于乐平塔山街道，上市公司宏柏新材的前身，建于1971年，原是一家大型化工化纤企业，属国家大二型工业企业。20世纪八九十年代，江维厂与其他国有大型厂矿类似，有自己独立的学校、医院、报刊、集市等社会职能部门，相当于一个功能齐备的小型社会。由此，深刻影响了乐平当地经济社会的发展。作为大型国企，外来职工众多，厂区周边餐馆林立，竞争激烈，为吸引食客，一些餐馆推出了“血鸭”一菜，立刻受到大众欢迎。后随着改革的深化，国企的改制，江维厂虽不复存在了，但经过几十年的传承与改良，江维血鸭已成为当地的特色招牌菜。菜名中保留的厂名，依然能让人想起当年江维的荣光与厂区的繁华。

2. 菜名含义：

江维血鸭既是菜名，也是厂名，“江维”两字来源于江西维尼纶厂的简称，寓意和江维厂一样生意火爆、繁荣兴盛；“血鸭”两字则来源于菜品用材鸭血和鸭子。从而，这道享誉当地的菜理所当然地被称为“江维血鸭”。

3. 食材佐料：

鸭肉、鸭血，适量的盐、辣椒、大蒜、生姜、料酒等。

4. 制作工艺：

首先，挑选一只质量上乘、年龄在两至三个月的嫩鸭，宰杀后将鸭肉与鸭血分离。其次，用食盐和鸭血混合搅拌，确保鸭血保持液态的鲜嫩。然后，将鸭肉斩成黄豆般大小，以便于后续调味料的渗透。再次，热锅热油中，投入鸭肉进行大火快炒，直至肉质紧致、水分全消。最后，加入辣椒、生姜、大蒜等调料，并倒入少许料酒，翻炒出香，再加入生抽、食盐及剩余的辣椒，盖上锅盖焖煮约 15 分钟后，将鸭血均匀淋入，待鸭肉熟透，鸭血成块，即可出锅装盘，端上餐桌。

5. 特点特色与文化韵味：

江维血鸭以其独特的香辣风味、口感爽口而备受食客青睐。它富含多种对人体有益的维生素和铁、铜、锌等微量元素，易于人体吸收，营养价值颇高。

人生百味，江维人常忆“血鸭”之味。厂早已退出历史舞台，但“江维血鸭”，却是那个时代“乡味”的传承和延续，一碗血鸭就像一种情结，将几代人的情感连结起来，它不仅是国企工人的集体记忆，更是江维厂企业文化的一个缩影。它以其独特的风味和丰富的内涵勾起老江维人的时代回忆。江维血鸭江维情，无论他们身在何处，只要一尝这道菜，那份对江维厂的思念和回忆就会油然而生，这不仅仅是一道菜肴的味道，更是一种心灵的触动和文化的共鸣。

二、菜品评价

在 2024 年 1 月 20 日“乐平菜”名品评选活动中，“江维血鸭”被评为 30 道乐平名菜之一。

24 天济水上漂

该图展示的是由塔山街道选送参加2024年1月20日“乐平菜”名品评选活动评选出的30道乐平名菜之一“天济水上漂”。

一、菜品简介

1. 天济水上漂的源头和含义：

20世纪中叶，一名老领导来到塔山街道天济村参观考察，热情好客的天济人为接待好这位贵宾，想方设法研究菜单，创新菜品、烹制菜肴。由于当时条件较艰苦，物资匮乏，人们难得吃上肉类食品，村民就想着用肉丸做汤，但是以往“肉丸汤”的肉丸都是沉在汤盆底部，显得寥寥无几，不免有失待客之道。于是，该村民就有了将肉丸漂浮在汤汁上的想法，经过多次的试制，最终通过增加汤汁的浓度，减轻肉丸的重量，成功将肉丸漂浮在汤汁上，而且肉丸圆圆满满，既有团圆美满、多子多福的寓意，也有接待贵客满心满意的好客之道。宴请中，重要人物对这道汤汁上漂浮肉丸的菜品很是好奇，品尝后更是赞不绝口，便问道这是什么菜，主人家说这是特意为了欢迎您做出来的，没有名字。客人道：“这道佳肴，肉丸子嫩滑可口，汤汁鲜美，何不称之为‘水上漂’？”自此，“天济水上漂”便流传开来，成为塔山街道一带一道脍炙人口的地方美食，后也被“乐平水桌”纳入，成为乐平接待宴请的一道必备菜品。因菜品为乐平市塔山街道办天济社区村民最先研制，且菜品肉丸在汤汁上漂浮，故名“天济水上漂”。

2. 食材佐料：

主料精选：取猪前夹肉、鸡蛋，新鲜胡萝卜与嫩菠菜。

辅料搭配：淀粉、蚝油、新鲜葱花、鸡精及适量的盐。

3. 制作工艺：

将猪前夹肉细剁成肉末，确保肉质鲜嫩且富有弹性。打入一枚鸡蛋于肉馅中，添入适量的味精、干淀粉、老抽和蚝油，以顺时针方向搅拌，让肉馅充分吸收调味。拌入新鲜切碎的葱花与姜末，继续搅拌均匀，使香气四溢。手工挤压出圆润的肉丸，逐个放入沸腾的水中焯煮至表面光滑。再用冷水冲洗肉丸，此过程确保肉丸质地紧致，能在汤中轻盈漂浮。选取色泽鲜艳的青菜、胡萝卜与菠菜，清洗后备用。准备一锅清汤，将蔬菜下锅煮熟，再加入制好的肉丸，文火慢炖，让肉丸与蔬菜的风味交融。

4. 特点特色：

营养价值较高，其中含有丰富的蛋白质、脂肪、维生素、矿物质等营养成分，适量食用可以为身体补充营养，提供身体所需要的能量，提高免疫力。

二、菜品评价

在 2024 年 1 月 20 日“乐平菜”名品评选活动中，“天济水上漂”被评为 30 道乐平名菜之一。

25 观音豆腐

该图展示的是由洪岩镇选送参加 2024 年 1 月 20 日“乐平菜”名品评选活动评出的 30 道乐平名菜之一“观音豆腐”。

一、菜品简介

1. 观音豆腐的源头与传说故事：

关于“观音豆腐”的来历，是一个关于慈悲话题的传说。相传很久以前，人间发生饥荒，难民无数，饿殍遍野。观音菩萨不忍，用杨柳枝洒甘露于人间，凡是甘露所到之处，都长出了绿树。饥民摘叶取其汁加灰做成了“豆腐”，食用充饥，挨过了饥荒。难民们感恩，就把这种树叫作“观音树”，把用观音树叶制作的豆腐称之为“观音豆腐”。

2. 菜名含义：

观音豆腐又名神仙豆腐，是洪岩本土的特色美食，由洪岩山区特有的野生灌木——观音柴叶特制而成，因其季节性强、量少、营养丰富而显珍贵。

3. 食物佐料：

主料：观音柴树叶、草木灰（也可以用石膏代替）；辅料：白糖或油、盐、辣椒、大蒜等。

4. 制作工艺：

首先将采摘下来的新鲜观音柴叶清洗干净，后将洗净的观音柴叶用手揉搓出汁，用准备好的网布将汁液里面的渣滓过滤（这样做出来的豆腐才更加细腻嫩滑）。随后取适量的草木灰，用棉布包裹着在清水中洗涤，将灰洗入水中，灰水倒入叶子浆中进行搅拌，待搅拌均匀后静置成形。豆腐成形可以切成薄片，撒上白糖直接食用，或者上锅做成菜肴，简单翻炒加入辣椒和大蒜，也是一道美味的下饭菜。

5. 特点特色：

观音柴，学名为阿魏酸藤，是瑞香科草本植物，含有丰富的蛋白质和人体所需要的氨基酸，并具有药用价值。因而观音柴叶制成的观音豆腐营养价值高，其特有的果胶具有抑菌抗毒功能，可以有效清除人体内的细菌毒素及清热解暑的功效。

二、菜品评价

在 2024 年 1 月 20 日“乐平菜”名品评选活动中，“观音豆腐”被评为 30 道乐平名菜之一。

26 鸿运当头

该图展示的是由乐平市商务局选送参加2024年1月20日“乐平菜”名品评选活动评选出的30道乐平名菜之一蝴蝶牌五香猪头肉“鸿运当头”。

一、菜品简介

1. 蝴蝶牌五香猪头肉的美丽传说：

传说在300多年前，乐平塔前花果园村居住着一户姓朱的人家，人丁不兴。有一天，朱家养的老母猪突然不见了，经过一天一夜的寻找，在一座山脚下找到了丢失的母猪，可是不管用什么方法，母猪都不肯离开山脚下。有人说，母猪不离开可能是在暗示这山脚是宝地。朱姓人家信了，就搬迁到山脚下居住。从那以后，朱家人丁兴旺，生活富足。逢年过节，人们都把猪头呈放案桌，祈求来年诸事顺利。经过多年演变，五香猪头肉成了当地一道美食，传到周边各地。

2. 菜名含义：

这道猪头肉菜名的寓意很吉利，它有一个好听的名字叫“鸿运当头”。送猪头代表吉祥意思“祝福拔得头筹”，因为猪谐音“祝”，头就是拔得头筹的意思，也就是希望对方在比赛的时候能够取得第一名，或者希望对方在职场之中能当个头，或者是祝福对方在考试的时候能够夺魁，具有非常

美好的寓意。

3. 食材佐料：

精选猪头，优质白糖、盐、香辛料、高度白酒等，每一种料都需要精心挑选和加工，保证新鲜与质地优良。

4. 制作工艺：

精选优质猪头（重量在 12 斤至 13 斤之间），去骨，用独家配方配好料，然后涂抹到猪头上，再放进干净的池中腌制 6 至 7 天，然后取出用清水清洗，再送至烘焙房烘制 48 小时，取出包装成品。

5. 文化韵味：

在乐平，年三十团圆之夜，许多人家散发的都是五香猪头蒸熟时特有的香味，这香味成为许许多多老一辈乐平人内心深处深藏的“春节记忆”。闻到这香味，大人和孩子自然会产生一种垂涎欲滴的感觉，而因猪头寓意是招财进宝，象征着“盛福”，吃猪头肉则成为祭祖后的一种特殊待遇。在过去那物资匮乏的年代，平时不能轻易吃到。改革开放以来，随着物质生活的不断丰富，乐平商务局顺应人民生活的需求，指导下属企业批量生产腌制腊猪头，创建并注册了“蝴蝶牌”商标品牌，蝴蝶牌五香猪头肉承载的不仅仅是一种美食，更多体现的是一种节庆文化，一种印在骨子里的传统情结。

二、菜品荣誉

1.2004 年获中国中轻产品质量保障中心：国家合格评定质量达标放心食品。

2.2005 年获中国中轻产品质量保障中心：国家权威检测 · 质量合格产品（重点推广企业）。

3.2006 年荣获江西省统计局颁发：乐平市肉类联合加工厂编号 A06047 福安平牌肉类制品荣获江西省地产最畅销商品。

4.2006 年被中国区域经济国际协作发展论坛杂志、中国城乡发展专家指导委员会、中国城乡桥杂志社评为：2006 中国乡镇品牌企业 10 强。

5. 在 2024 年 1 月 20 日“乐平菜”名品评选活动中，“鸿运当头”被评为 30 道乐平名菜之一。

27 鱼汤泡油条

该图展示的是由乐平市餐饮协会选送参加 2024 年 1 月 20 日“乐平菜”名品评选活动评出的 30 道乐平名菜之一“鱼汤泡油条”。

一、菜品简介

1. 菜品含义与由来：

石桂鱼是一种名贵的鱼种，肉质细嫩，味道鲜美，为鱼中之佳品。医药学家李时珍将石桂鱼誉为“水豚”，意指其味鲜美如河豚。乐平人的母亲河乐安河，长江流域鄱阳湖支流饶河的上游干流，河内资源丰富，历史以来就盛产石桂鱼。油条是乐平人喜欢吃的一种食物，二者搭配相得益彰，亦是长期以来乐平餐饮业独创的一道菜肴。

2. 使用食材：

主料：乐安河石桂鱼；辅料：油条；佐料：盐、姜、料酒、酱油、胡椒粉、淀粉等。

3. 制作工艺：

一是挑选 3~4 条上好的石桂鱼洗净，去除内脏；

二是油条切成小段，备用；

三是把处理好的石桂鱼用少量盐、料酒、酱油、胡椒粉、淀粉腌制，

去除腥味；

四是锅里放油爆香姜片，然后注入清水煮开，水开后放入石桂鱼片，拨散；

五是煮至鱼肉变白后，关火加盐、鸡精调味，再焖一两分钟，然后出锅，用油条蘸取汤汁食用即可。

4. 特点特色：

一是味道鲜美。选用本地产的名贵鱼种石桂鱼，不论是食肉还是做汤，都清鲜可口，引人食欲，是人们日常饮食中比较喜爱的食物。二是营养价值极高。这种石桂鱼，营养丰富，尤其是儿童经常食用，有助于生长发育，有利于智力的增强。三是油条是大众小吃之一，泡热鱼汤后酥软可口、入口即化，是一种独特的食法。

二、菜品评价

2024 年 1 月 20 日“乐平菜”名品评选认定发布会上，鱼汤泡油条入选 30 道乐平名菜之一。

28 西街螺蛳糊

该图展示的是由东方国际大酒店选送参加 2024 年 1 月 20 日“乐平菜”名品评选活动评选出的 30 道乐平名菜之一的“西街螺蛳糊”。

一、菜品简介

1. 菜品含义与由来：

螺蛳糊也叫粉蒸田螺，系用手工制米粉蒸田螺的一道菜。古代乐平就有中秋吃田螺之习俗，因乐平西门外一带农田及沼泽地里，田螺甚多，西街一带居民就去捞田螺，剔出其肉，配以米粉煮食。在物资匮乏的年代，田螺不失为上等野生食材，原汁原味，味道鲜美，加上米粉制作简单方便，一直流传于今。因乐平方言称田螺为螺蛳，故名“西街螺蛳糊”。

2. 食材调料：

以秋季野生田螺为主料，以手工制米粉、腊肉末、小竹笋、生姜、大蒜、小米椒为辅料。调料有：盐、鸡精、辣鲜露、胡椒粉。

3. 制作工艺：

将野生螺蛳用菜籽油漂水浸泡两天两夜，清出螺蛳体内的污物，再用针挑出螺肉来洗净。螺肉下锅焯水后，入油烧热螺肉，同时放入腊肉末、小竹笋末、小米椒碎，略翻炒几下，放入高汤；拌入米粉，放盐、鸡精调味，改小火煨煮几分钟；最后装盘下锅蒸 20 分钟左右，熟后撒入少许麻油、葱花即可。

4. 菜品味型特点：

口感细腻，软糯黏嘴，下饭下酒的首选佳肴。

二、菜品评价

在 2024 年 1 月 20 日“乐平菜”名品评选活动中，“西街螺蛳糊”被选为乐平名菜之一。

29 年味腊三宝

该图展示的是由禧香悦大酒店选送参加 2024 年 1 月 20 日“乐平菜”名品评选活动评出的 30 道乐平名菜之一“年味腊三宝”。

一、菜品简介

1. 年味腊三宝的源头故事与菜品含义：

腊味合蒸是一道传统名菜，它的成名相传与江西一位乞丐有关。传说从前有家饭馆店主刘七流落他乡，以乞讨为生。一日来到省城，因时近年关，一些好心人就把家里腌制的鱼肉、鸡拿点给他。刘七将腊肉、腊鸡等稍加洗净，弄了点调料装进锅，架起柴火就在一大户人家后门旁蒸开了。此时屋主正在用餐，菜已上齐，忽又飘来阵阵勾鼻浓香，主人以为还有好菜未上，忙令家童快快端来。家童跑进厨房，闻到一股浓香从窗外飘来，他赶紧打开后门观看，只见一乞丐蹲在地上，刚掀开锅盖准备受用，家童二话不说上前端起蒸锅就走。刘七一急紧追而来，一客人见蒸锅里热气腾腾的肉，便伸筷子夹上一块送进嘴里，吃后连连夸赞。此客人乃当地富翁，在城里开一大酒楼，于是将刘七带回去在自家酒楼掌勺，挂出腊味合

蒸菜牌，果然引得四方食客前来尝鲜，从此腊味合蒸作为传统名菜流传下来。

菜品名“年味腊三宝”，一是因为快进入春节期间的腊月才能腌制肉类食品，故谓“腊肉”；二是蒸制的菜品至少采用三种主食材，无论腊肠、腊肉、腊鸡、腊鸭、腊鱼等，是普遍受欢迎的冬令美食，因曰“三宝”。

禧香悦大酒店开张后，承继这道“年味腊三宝”并把它作为特色菜之一，选用乐平正宗土猪瘦肉、五花肉、鸭肉为原料，经过腌制、脱水等工艺，晒制腊肉、腊鸭、腊肠，上锅合蒸，配以秘制酱料，口感醇香、肥而不腻，已成为乐平人喜欢的一道美食。

2. 主要食材：

腊味合蒸中使用的腊味食材种类繁多，包括腊肠、腊肉、腊鸡、腊鸭、腊鱼等。每种腊味都有独特的风味和口感，通过合理搭配可以创造出丰富多样的味道。腊肠具有鲜香的口感和浓郁的香味；腊肉则是用猪肉经过腌制和熏制而成，肉质紧而有嚼味；腊鸡、腊鸭和腊鱼则是用鸡肉、鸭肉和鱼肉经过特殊处理制成，具有独特的风味。

3. 烹饪工艺：

腊味合蒸的烹饪工艺相对简单，但需要注意合理的食材搭配和蒸制时间掌握。将不同的腊味食材切成适当的大小块，放入油锅中煸出香味。然后，配以秘制酱料，加入适量的水，盖上锅盖，焖一定时间。接下来，将食材装入蒸锅中，放大火上蒸煮，待水开后改为中小火继续蒸煮一段时间。最后，关火，取出蒸好的腊味食材，装盘即可。

4. 特点特色：

因将不同的腊味食材放在一起蒸熟，各种腊味食材的香味可以融合出多重的味道，增加食材的口感和风味，提高人们的食欲，从而，腊味合蒸成为一种独特的烹饪方式。烹制过程中，腊味食材会释放出浓郁的香气，并使食材更加鲜嫩多汁。同时，还能增加食材的营养价值，含有丰富的蛋白质、脂肪和维生素，可以提供人体所需的营养物质。腊味食材经过蒸制后，脂肪中的油脂会被蒸发一部分，减少了脂肪的摄入量，更加有益于健康。

5. 文化意义：

腊味合蒸起源于江西，最早可以追溯到宋朝。由于历史的沿革、文化的传承，在各地得以广泛传播和发展。由于历史上战乱相对较少，有“好

客乐平、富庶乐平”之称的乐平，历来年味很浓，每到春节前，家家户户都忙着腌制腊肉、腊肠、腊鸭。因而，腊味合蒸作为一种传统的中餐烹饪方法，不仅是一道美食，更是一种文化传承和生活方式的体现。腊味合蒸代表着人们对美食的追求和对传统文化的尊重。腊味合蒸也是人们聚会和团圆的象征，通过与家人和朋友一起品尝腊味合蒸，人们能够感受到家的温暖和友情的珍贵。

二、菜品评价

经禧香悦大酒店名厨精心烹饪调制、技术改良，配以秘制酱料，该菜成了一道乐平人家喻户晓的名菜。在 2024 年 1 月 20 日“乐平菜”名品评选活动中，“年味腊三宝”被评为 30 道乐平名菜之一。

30 大山坞花猪肉

该图展示的是由山水国际酒店选送参加 2024 年 1 月 20 日“乐平菜”名品评选活动评出的 30 道乐平名菜之一的“大山坞花猪肉”。

一、菜品简介

1. 历史源头：

被誉为“中华名猪”的“乐平花猪”，是江西省乐平市的特产，全国农产品地理标志之一，“乌云盖白雪”“七白”都是对乐平花猪的雅称。乐平地理位置优越，气候适宜，水源充足，为花猪的饲养提供了良好的自然

与物质条件。大山坞及附近村民，饲养乐平花猪是农户传统的一项副业。一直以来，以当地产的花猪肉制作成的“大山坞花猪肉”，是深受乐平人喜欢的一道菜肴。

2. 菜名含义：

大山坞花猪肉是一道红焖为主的菜肴，因其选用大山坞农家自养花猪，故名曰“大山坞花猪肉”。

3. 食材佐料：

精选花猪带皮的五花肉为主料，葱、姜等辅料，以及农家菜籽油、食盐、冰糖、料酒、香料等佐料烹饪而成。

4. 制作工艺：

“飞水”。选用新鲜的大山坞农家自养的花猪腹部脂肪较多、其中夹带着肌肉组织肥瘦相间的那一块，清洗干净放入开水中焯烫 30 秒，捞出放置凉透。接着将凉透的花猪肉改刀成 6 厘米正方形，厚度适中，烫皮后，把五花肉捆扎，防止在翻炒过程中影响肉质的口感，从而达到肉质松软但不散的口感。

“炒糖”。取适当冰糖，小火慢炒至糖融化呈玻璃色。

“煸香”。锅中放入香料、葱、姜等进行煸炒。

“红焖”。 加入调味料和烧沸的山泉水，焖煮水量及火候恰到好处，直至肉质鲜香软糯。水不宜添加过多，没过肉的表面 1.5 厘米左右即可。把握好火候，过旺会导致红焖过程中破坏油脂结构，从而影响花猪肉的口感。

“收汁”。焖烧过程中，适时地加入少许调味料，待汤汁减少，肉质更加紧实时，开大火收汁，直至汤汁浓稠，肉质鲜嫩，装盘点缀即可食用。

5. 特点特色：

大山坞花猪肉以其“香甜软糯、肥而不腻、入口即化”的口感及其丰富的营养价值，食之让人回味无穷。随着时代的发展，花猪肉的烹饪手法不断创新和演变，在传统的基础上对花猪肉进行创新，从而，大山坞花猪肉以其烹饪的特色和食材原产地的特点深受欢迎。

二、菜品评价

在 2024 年 1 月 20 日“乐平菜”名品评选活动中，“大山坞花猪肉”被评为 30 道乐平名菜之一。

四

江西小炒·乐平菜

1 “江西小炒·乐平菜”在外省发展的情况

近年来，以乐平人经营为主的“江西小炒”如雨后春笋在浙江各地的大街小巷涌现，发展迅速，在当地已具备较大的品牌效应与口碑，成为我市部分农民外出主要谋生手段之一。据不完全统计，目前“江西小炒”门店已超过 5000 余家，从业人员上万人。80% 以上的经营主体为乐平人，且其中鸬鹚、众埠、名口等乡镇人员最多。这些门店主要集中在浙江的台州（仙居、黄岩），温州（乐清），宁波，金华（义乌、永康）等地，福建泉州等地也有少量分布。

据了解，一般一家“江西小炒”店的年纯利润在 20 万元 ~50 万元之间；部分“网红店”“特色店”的年纯利润达 100 万元 ~300 万元；极少数转型成功，已从“江西小炒”升级为大酒店、连锁店，年纯利润甚至达到 500 万元以上。而一般乐平小炒店铺的规模普遍不大，多数为 100 平方米以下的小店，七八张桌子，装修简单，采取夫妻店、父子店的经营模式。消费对象主要瞄准大众化群体，特别是当地务工人员，以实惠的价格、家常的味道赢得大量回头客，素菜菜价 10 元 ~15 元之间，荤菜菜价一般在 20 元 ~30 元左右，单店日营业额一般大约在 2000 元 ~4000 元左右。餐饮口味包容化，菜品不固定，以市场为导向，川湘粤、淮扬等各大菜系俱有，市面上什么菜受欢迎就“模仿”什么菜，顾客要求什么口味就烹制什么口味。整个小炒行业投资门槛、成本低，容错率高，加之自己做老板，不受约束、时间自由，使得“江西小炒”成为农村群众外出务工的最主要方向。

2 “江西小炒·乐平菜”的经营特色

一是创业资本不高，入行门槛低。

二是供应菜品较全、菜式多变，荤素搭配，口味多样。不仅推出乐平特色菜品与小吃，甚至川湘粤等各大菜系都能经营。

三是菜品价格实惠，便宜管饱。

四是菜品口味整体偏重、偏辣，但口味好、下饭。

五是看菜点菜，现切现炒，菜品新鲜，没有预制菜套路。

六是方便快捷，灵活机动，适应面广。

3 “江西小炒·乐平菜”菜品的主要品种

早餐小吃系列：稀饭、豆浆、油条、油炸麻球、清汤、江西豆腐脑、蛋花酒酿、油条包麻糍、乐平拌粉、乐平排粉、乐平炒年糕、乐平萝卜蒸饺、韭菜豆干蒸饺、肉饼汤、茶叶蛋……

主食小炒系列：乐平狗肉、乐平荷包辣椒、乐平豆豉炒辣椒、辣椒炒肉、辣椒炒油渣、乐平芹菜炒肉、冬笋炒肉、青菜梗炒肉、米粉蒸肉、米粉蒸大肠、米粉蒸田螺、涌山猪头肉、塔前雾汤、大蒜炒肉、菜心炒肉、红烧鱼、川香炒豆干、川香萝卜、红烧茄子、油渣炒青菜、爆炒腰花、爆炒肚片、藜蒿炒腊肉、红烧冬瓜、雪菜炒肉丁（外婆菜）……

4 媒体对“江西小炒·乐平店”的报道与推介

2024 年 3 月 16 日《信息日报》及《大江网》一篇《乐平要抢“江西小炒”？》的文章中有说：

“源起 乐平人将江西小炒带出省 大冰柜小箩筐是标配”。

“就在网络热炒之时，江西乐平不少人很开心，因为在全国超过 5000 家门店、上万人的从业者中，八成是来自乐平。而乐平民间也已经在 2 年

刊发在《信息日报》上的图片:《江西小炒店遍布大街小巷》

前开始筹办江西小炒协会。”

…………

“在这批先行者（文章中提到的在台州开小炒店的乐平人王泽林、在晋江及温岭经营小炒的鸬鹚乡人老韩）的带动下，到浙江开小炒餐馆的乐平人也多了起来。在鸬鹚乡，几乎家家户户都开江西小炒，无数乐平人用‘传帮带’的方式通过经营小炒店，既维系着自身的生计，也让更多的食客品尝到了那份源自江西的独特风味。”

“2022 年 2 月 9 日，乐平市鸬鹚乡召开‘江西小炒’产业促进座谈会，会上公布，乐平人在省外从事‘江西小炒’餐饮行业的有近 5000 家，主要分布在江浙一带。与会人员一致认为，‘江西小炒’产业潜力大，能够稳定解决就业问题，优势明显，今后要改变自身观念，放眼长远，积极提升‘江西小炒’知名度。

实际上，在当时，‘江西小炒’从业人员就已经上万人。80% 来自乐平市，鸬鹚人又占了一半。”

…………

可见，火爆江浙的“江西小炒”，“源起”乐平，是乐平人将江西小炒带出江西省，炒热在网络，走红在外省的。

5 “江西小炒·乐平菜”的文化意义

“江西小炒”是一个别具特色的赣菜产业振兴的标杆。赣菜包括其“十大名菜”受限于食材等多种因素，在江浙沪并不出名。而“江西小炒”出省走向沿海城市，是赣菜走出去而迈出的极有意义的一大步。一方面，使江西菜包括乐平家常菜这种具有浓郁地方特色的风味推介出去，在潜移默化中把江西风土人情传播出去；另一方面，“江西小炒”这一概念，代表着一种灵活变通的饮食文化，在某种意义上讲，在外经营的“江西小炒·乐平店”就扮演了赣菜文化大使的角色，乐平人是“走在前”的一批人。

开设在浙江义乌的乐平店

五

特色小吃 · 乐平名点

1 油条包麻糍

该图展示的是由乐平宾馆选送参加 2024 年 1 月 20 日“乐平菜”名品评选活动中评出的 10 道乐平名点之一“油条包麻糍”。

一、简介

1. 源头与历史故事：

旧时，每年的农历十月初一和冬至，乐平都有打麻糍的习俗。还有不管是红白喜事，在乐平乡村，一般早餐都以麻糍为主食，这一习俗延续至今仍没有改变。油条也是乐平人的传统早餐品种之一。后有人突发奇想以油条包裹麻糍吃，吃后感觉味道非常好，一传十,十传百，乐平人民便喜爱上这道美食。

2. 食材佐料：

油条包麻糍主要以上好的糯米、油条、白糖和芝麻为主。

3. 制作工艺：

油条包麻糍制作工艺十分讲究，除对用料精心挑选外，在打麻糍的过程中也要一定的技巧和经验。

首先，选用上等的糯米洗净浸泡一天，等米粒发胀、蒸锅水开后，将发胀后的糯米倒在蒸笼上大火蒸 40 分钟；

其次，将蒸好的糯米倒入石槽中用打麻糍的工具木棰捣烂直至不见一滴米粒为佳，捣好的麻糍油光发亮即可；

再次，芝麻炒熟磨粉与白糖按1∶3拌匀，油条最好的还是传统的油条，那种炸到金黄色带点脆脆的，外焦里嫩的那种；

最后，将油条平放，把麻糍揉成小面团形，放入调好的芝麻糖中滚动到麻糍周边都有糖，将麻糍平摊在油条上，然后对折即可。

4. 特点特色：

乐平油条包麻糍是一种具有地方特色的传统小吃，它结合了油条的蓬松香脆和麻糍的甜滑爽口，同时还有芝麻的醇香甘甜，提供了酥脆软糯的独特口感。

油条是乐平人非常喜爱的小吃，制作方便，关键在于发面，好的油条，色泽金黄，蓬松香脆可口，所以乐平人对油条的喜爱超乎寻常。而麻糍则色泽鲜白、柔软绵密、甜滑可口且耐饿。油条包麻糍不仅是一种美食，它还承载着一份乡愁，油条两根怀抱的形象，象征着团圆和美好，这也是乐平人对油条包麻糍情有独钟的原因之一。油条包麻糍不仅是江西乐平的名小吃，也是江西必打卡的小吃，香甜可口，老少皆宜，深受当地人和游客的喜爱。

二、评价

2023 年 12 月 27 日“景德镇菜”名品认定发布会上，“油条包麻糍”被认定入选。在 2024 年 1 月 20 日“乐平菜”名品评选活动中，油条包麻糍被评为 10 道乐平名点之一。

2 乐平十八包

该图展示的是由乐平宾馆选送参加2024年1月20日“乐平菜”名品评选活动中评出的10道乐平名点之一“乐平十八包”。

一、简介

1.“乐平十八包”的由来：

乐平十八包是乐平宾馆特色面点，它的名称由来，其一是包子有嚼劲，口感特别好，做工讲究，每个包子都有18个褶；其二是乐平十八包的制作者从18岁开始在乐平宾馆做面点工，一干就是30多年的真实写照。每一座城，都有专属于它自己的味道。这些味道，会随着时间的积淀化成一块块牌匾铭刻于人们的心中。对于乐平而言，说到面点，自然会想到“十八包”，它成了“乐平菜”的一张靓丽名片。

包子，作为中国传统面点中的“国粹”，在老百姓心里有着不同寻常的地位，这种饱腹感强又方便携带的食物，备受人们喜爱。街边上随处可见的一家家包子摊儿，大老远就能看见冒着热腾腾的蒸汽，多少揉着惺忪睡眼排队买包子的上班族，在一口连皮带馅儿包子里被唤醒。

包子因地域和饮食习惯的不同，包子演变成为形态各异、做法不同、馅料五花八门、自成一派的中式传统面点。“乐平十八包”就是其中的佼佼者。

2. 食材佐料：

所需食材主要有：面粉，中筋面粉等；

和面配料：牛奶、白糖、酵母、食用盐、猪油、小苏打等；

馅料：猪腱子肉（五花肉）、老抽、蚝油、十三香、食盐、料酒、酱油、白糖、老姜、胡椒粉、葱花等。

3. 制作工艺：

首先，面粉加酵母、糖等配料后用温水调拌均匀，再放入猪油等配料，和成面团，醒发；猪腱子肉（五花肉）切丁、绞匀；

其次，锅烧热下油，放入花椒、生姜煸香，捞起，再放入葱头继续煸香，放入一半肉丁，翻炒均匀，加酱油、蚝油、糖、味精、鸡精、老抽，再次炒均匀，倒出来，放凉；

最后，把炒好的肉馅和生肉丁混合均匀，备用；面团醒好，搓成长条，摘成剂子，压平，再擀成包子皮；包之前在馅料里加入葱花，搅匀，把馅包入皮中，包成包子；

待蒸锅上汽后关火，放入包子二次醒发至外皮发软，开大火，蒸一段时间，关火再焖几分钟，即可。

4. 特点特色：

“十八包”皮软馅大，显示了包容的本真。包子皮，单薄却不乏韧性，任馅多样重复，我自坚持不破损；大馅，乃“多样、多量”之意，容得下多重口感、容得下五味混杂，不油不腻，天衣无缝地融合，达到完美的味觉享受。

二、评价

1998 年，乐平宾馆“十八包”在参加景德镇市旅游行业“满意在瓷都”优质服务竞赛中荣获第二名；2016 年，参加江西省女职工职业技能竞赛，最终捧得中式面点项目一等奖。

2023 年 12 月 27 日“景德镇菜”名品认定发布会上，“乐平十八包”被认定入选。在 2024 年 1 月 20 日“乐平菜”名品评选活动中，被评为 10 道乐平名点之一。

3 洄田排粉

该图展示的是由礼林镇选送参加 2024 年 1 月 20 日“乐平菜”名品评选活动中评出的 10 道乐平名点之一“洄田排粉”。

一、简介

1.“洄田排粉”的由来与传说故事：

乐平位于赣东北腹地，处鄱阳湖平原，历史上盛产优质水稻，充足的优质大米为洄田排粉的制作提供了优良的原料。据传，洄田排粉的制作始于明末清初，距今已有 400 多年的历史，洄田一带的农民一直延续着做米粉的传统习惯，他们将米粉放在竹排上一排排地晾晒，晒干后用稻草扎成一排排的，故称“排粉”。相传清朝顺治年间，顺治皇帝南巡至江西时，地方官员运去洄田米粉以敬膳。皇帝食之，赞不绝口，钦点为朝廷贡品。

关于洄田排粉，《乐平县志》上有这样一段记载：“乐平洄田一带程畈港背村，农民善造米粉，细白胜于他处。”土地革命战争时期，在乐平苏区干革命的方志敏吃到洄田排粉后称赞说：没有好米、好水和好的自然环境，是做不出这样风味独特的排粉的。另据了解，因排粉制作工序复杂，工作量大，为赶上第二天的好太阳晾晒，妇女们往往凌晨就起床劳作，要忙至午后才能开始准备中饭，甚是辛苦。所以过去当地还盛传一句话说：

"有女不嫁程家畈，朝饭早来中饭晚。"

2. 食材佐料：

主料：洄田排粉；

辅料：瘦肉；

调料：酱油、盐、味精、姜、大蒜、葱、胡椒粉、香油、白菜叶适量。

3. 制作工艺：

将香油倒进锅里，然后将瘦肉加入生姜、大蒜放入热锅中同炒，至瘦肉颜色变白时放入事先准备好的排粉（用水浸泡后变软）。

随后把酱油、盐、味精、胡椒粉放进锅里，与排粉、瘦肉一起翻炒。等排粉快要熟时，放进一些白菜叶子，翻炒一两分钟后就可以出锅了。

4. 特点特色：

乐平洄田排粉制作技艺起源于明代，洄田排粉一直沿用全手工制作工艺，先将大米浸泡 24 小时，用碾磨磨成浆粉，滤干蒸熟制成"米粉"，再用压榨机将米粉团压成粉丝，在锅中煮熟后捞起晾晒，即成洄田排粉。

洄田排粉风味独特，具有越煮越白、久煮不煳、不断条、不粘锅的特点，更为独特的是，洄田排粉有一种天然的鲜美口感，久吃不腻，滑嫩爽口，越吃越香，加之有多种多样的食用方法而备受消费者青睐。

礼林镇洄田位于乐万接壤处，这里山清水秀，环境优美，百姓生活富庶，家里来了客人或宗亲邻里有婚丧大事，洄田人总要炒两盘排粉待客，称为"点心"。

二、评价

2023 年 12 月 27 日"景德镇菜"名品认定发布会上，"洄田排粉"被认定入选。在 2024 年 1 月 20 日"乐平菜"名品评选活动中，"洄田排粉"被评为 10 道乐平名点之一。

4 桐子叶饺

该图展示的是由乐平宾馆选送参加2024年1月20日“乐平菜”名品评选活动中评出的10道乐平名点之一“桐子叶饺”。

一、简介

1. 菜品的源头与含义：

旧时物资匮乏，不是每家每户都买得起面粉，勤劳智慧、心灵手巧的乐平农家主妇，逢端午节，为了改善生活，让家人享有好的口感之食物，就会用新鲜的桐子叶当饺子皮，以米粉与菜为馅，制作桐子叶饺。久而久之流传下来，成为乐平端午节必做的一道点心。乐平话叫这种饺子为“桐子饺叻”，将其制作过程称为“搨饺叻”。

桐子叶饺，原本是物资紧张时的应急方法，演变成乐平的一道独特美食，外面的皮是米浆制成，蒸熟后会更加晶莹剔透。如今，对于乐平人来说，叶子饺已然不仅仅是一道美食，更是每个乐平人心中永远的记忆和难舍的情怀。

2. 食材佐料：

桐子叶饺的主要食材是现摘的桐子树叶或桑树叶，新鲜的晚米、籼米、豆干、韭菜、苋菜、腊肉、辣椒、香油等。

3. 制作工艺：

大米浸泡一晚，用石磨或破碎机磨成米浆，米浆内倒入适量菜籽油搅

匀即可（稀一点）；

馅料一：豆干切碎放锅内加香油翻炒、调味，晾凉后放入韭菜拌匀；

馅料二：苋菜剁碎加盐使劲搓，搓出水，然后挤干水分，加入切碎的大蒜子、腊猪油、香油，调味拌匀；

桐子树叶洗净、滤干水，平铺在桌子上，用勺子将米浆均匀倒在叶子上，再放入馅料，最后将叶皮对折包好上锅蒸；

水开后，桐子叶饺上锅蒸 15 分钟，即可出笼。

4. 特点特色：

以桐子树叶或桑树叶子为饺子皮，是乐平特有的一道小吃，更是乐平人于饮食文化的一种创造。当绿叶子邂逅米面肉菜，色香味别有一番风情，外观碧绿晶莹，吸引眼球，引人好奇；香味特别，食物的浓郁香味融入大自然的绿色清香，令人垂涎；更是造就了一种香醇柔软、细腻润滑的食品，让人食之不厌。

二、评价

2023 年 12 月 27 日“景德镇菜”名品认定发布会上，“桐子叶饺”被认定入选。在 2024 年 1 月 20 日“乐平菜”名品评选活动中，“桐子叶饺”被评为 10 道乐平名点之一。

5 萝卜饺

该图展示的是由乐平宾馆选送参加 2024 年 1 月 20 日“乐平菜”名品评选活动中评出的 10 道乐平名点之一的“萝卜饺”。

一、简介

1.“乐平萝卜饺”的源头与历史：

饺子在中国有着悠久的历史，起源于古代的角

子，饺子原名“娇耳”，据传是由中国古代医圣张仲景首先发明，至今已有超过1800年的历史。饺子通常是用面皮包裹馅料通过水煮或蒸制的方法制成，是中国汉族人民喜爱的传统特色食品。

乐平萝卜饺则是中国传统特色饮食与地方特产相结合的产物，其历史可以追溯到宋朝时期，当时的人们因为南渡而怀念北方的饺子味道。而乐平又是江南萝卜生产的重要地区，其萝卜个大汁多且肉嫩呈甘甜味，这为创造独特的萝卜饺口味提供了原料，勤劳好客的乐平人，经过多次尝试和琢磨，乐平萝卜饺这一独特风味的饺子便应运而生。外地人到乐平做客，在招待客人的酒席上都会叫上两盆萝卜饺，一盘辣的，一盘不辣的，是别有风味的一种点心、主食。

2. 食材佐料：

乐平萝卜饺，选取本地优质白萝卜、大蒜、猪油渣、猪油、虾米、辣椒末、白糖、鸡精、盐、蚝油等。

3. 制作工艺：

揉面，250克面粉加0.5克盐加120克水，水温70度，揉成面团，盖上保鲜膜，醒面20分钟，再揉成面团，最后醒30分钟；

白萝卜去皮擦丝，冷水下锅煮至七八成熟，捞起用凉水冲，冷却后用手把萝卜丝水分挤干；

猪油渣剁碎，虾米用水漂（虾米好咸），大蒜头拍碎，和蒜叶一起切碎，爱吃辣的可以放点剁碎的小米椒；

虾米和蚝油、白糖、鸡精、猪油、辣椒末、盐倒进萝卜丝中搅拌均匀，边拌边尝，口味稍微咸一点；醒好的面团擀皮，包馅成形；

蒸锅加水开蒸，蒸布打湿不拧干，水开后，放饺子蒸10分钟，关火出笼。

4. 特点特色：

乐平萝卜饺是乐平萝卜食品的代表作，是乐平一张特色名片。萝卜饺的含义通常与新年的吉祥愿望相关联。在许多地方的方言中，萝卜被称为“菜头”，谐音“彩头”，因此人们喜欢在春节期间食用萝卜饺子，以期望新的一年中能够有好运和顺利。此外萝卜还象征着风调雨顺，并且营养价值高，有句俗语说“冬吃萝卜夏吃姜，不用求医开药方”“萝卜上了市，

药店不用开”，表明萝卜是一种有益健康的食材，因此在逢年过节时，萝卜饺子就成为一道受欢迎的传统食品。

乐平萝卜饺水嫩清香、口感微辣、外皮柔软劲道、味鲜爽口，并且还有解酒去腻、开胃消食的功效。

二、评价

2023 年 12 月 27 日“景德镇菜”名品认定发布会上，“萝卜饺”被认定入选。在 2024 年 1 月 20 日“乐平菜”名品评选活动中，“萝卜饺”被评为 10 道乐平名点之一。

6 清明粿

该图展示的是由乐平市餐协选送参加 2024 年 1 月 20 日“乐平菜”名品评选活动中评出的 10 道乐平名点之一“清明粿”。

一、简介

1.“清明粿”的历史与文化含义：

清明粿在乐平有着悠久的历史，它是随着古代清明祭祖的传统一直传承下来的，乐平清明粿则是中国传统祭祀文化与地方特色饮食文化相结合的产物。清明粿，作为清明节乐平人为先人奉上的祭品，是体现后人对祖先的“追远”之情；而作为清明节的时令食品，则展示出乐平人尤其是心灵手巧的农家妇女，巧用时令鲜蔬（嫩艾叶或水菊花）“创造”美食的一

种智慧，无论其主材与馅料大都是纯天然的，因而是一种美味可口的绿色食品，亦是体现乐平源远流长的饮食文化的一道特色食品。

2. 食材佐料：

清明粿的主材：按一定比例相杂的糯米粉与籼米粉；野生水菊花或艾草叶（煮汁时加小苏打）；用于外缠的糯米。馅料：豆干、竹笋、香菇、韭菜、腊肉、鲜肉，配以适量的辣椒末、鸡精、盐、蚝油等；或以黑芝麻拌白糖为馅亦可。

3. 制作工艺：

首先是到田间采水菊花或艾叶（选其一种即可），洗净后加入小苏打及少量的油，稍煮后滤干备用。

其次是备好馅料，或菜馅、或芝麻糖，咸、甜两种。菜馅：腊肉切末，猪肉剁碎，春笋、酱干、香菇、韭菜切末，锅里放油，先炒肥腊肉，出油，倒入猪肉末，瘦腊肉翻炒至熟，加入切碎的笋、酱干、香菇等、继续翻炒至熟，调味，晾凉，并拌入韭菜。

再次将艾叶或水菊花入锅用水煮，熬成墨绿色的汁，然后将准备好的籼糯比例适中的米粉与艾叶汁搅拌，叶汁和粉，反复揉捏均匀，呈淡绿色软而成形的面团状。

这时，就可以包裹馅成粿了。就外形来看，乐平清明粿多为圆形粿，也有包成饺子状的。

最后，将包好的清明粿上蒸锅加水开蒸，水开后，蒸 20 分钟左右，即可关火出笼。蒸熟后的清明粿，就外观来看，色泽墨绿透亮，如有缠糯米的，犹如粒粒珍珠镶嵌其上，绿莹晶亮。

4. 特点特色：

乐平清明粿，从其名称来看，是清明节的时令食品；从其配料用料来看，是一种时鲜食品、绿色食品；从其普及度而言，是一种家家户户清明节必备的大众食品；从其传承发展来看，迄今成为每日清晨随处可见的一道乐平名点，它代表的是乐平饮食文化的一个符号。

二、评价

在 2024 年 1 月 20 日“乐平菜”名品评选活动中，“清明粿”被评为 10 道乐平名点之一。

7 港口清汤

该图展示的是由乐港镇选送参加 2024 年 1 月 20 日“乐平菜”名品评选活动中评出的 10 道乐平名点之一“港口清汤”。

一、简介

1. 港口清汤的由来：

清汤是一道江西风味的馄饨，是江西的传统风味小吃，在省内十分盛行。有句俗语：“竹膜纸，包丁香，一投投进了赣江，风吹波浪起，赶紧用碗装”，可知其皮薄透、馅如丁香、汤汁清澈的特点。港口清汤结合乐平人民口味，在原来的清汤上舀上一勺辣椒粉和猪油，形成具有乐平特色的港口清汤，不少乐平本地市民、外地食客慕名而来品尝。

2. 食材佐料：

食材：清汤皮、猪肉；

调味品：猪油、辣椒粉、食用盐、葱、生抽、蚝油、鸡精。

3. 制作方法：

猪肉剁碎加盐、生抽、蚝油，朝同一个方向搅拌，搅拌中加葱姜水去腥，然后用清汤皮包起来；

碗里放生抽、葱花、辣椒粉、鸡精、猪油、盐，然后倒入开水；

水开后把清汤倒入水中，煮大概 3 分钟后捞出放入准备好的汤碗中就可以吃了。

4. 特点特色：

清汤本是一道乐平随处可见的小吃，港口清汤因更胜一筹的皮薄、馅精、汤清的特点在乐平口口相传，得以传播开来，故附上港口这一地名，特指港口清汤。

二、评价

在 2024 年 1 月 20 日“乐平菜”名品评选活动中，“港口清汤”被评为 10 道乐平名点之一。

8 洪岩芋饺

该图展示的是由洪岩镇选送参加 2024 年 1 月 20 日“乐平菜”名品评选活动中评出的 10 道乐平名点之一“洪岩芋饺”。

一、简介

1. 洪岩芋饺源头与历史故事：

“芋饺”是洪岩人逢年过节时桌上的一道佳肴。因“芋”与“鱼”“余”谐音，故有喜庆吉祥、年年有余之意。芋饺在清朝时期由福建来乐平历居山采药人传入，芋饺发源于福建省建瓯并主要盛行于建瓯北部乡镇，主要是东游、水源、川石等地。

民间关于“芋饺”的来历有许多传说，一种认为始于元朝，蒙古兵

进犯中原，侵入福建，建瓯人民极为痛恨蒙古兵的烧杀抢掠，于是用芋头和红薯粉等原料包上肉馅，做成三角形状的饺子，命名为“枷鞑仔”（音“嘎拉泽”），并下锅煮食，以泄痛恨之情。不想美味异常，并不断加以改进，遂成今日之芋饺。按此计算芋饺已经诞生有700多年的历史。

另外一种说法，始于清初，建宁府治城建安县（今建瓯）遭受清兵野蛮屠城，住在城里面的富人纷纷跑到乡下寄居穷亲戚家里，乡下穷亲戚突然间接待这么多客人，一时拿不出好菜来，仓促间只好将芋头煮烂，调进红薯粉，弄成饺皮，尔后将家里现成的瘦肉剁碎包入，捏成三角状，放锅内煮熟捞出盛起，浇上麻油酱油，撒上葱花姜末，淋上家酿红酒。富人们正是难得一饿之时，尝此美味连声称好，问道，此菜何名？穷亲戚如何知道此菜名称，心想，若不是清兵打来，你们如何会遭难，这鞑虏着实可恶。灵机一动，菜名脱口而出，叫“枷鞑仔”。

2. 菜品含义：

芋饺外形圆润，象征着团团圆圆，寓意着家庭的和睦与完整。此外“芋”与“余”发音相同，芋饺象征着“余年”，寓意着年年有余，希望每年都有多余的财富和好运。

3. 食物佐料：

主料：芋头、红薯粉、猪肉、豆腐；

辅料：盐、味精、酱油、麻油、葱花、香菜、姜末等。

4. 制作工艺：

选取芋头煮烂去皮揉成芋泥，加入红薯粉，水适量再揉成面团待用。面皮调配比例要干湿适度，红薯粉的比例要大于芋泥。

芋饺的馅料可以按自己的喜好来定，洪岩芋饺大多都是肉、葱与豆腐，三者合拌。

芋饺在和好面团后掐一小团皮坯，用擀面杖擀成面皮，再包进馅料，捏成三角形或普通饺状，下沸锅煮熟。

食用时起好高汤，加味精，淋上麻油、酱油，撒上葱花姜末或香菜等。

5. 特点特色：

芋饺煮熟后晶莹剔透，其状如玉，故亦称“玉饺”，其皮滑嫩有韧性，

肉质鲜美，既糯又柔，滑溜可口。

二、评价

在 2024 年 1 月 20 日“乐平菜”名品评选活动中，“芋饺”被评为 10 道乐平名点之一。

9 众埠挂面

该图展示的是由众埠镇选送参加 2024 年 1 月 20 日“乐平菜”名品评选活动中评出的 10 道乐平名点之一“众埠挂面”。

一、简介

1.“众埠挂面”的源头与由来：

相传宋末时期，北方难民迁入众埠，战乱局面下散落的军卒和百姓为建好一个新的居住点，不分酷暑严寒，日夜苦干，家人为亲人能吃上面条，便将擀好切细的面条挂在竹竿上晒干捆把，连同调好的汤汁送往工地，让亲人在劳动之余，下锅煮熟，入汤汁食之。这种吃法既能充饥又能解渴，还热乎，被誉为上等慰劳饭食。后来有人将晒面条改进为手工挂面，就成了如今在众埠区域内大家都喜爱的小吃——众埠挂面。

2. 食材佐料：

众埠挂面选用上等的小麦粉、鸡蛋为主料，适当的盐、碱为调料。

3. 制作工艺：

众埠挂面制作工艺复杂。首先，选取上等的小麦粉加入适量的食盐、碱、土鸡蛋进行发酵 3 小时；

继之，将发酵好的面团裹上菜籽油反复推揉后，用手工拉制成约 1.8 米长细面丝，悬挂干燥后切制成一定长度的干面条；

最后，将干面条下锅烹煮，配汤食用。

4. 特点特色：

一是众埠挂面细若发丝、洁白光韧并且耐存、耐煮；二是做法简单，调好汤汁，水开后下面，2 分钟后就能得到一碗营养丰富、口味鲜美的众埠挂面；三是营养丰富的同时还具有改善贫血、增强免疫力、平衡营养吸收等功效。

二、评价

在 2024 年 1 月 20 日“乐平菜”名品评选活动中，“众埠挂面”被评为 10 道乐平名点之一。

10 接渡煎饺

该图展示的是由接渡镇选送参加 2024 年 1 月 20 日“乐平菜”名品评选活动中评出的 10 道乐平名点之一“接渡煎饺”。

一、简介

1. 接渡煎饺的源头与由来：

煎饺有着悠久的历史，是传统的汉族食品之一，是中国饮食文化中的经典与代表，也是中国传统食品中不可或缺的一部分。相传汉朝时期，以饺子为代表的汉族传统食品，已经得到了广泛的普及。饺子作为团圆的象征，多用于春节或其他重大节日用以祭祀或节日喜庆。尔后，饺子的烹饪方法经过人们不断改良和创新，蒸、煮、煎各种饺子逐渐形成。

煎饺，要经过比煮、蒸饺更复杂的一种烹饪工艺——“煎”，这也是煎饺名称的来由。接渡煎饺承继了前人的饮食传统，发展了煎饺的技艺，在准确把控火候上下功夫，使煎饺外面煎出一层金黄色的焦皮，色美味香而不焦，内馅也更加鲜美。乐平煎饺繁多，其中接渡的最为出名，因此称为接渡煎饺。在接渡街上就有煎饺夜市一条街，每天晚上都有市民到接渡街上享受煎饺的美味。

2. 使用食材：

面粉、自制馅料。

3. 制作工艺：

煎饺的包法和煮饺类似，一般要将肉馅、蔬菜馅、虾仁等配料一起包在皮中，然后通过煎制方式来完成。

制作煎饺需要先将饺子包好，然后在不断翻动的平底锅里煎制，让饺子的底部和旁边都能均匀受热，使其表面金黄脆香，内皮热软、鲜香多汁，底一层呈金黄色。

4. 接渡煎饺特色：

随着社会的发展和人们口味的变化，接渡煎饺的制作方法及配料也发生了一些改变。煎饺品种多，不仅仅是肉馅的，还有各种配料，例如韭菜鸡蛋煎饺、虾仁煎饺、三鲜煎饺、菠菜虾仁煎饺等。煎饺的烹饪用大油大火煎制，皮薄馅多，外酥里嫩，咬一口汁流鲜香，味美口感好。

二、评价

在 2024 年 1 月 20 日“乐平菜”名品评选活动中，“接渡煎饺”被评为 10 道乐平名点之一。

品菜评谭

——下篇——

一 品菜评谭·忆传统

从节庆民俗“吃”的传统看乐平源远流长的饮食文化

徐行溥

乐平，古人谓：“夫乐之为邑，其山蔚以秀，其水浏以清……壤土衍沃，物产丰阜。”因而，以其得天独厚的自然地理条件，加之俗厚民庞、勤劳智慧的人文因素，自古以来，乐平就被称为“江右名区”，成为赣鄱大地的一方富庶之乡、文化之乡。

宋代抗金名臣官至签书枢密院事的河北人权邦彦一首至今为乐平人传诵的《乐平道中》，就状写了乐平地域富庶、物产丰饶、好客热情的情景。如前四句：

稻米流脂姜紫芽，芋魁肥白蔗糖沙。
村村沽酒唤客吃，并舍有溪鱼可叉。
……

这“稻米流脂”物产丰，好客“沽酒唤客吃”，必有佳肴美食好酒奉上。正如一方地域因富庶而具备充裕的物质条件，才能建造那金碧辉煌的古戏台、才能养蓄一班戏剧演出者、才能凡节凡庆举办盛大的戏曲演出一样，在乐平，因节、因庆、因客，人们普遍好“吃”，且出现了许多“吃货”。久而久之，勤劳智慧、淳朴好客的乐平人创造并形成了一种“吃”的文化，即饮食文化。

乐平传统的饮食，或菜品，或宴席，或小吃，崇尚的是“清淡”“清爽”“清纯”。注重色、香、味的组合，少辣而不肥腻、用料鲜而纯正。

例如，长期以来流行的“乐平水桌酒”筵席，它以猪肉熬汤配菜、大块肉食而不腻、店菜必备（商店购的粉丝、粉皮、海带、豆干、豆泡之类）、大碗装菜、每菜双份等特色迄今仍在流行。

然而，乐平这种“吃”的文化即饮食文化，还具体体现在乐平百姓在传统节日中“吃”的多样性、广泛性与民俗传承性上。例如：

春节的“吃”。副食品有，做糕粿仂、酿米酒、抽年糖、碾锅巴、做豆腐、包米粉饺等。尤其是“团年饭”，鸡鸭鱼肉、店菜时鲜、山鲜野味，必须要满满的一桌。

元宵的“吃”。家家户户包元宵粿，尤其是元宵夜的团圆饭，满桌的菜必增加“猪头”（菜名为“盛福”），“猪蹄”及辅食汤圆。

清明的“吃”。乐平在清明节“吃”的特色，是流行包清明粿，可谓每家必备。

立夏的“吃”。乐平在立夏“吃”的特色，是煮鸡蛋，意为“撑立（力）”健身，且让十五六岁男孩吃“子鸡公”。

端午节的“吃”。乐平在端午节流行包粽子（旧时以稻草烧灰过滤取汁的碱水粽为多）、发苋菜包子、搨叶皮饺、煮鸡蛋、喝雄黄酒的习俗。早餐必煮面条，主餐在中午，亦是各种菜品满桌。

中元节的“吃”。俗称“过月半”，乐平主要流行“搭碱水粿”。

中秋节的“吃”。中秋月饼是居家过中秋的必备食品。但主餐在晚饭，亦是各种菜肴必备满桌的“团圆饭”。

“十月朝”的“吃”。旧时的农历十月初一，乐平的农村许多地方都流行“打麻糍”的习俗，随着物质条件的极大改善，“打麻糍”的习俗现在基本不存在了。

冬至的“吃”。乐平的冬至，农村普遍盛行在这一天宴请村中 60 岁以上老人，称为“进祠堂”，冬令到了即是老龄来了。

除了这些传统的“节”，还有因村而异、因户而异的“庆”，时常有的、隔三岔五地吃“节”、吃“庆”。例如：

乡间谱牒修成，村落戏台建成，都视为全村集体的节庆，必请戏班子做戏，全村人杀猪宰鸡备足菜料，家家户户大摆宴席，连续一星期每餐三五桌、十来桌是常事。这时，整个村子，简直就是“吃”的世界。

更多的还是百姓家日常的“红白喜事”，出生、满月、周岁、整十年生日、结婚、嫁女、升学、参军、做屋架梁、乔迁、开业，以至老人丧事（乐平称白喜事），等等。凡喜必宴、凡庆必宴，七盘八碗、划拳猜枚地“吃”，吃它个一醉方休，吃它个不亦乐乎。

乐平的酒宴，有的还有名称，如结婚、架梁、做寿，头一天晚餐的酒，分别雅称“暖房酒”“暖梁酒”“暖寿酒”等等。

总之，富庶壤沃的乐平、文化厚重的乐平，其饮食文化也是源远流长的。

“乐平菜”史事拾零

柴有江

菜乡与戏乡

一台好戏、一篮好菜是乐平最亮丽的两张名片。一台好戏是指：乐平是“赣剧之乡”，是赣剧饶河戏的发源地，境内至今仍保留完好400多座古戏台，素有“中国古戏台博物馆”之称。一篮好菜指的是：乐平是“江南菜乡”，是江西最大的无公害蔬菜生产基地和江南地区蔬菜生产集散、价格和信息传播中心。乐平人历来爱看戏，农村有这样的俚语：“三天不看戏，肚子就胀气；十天不看戏，见谁都有气；一月不看戏，做事没力气。”加上民风淳朴，乐平各地演戏必请客。每年的十月至第二年的三月，正值农闲时期，也是演戏高峰期，但凡一村演戏，附近村坊、十里八乡的村民都赶来看戏，几乎每家都有几桌客人，饭桌不够，就吃“流水桌”。“流水桌”的习俗不仅与戏俗有关，也与乐平家家都有一到两个丰盛的菜园密不可分。江南菜乡就是这样练出来的。

灯笼辣椒与毛泽东

乐平灯笼红辣椒，果形似灯笼，全身红色，故有此称，其皮色多变，由淡绿转深绿变紫红再全红，明清时期就曾被钦定为宫廷贡品，故又称灯笼贡椒，被誉为“天下第一椒”。该品种是当地菜农和乡土技术人才经过数百年的辛勤劳动，采用提纯复壮技术选育出来的。其特点是：个大肉

厚，味辣微甜，食之清脆爽口，维生素、蛋白质成分含量高，为甜椒系列上乘品种，既可鲜炒，又可腌制。

1959 年至 1970 年，中国共产党中央委员会曾先后在庐山召开三次重要会议：1959 年中共中央政治局扩大会议和中国共产党第八届中央委员会第八次全体会议、1961 年中共中央工作会议、1970 年中国共产党第九届中央委员会第二次全体会议。据了解，三次庐山会议都曾指定乐平将灯笼红辣椒（当时产地为镇桥镇蔡家村）专送庐山供毛泽东等党和国家领导人品尝，成就了乐平灯笼红辣椒三上庐山的佳话。尤其 1961 年的第二次庐山会议期间，受当时的上饶地委、行署委派，乐平老字号餐厅著名厨师程有根光荣地上庐山为中央领导亲自掌勺，烹饪毛主席喜爱吃的红烧肉和以乐平灯笼辣椒制作的荷包辣椒及其他菜肴，受到了参会人员，特别是毛主席的高度赞扬。会后，毛主席还与包括程有根在内的全体工作人员合影留念。2005 年 10 月，灯笼贡椒种子搭乘“神舟六号”进行太空培育试验。

乐平南瓜与红军

乐平是红十军的创建地。1930 年 7 月，方志敏、邵式平等率领中国工农红军第十军在乐平众埠界首村举行了隆重建军典礼。红十军转战在赣东北、闽北、皖南、浙西等地 50 余县，进行了大小战斗千余次，为创建、巩固和发展革命根据地，为保卫中央苏区和掩护中央红军主力战略大转移，为推动全面抗战和中华民族解放作出了杰出贡献。红十军在乐平期间与民心相连，战斗之余与当地群众同劳动，一起种粮种菜。国民党统治期间到处饥荒，民不聊生，当地群众为支援红军革命种了许多南瓜，还制作了大量的南瓜干，以便于红军打仗携带。南瓜为红军闹革命和农村群众在艰难岁月度过饥荒发挥了重要作用。南瓜在革命战争年代留下的佳话，至今还在乐平民间传颂。

乐平萝卜丝与抗美援朝

萝卜丝是一种深受乐平人民喜爱的干菜，采用当地产白萝卜削成丝条后晒干、腌制而成，具有生津止渴、经久不坏、易藏易带、色泽金黄等特点，尤以鸬鹚乡萝卜丝知名。“困难时期度过荒，抗美援朝跨过江”，说

的就是乐平萝卜丝的光荣历史。抗美援朝期间，乐平县政府一次向前线输送 100 万余斤萝卜丝，战士们既当干粮又当蔬菜，十分喜爱。据现代研究表明，乐平白萝卜营养价值丰富，常食可清热生津、化痰止咳、利尿解毒、消食下气。所以乐平民间一直流传“冬吃萝卜夏吃姜，不用求医开药方”“萝卜上了街，药铺不用开”等谚语。

洪皓让西瓜走入寻常百姓家

西瓜是夏天最离不了的水果，西瓜皮是乐平百姓喜爱的菜品之一。每年农忙“双抢”季节正是最酷热时期，也是农民最辛苦最忙碌时期，各家各户即使是最困难时期、最困难人家，都会不时买一两个西瓜吃，一为吃瓜瓤解渴消暑，二是瓜皮也不浪费，可入菜，炒或凉拌都是一道群众喜爱的上好菜肴。但是宋代之前的广大国人是享受不到这甜津津凉爽爽的水果、这美味菜肴的！在欧阳修主编的《新五代史·四夷附录第二》中，第一次出现了“西瓜”一词。只是此时的吃瓜人可不简单，只能是契丹贵族。广大国人能吃得起吃得上西瓜，得感谢南宋徽宗时期的礼部尚书、乐平先贤洪皓。1129 年，洪皓临危受命出使金国，希望求得宋金和平，迎回被掳的徽、钦二帝。但不想却被金人扣留长达 15 年之久，直到 1143 年才得以回到南宋。回来的时候，他带回了西瓜种子，从此江南才有了西瓜。这事在洪皓撰写的见闻录《松漠纪闻》中有交代：“予携以归，今禁圃乡囿皆有。”

正是被称为“洪佛子”的乐平人洪皓带回了原本只在北方辽、金区域有限播种的西瓜种子，并在南方大力推广种植，让西瓜从此走入了寻常百姓家！

马廷鸾躬耕菜蔬留下“四留”家训

马廷鸾（1222—1289），字翔仲，号碧梧，众埠镇楼前村人。南宋淳祐七年进士，历任池州教授、太学录、秘书省正字等官职，咸淳五年出任右丞相。马廷鸾虽幼年丧父，却贫不改志，一边种田，一边读书，很快即成为远近闻名、文才出众的青年学子。他到当时乐平著名的万全书院任教后，每临宴席，马廷鸾就思念在家蔬素为餐、守贫度日的慈母，酒肉难以

下咽。辞官归隐后的马廷鸾在家乡乐平生活 15 年，他亲身参加蔬菜种植劳作。在其《示程介夫》诗中，他写道："豆饭芋羹才足欲，水边林下即心安"；在《洁堂惠菜饼次韵》中，他写道："野摘堪供菜肚翁"，可见他吃的是"豆饭芋羹""菜饼"，过的是农家清淡的生活。正是基于躬耕菜蔬的艰辛劳作，使他备感物力维艰，留下"四留"家训，即"留有余不尽之巧以还造化，留有余不尽之禄以还朝廷，留有余不尽之财以还百姓，留有余不尽之福以还子孙"，受到家乡人民的爱戴和后世万代的无限敬仰。

洄田排粉俏四方

礼林镇洄田、程畈村一带盛产绿色稻米，离万年县贡米基地仅 10 里之遥，周边林木葱茏无工厂，山溪水长流不断，水质甘甜无污染。当地村民们以自家出产的优质大米为原料，用传统手工方法制作的粉条口感特别好。一直以来畅销周边省市县，有"排粉王"之美誉。因当地农民制作米粉时，放在竹排、竹篾上折成块晾晒，摆成一排排，故俗称"排粉"。又因当地在行政区划上历归洄田区、公社、乡管辖，所以一直被冠以"洄田排粉"之名。

据悉，洄田排粉的制作始于明末清初，距今已有 400 多年的历史。相传清朝顺治年间，顺治皇帝南巡至江西时，地方官员运去洄田米粉以敬膳。皇帝食之，赞不绝口，钦点为朝廷贡品。关于洄田排粉，《乐平县志》上有这样一段记载："乐平洄田一带程畈港背村，农民善造米粉，细白胜于他处。"另据了解，因排粉制作工序复杂，工作量大，为赶上第二天的好太阳晾晒，妇女们往往凌晨就起床劳作，要忙至午后才能开始准备中饭，甚是辛苦。所以过去当地还盛传一句话说："有女不嫁程家畈，朝饭早来中饭晚。"

乐平菜逸闻轶事

乐平蔬菜生产具有悠久的历史，远至明清时期就有专业菜农，传统的灯笼辣椒、白萝卜、水母芋远近闻名。尤其是灯笼辣椒，明清时期就曾被钦定为宫廷贡品。明清以后，乐平种菜传统代代相传，蔬菜面积随之扩大，至 20 世纪 50 年代初仅萝卜一个品种就达到了一年向抗美援朝前线

输送 100 万余斤干萝卜丝的规模。悠久的历史上，乐平人不仅培育了一批优良品种，而且逐渐催生出一个个蔬菜村和提篮小卖的马路赶集式蔬菜市场，使得解放初期的菜农们就过上上了“三分韭菜二分葱，天天喝得醉醺醺”的富足生活。

接渡李家白薯，学名山药，因外形酷似人的脚板，故当地人又习惯称“脚板薯”。该品种可食部分是肥大的块茎，耐贮运，营养丰富，富含蛋白质及碳水化合物，干制品入药，畅销海内外，为滋补强壮剂。单薯重 1.5 千克~2 千克，最大可达 4 千克，肉质细嫩，胶质多，含淀粉高，微甜，品质优良。因其有降血糖、滋补强身功能，所以市场价位较高，销路一直很好。据说，长期以来，因其市场价位高、销路好，又为接渡镇李家村独家种植，所以李家村民不轻易将其种植技术外传，自古有“传内不传外、传男不传女 ”一说。近些年，随着种植技术的普及、群众思想的开放，乐平其他镇村也开始种植“脚板薯”。

“塔前雾汤”由此而来

卢军荣　毕然

母亲在我 9 岁那年，随军把我从江南小县带到了山东，在山东上学、工作、结婚……一待便是 30 年，由一个吃大米饭的小女孩蝶变成了一个吃高粱、小米和面食的山东婆姨。

在气候、居住环境和饮食习惯等方面，南方和北方有很大的不同，总的感觉是，北方粗犷，南方细腻。

记得女儿也是 9 岁那年，我随丈夫转业回到了他的老家江西乐平，与我儿时的老家相隔只有不到 2 小时的车程，同属江南县城，自然的亲切感和回归感油然而生。

其他北方人到南方多会感觉很不适应，但我只用了不到一个星期，便喜欢上了乐平这个家。住在天湖边，绿荫环绕，风景秀美。

自到乐平后，亲戚朋友热情友善，争先请我们吃饭，每天品尝乐平特色美食，萝卜饺、油条包麻糍、洄田排粉、涌山猪头肉、乐平水桌等等，味道特好，印象很深。

对了，还有一道菜，实际上是汤品，那个厨艺火候，那个鲜香美味，质感处于汤、羹之间，非同凡响，那才叫一个绝！

有一首诗这样赞美“食材精细品种多，厨艺火候挺烦琐，待君一勺润喉舌，脱口夸赞真不错”。

这个菜，相信大家非常熟悉，它就是“塔前雾汤”。

记得是我们回乐平大约半个月，老公家的亲戚办喜酒，地点是塔前镇花门楼村。这个喜庆美丽的村名，我心向往之。

上午 11 点出发，一家三口，驱车半小时便到了村里，一打听，哪有花门楼，仅是个村名罢了，小小的失落郁结在了心里。

不过，传说以前这村是古商道的必经之路，确实有座门楼，由村里一黄姓员外捐资修建，高大的门楼用五颜六色的瓷器装饰得繁花耀眼，成为远近闻名的地标建筑，“花门楼”由此而名。说不清是何年，毁于战乱。

亲戚家宾客如云，场面热闹，酒席丰盛。待到酒过三巡，菜过五味，吃得肚子好撑的时候，只见端上大大的一碗，热气腾腾，透过气雾，只见晶莹剔透中，嵌有红、绿、白、紫、黄等多种颜色，香味扑鼻。正待我要仔细辨认，桌上其他客人纷纷用汤勺过入自己的小碗，津津有味地吃将起来。身旁的老公帮我抢到了两勺，边介绍说“这是塔前雾汤，乐平名菜”。

本是吃不下了的，听他这么一说，入勺一小口，饶有兴致地品着，似汤似羹，羹稠汤稀，黏稠度介于两者之间，但比羹和汤的内涵更丰富，其中有瘦肉、猪肝、笋、豆芽瓣、香菇等碎末的滑嫩鲜香，兼有冻米的嘎嘣脆爽，无需多少咀嚼，在红薯淀粉的伴随中，润入心田，如此的美妙感觉，真的是大姑娘坐花轿，头一回。

没看见“花门楼”的郁结，经“塔前雾汤”的温润后，饱嗝一响，已是悄然化而不见。

看到办酒席的大师傅在另一桌喝着酒，好奇心顿起，夸赞他菜弄得特好吃，尤其是“塔前雾汤”。

大师傅脸色微红望着说普通话的我：“你，北方人？”我微笑着点点头：“塔前雾汤”咋弄得这么好吃？

大师傅姓洪，塔前街上人，办酒席是一把好手，十里八乡办喜事争相请他，一年四季忙，很是难请。

听我这么一问，或许是对我远道来的客特别热情，或许是推崇他自己的厨艺，话匣子一开，娓娓道来。

听他爷爷说，“塔前雾汤”起源于清朝战乱年间。

1856 年 3 月，太平军天国丞相曾景谦为解天京之围，率西征军回师东下，攻占乐平县城，只停留一夜，天明便撤走了。同年十月，天旱少雨，一支太平军队伍行军至桃林、塔前一带（塔前镇原有一塔，名白塔，宋时称雁塔，因地处塔的前方，故而得名），准备攻占乐平县城。为首将领想着士兵们劳累饥饿，要攻打乐平城，必须士气高昂，一鼓作气。于是令军队就地休整，炊事官报告说缺水缺粮。将领命令要想尽办法让士兵们饱吃一顿。炊事官没办法，一边命令士兵到地里弄瓜果蔬菜，一边请来几个当地的妇女。巧妇难为无米之炊，因为干旱缺水，同样难以为炊。为了节工节时节水，几个妇女偷偷商量出一个办法：将所有的瓜果蔬菜混在一起洗两遍，全部剁碎，倒入大锅中炒至九成熟时，边搅拌边倒入稀释的红薯淀粉，黏稠的一大锅“饭”便成了。

难以置信的是，饥饿的士兵们吃过几口后，大喊“真过瘾、太好吃了”，欢呼声一浪高于一浪。也许是士兵们太饿了，也许是这饭真的很好吃，将领见此状况想一探究竟，命手下端来一碗，吃过后，味道确实难得，问几位妇女这叫什么菜名，她们都摇摇头说“不知道”。

将领端着汤碗，猜她们也不敢骗他，略思片刻，随口而出“塔前雾汤味道很好，再盛来一碗”。当天晚上，太平军凭着“塔前雾汤”增添的力量，攻占了乐平。

“塔前雾汤”由此而来。

大师傅说到这，命帮工“帮添碗汤来”，喝过一口酒，继续说道，“这手艺是爷爷传给了我，得发扬下去，哈哈哈。”

随着人民的生活越来越美好，经过一代又一代的传承，“塔前雾汤”实现了从填饱到美好的质变。现在，它以诱人的香味、润滑的口感以及具有开胃、消食、醒酒等功效而被作为饭席的推崇汤品，同时也享有“塔前雾汤，百米飘香”的美誉，是一道具有乐平特色的保健汤、可口汤、舒心汤。

爱上一口汤，四季保健康。我很喜欢“塔前雾汤”，平时在家偶尔做

做，食材品种、数量按自己喜好配置，繁简自己掌握。但是，不管自己怎样努力，味道总是达不到洪师傅的水平。

还好，有老公和女儿两位忠实粉丝，我心足矣！

古巷中老奶奶讲搨叶皮饺的往事

夏小艳

时光跌跌撞撞，季节来来往往，所得，所不得，皆不如美食带来的心满意得。

——题记

记忆里，乐平这座小城总是温柔的，它带着田间稻香的气息。清晨乐安河畔浣衣的妇人，眉宇间总带着善意。街上轻轻用方言叫唤卖吃食的小贩，东湖公园说笑散步的行人，夜幕降临闪烁在洎阳楼上的霓虹灯。哪怕一花一草一木，都足以令一个远方游子魂牵梦萦。

然而这些画面总如老照片一样在记忆里泛着温暖的黄，看不真切。而味蕾带来的记忆却如高清画面般一帧一帧在眼前上演，令人泪水阑珊。宋代抗金名臣权邦彦在《乐平道中》写道："稻米流脂姜紫芽，芋魁肥白蔗糖沙。村村沽酒唤客吃，并舍有溪鱼可叉。……"道尽乐平人对吃的执著。合上历史书卷，走进乐平老街巷，一阵阵香味扑鼻而来、直入肺腑、令人垂涎，这就是乐平老街的美食——叶皮饺子。

这里是二三米宽的周家巷，纵横曲折如藤蔓，幽静深邃如清谷。有青砖黛瓦，有黑黑亮亮写满沧桑的旧式木排门，有斑驳如枚枚古钱暗绿色的苔藓，还有不知经历了多少朝代黄了又青、青了又黄却仍在小院墙头上、在四季风雨中摇曳出一派袅娜的牛筋草。在小巷的石板路上走走，很容易就走进了千百年的历史，走进了悠悠的岁月。当然也少不了历经岁月，让人吃了就挪不开步的叶子饺。

"这叶皮饺子又叫'搨饺子'，叶子采用桐叶或桑叶，是乐平的特产，早在清末时期就有了。我 20 岁就在这卖饺子了，今年我都 70 岁喽！"

刘奶奶爽朗的笑声漾进周家巷的深处。我坐在奶奶身旁，环顾着 50 年光阴洗礼下的老店。半个世纪的时光把老屋打磨得古朴而坚实，永不熄

灭的炉火映红了奶奶的脸颊。老屋在嘈杂、热闹的烟火气中展现着它的亲切、包容和慰藉。

忙完好一阵才得空的刘奶奶，坐下后叙说起旧时光。“从这儿往东是个小集市，往西走过一小片树林就是老屋……祖母在时，经常带我去摘桑叶。采桑叶也是有讲究的：五月采摘最合时宜。早了，叶片小且太嫩；晚了，叶片黄且太老。五月的桑叶，经过一春的蓄势，舒展得已有一掌大小。光亮鲜嫩，色如翡翠，简直太可爱了。可惜我那时太贪玩，往往桑叶没摘几片，红果儿倒贪了不少。祖母数落了几句便不再言语，兀自摘叶去了。祖母轻轻攀折枝条，两端不要，只取中间几片，放入挎篮。五月的风是暖的，阳光是暖的。透过枝枝叶叶落在祖母身上的细碎的光也像调皮的孩子似的，与她捉着迷藏……”

刘奶奶脸上现出温柔的笑意，良久继续道：“满载而归后，祖母也没闲着。把叶子细细挑拣、打来清凉的井水片片洗净、再晾在屋前。屋后，又忙不迭架起石磨。青色石磨上有几处棱角的缺损，诉说着岁月的沉淀，那是祖母的母亲传下的。也算是传家宝了！开始磨米粉了，这可是稀罕事儿。我跳着跑着就要去转磨，得到默许后，立马像上了发条似的一圈一圈乐此不疲。祖母满眼含笑地舀起一勺浸了一夜的粳米放进石磨上面的小孔。不多会儿，雪白细腻的米浆就沿着磨盘的纹路缓缓地流了出来。受到鼓舞的我转得更起劲了，小脸也红红的。还没等我耐住性子渐渐慢下来时，祖母早已接过把手，一边转磨，一边舀米，总是不急不缓，不知疲倦。我疑心有什么诀窍祖母没教，但也乐得一边自娱自乐去了。

“直到祖母唤拿桑叶来，我知道终于要开始包了。馋桑叶饺好些时候的我，口水都快淌下来了。只见祖母将透亮的桑叶摊开，抹上两三点油，浇上一勺米浆，放上一勺馅料，手指灵活地翻动，最后牵起桑叶边合上了饺子。我看得仔细，手却怎的也学不会，只觉祖母干活的样子好看极了。

“当苋菜遇到粳米，被绿叶包裹着，躺在蒸屉里，经过15分钟高温的历练，就创造出了乐平独有的美味。打开蒸笼，蒸汽带着桑叶的清香蒸腾开去，赫然出现规整、可爱的桑叶饺。掀开叶皮就看见卧着的饺子，苋菜或韭菜做馅料，嵌在米浆中。乳白色的米浆细腻香糯，与馅料混合得分毫不差。淡淡的油光更显诱人。我当即狼吞虎咽吃了好几个。唇齿留香，满

足不已。”

奶奶幸福的表情遮不住，但同时她也闲不住，手脚不停地收拾桌椅，我也帮着搭把手。

“关于这个小小的叶皮饺子，祖母还提过一段与它有关的革命故事。红十军领导人方志敏同志在一次战斗中负伤，来到乐平篁坞一户名叫汪岐芬的人家养伤。那个时候日子很艰苦，物资匮乏。在南方面粉是稀缺粮食，而包饺子又少不了面粉。我们勤劳智慧的乐平人民创造性地用桐叶包饺子给他吃。吃完饺子的方志敏同志对此赞不绝口。”

奶奶语气里尽是自豪，手上的动作也不觉快了许多。

时至今日，她在这段古巷中复原着祖母手中的美味。时光跌跌撞撞，季节来来往往，再也看不到熟悉的身影。巷子深处传来孩子的童谣：玉翠叶圆掌心放，浆白馅红肚里藏。晶莹剔透隔水蒸，回味无穷齿留香……她呆了一阵，直到被饺子烫红了眼，怎的不如以前香甜了？

故人已去，炊烟不散，故乡还在，味道不变。

这就是乐平的叶皮饺，它也许与“精致”沾不上边，也许并不是多么珍贵的食材。但这一枝一叶孕育出的美味，每每尝起，就能让流浪在外的胃瞬间获得满足。带着一份叶皮饺离开时，我竭力回想着：老街、老屋、老人、老味道，都还在，幸好，幸好……所得，所不得，皆不如美食带来的心满意得。

临近年关，漂泊在外抑或是在家乡拼搏的你，于晨光熹微中开始新的一天时，还记得上次吃叶皮饺子是什么时候吗？

塔前雾汤的历史故事

吴万清

在塔前地带，无论是乡宴上，或是各家排档、酒楼的餐桌上，都会有一道菜——塔前雾汤。甚至在乐平城区的一些星级酒店的菜单上，也赫然

印有“塔前雾汤”。一直工作在塔前的我，塔前雾汤的味道是尝过的。嚼在嘴里，爽脆鲜美，唇齿生香；吞进肚里，温润喉咙，润滑肠胃。塔前一带喝酒的人都晓得，喝酒之前要喝两勺塔前雾汤，因为“饭前一瓢汤，喝酒不着慌”。平时，我只要听到“塔前雾汤”四字，就不禁口内生津，想饮两杯。

其实，塔前雾汤并非真正意义上的汤。汤一般是用猪骨、牛骨等食材熬煮出来的水状物，而塔前雾汤却似汤非汤、似菜非菜，类似于我们家里吃的菊花菜糊，是一种像糊又像雾的人间美味。它的具体烹制方法我不太了解，但大致的制作过程应该是这样的吧：先把猪肝、香菇、竹笋等食材剁成细末，然后和豆芽瓣一起先后放进锅里进行油炒，待刚炒出食材本身的香味后便倒入高汤一起烧煮，煮开后，再倒入小半碗用生粉和凉水调好的芡汁，接着用锅铲在锅里缓慢搅动芡汁，让芡汁和猪肝、香菇、竹笋、豆芽瓣、高汤等充分融合，等稍微收汁之后就起锅装盘，最后再在汤上面撒一些葱花，淋一点麻油，一盘热气腾腾的塔前雾汤便大功告成。

塔前比较有名的几家餐馆、酒楼做的塔前雾汤我都吃过，所用食材和做出来的味道都有所不同，但各家都说自家做出来的是正宗的塔前雾汤，做菜的配方是祖传的。弄得我有些迷惑，正宗塔前雾汤的真味到底是怎样的呢？一个偶然的机会，在一个山村里，我不但尝到了塔前雾汤的真味，好像还了解到了这道菜的来历。

记得那是 2017 年 11 月的一天上午，作为一名扶贫工作人员，我扛着一袋米，拎着一壶油，从塔前镇岩前村委会出发，前去岩前村委会所辖的一个叫大单村的山村，进行结对帮扶对象的走访。我帮扶的这户人家共有 3 人，户主姓余，是一个 70 多岁的老头，他还有一个智障老伴和一个智障儿子。曾听村委会的余会计说过，余老头是一个读过私塾有文化的人，解放后因为家庭成分不好，一直讨不到老婆，直到 20 世纪 80 年代才与邻村的一位智障女子结了婚，后又生了一个智障儿子。一家人的生活就靠余老头一人操持。

不知不觉就来到了余师傅家的门前。他们一家三口正端着碗在吃着不知是早饭还是午饭，因为这时已快上午 10 点钟了。余师傅见我来了，忙起身出屋，伸手接过我手中的油，把我让进屋里。我放下肩上的米，瞥了一眼他们的碗里，发现三人吃的既不是粥，也不是饭，而是一种稀稀的糊状物。

于是我问余师傅："余师傅，您老吃什么呢？"

余师傅忙说："清早起来去畈上做事，回来晚了，我怕煮粥时间长，饿着他们俩，于是就没煮粥，弄了一些雾汤当早饭。"

一听"雾汤"，我急忙问："是塔前雾汤吗？"

"是呀，吴主任。"

"您怎么会弄塔前雾汤呢？"我有些不信。

"我怎么不会弄？想当年在生产队里，上百号人的饭菜就我和我师傅俩就能弄妥，区区一盘塔前雾汤算什么？"余师傅不屑地说。

听余师傅这么一说，我不由得走到桌前，开始仔细观察余师傅做的塔前雾汤。我发现余师傅做的与以前我吃过的所有雾汤都有所不同。首先是食材不同，余师傅做的雾汤只有四种材料，一是猪油渣，二是豆芽瓣，三是冻米伤（本来是碾锅巴糖用的），四是米汤芡。其次是汤的颜色不同，以前吃过的塔前雾汤，可能是放多了食材或酱油的原因，颜色浑浊，但余师傅做的，汤色亮丽、透明。

余师傅见我看得入了迷，于是问："吴主任，要不，尝一口？"

本来我是不吃帮扶对象任何东西的，但又一想，如果今天不尝一下，余师傅会不会以为我嫌弃他呢？于是我只好点了点头。余师傅拿来一个小碗和一个小勺，给我盛了一些雾汤。当我把一勺雾汤送进嘴里，慢慢嚼着，然后缓缓吞进肚里，一股清香、爽脆、温润的感觉从嘴里冒了出来，暖胃，暖心。

尝过味道后，我问："余师傅，您老做的汤是正宗的塔前雾汤吗？"

"是吧。"余师傅回答。

见我半信半疑，余师傅接着说："吴主任，你坐下来听我讲讲这道菜的来历，听过之后，你就会相信，我做的雾汤是最原始、最正宗的塔前雾汤。"

于是，余师傅开始娓娓讲起塔前雾汤这道菜的来历。

一个寒风呼啸的夜晚，众人都睡了，可在塔前村村旁马路边上的洪财主家里，忙了一天的厨娘桂嫂一个人还在厨房里收拾着。突然，背后传来

了一声“救命”。听到喊声，桂嫂急忙转身跑去打开厨房的门，只听“扑通”一声，一个读书人模样的年轻人倒在了门前，不省人事。桂嫂蹲下身，摸了摸他的额头，有些发烫。肯定是饥寒交迫才病倒了。如果再不救，他的小命可能就保不住了。当务之急，是给这个年轻人一口吃的。桂嫂没有丝毫犹豫，就把年轻人搀扶进了厨房，让他背靠着柴火垛仰坐在灶前，然后开始张罗吃的。

桂嫂这时才发现，今天，厨房里所有的米面和食材都用完了。这可怎么办？巧妇难为无米之炊呀！如果这时叫醒洪财主，向他讨要一些食材，吝啬的洪财主知道擅自主张浪费他的粮食救这个年轻人，厨娘这份差事可就保不住了。如果丢了这份差事，自己和刚满3岁的儿子可怎么活呀？可总不能见死不救吧。想到这里，她一眼瞧见了案板上还留有一些白天烧菜时掉落的豆芽瓣、灶台上的一个小碗里还有一些中午熬猪油炒菜时剩下的猪油渣，还有小半碗用来给菜勾芡没用完的米汤芡，于是心中有了主意。她飞快地跑回自己的家里，从一个罐子里抓了两把平时给儿子用开水泡来当饭吃的冻米仂，然后亲了下熟睡中的儿子，又急急忙忙跑回洪财主家的厨房里，开始生火做一道救命汤。

她先把猪油渣剁碎，然后和豆芽瓣一起放锅里炒，等豆芽瓣稍微炒软之后，放入一点盐，再倒入一些清水烧煮，待水烧开后，倒入半碗调好了的米汤芡，慢慢搅动，最后撒入两把冻米仂，当冻米仂与芡汁充分融合之后便起锅装碗。

这时，坐在灶前的书生已慢慢醒来，桂嫂便把还不断冒着热气的汤端到他的面前。书生如获至宝，接过汤就大口大口地喝着。不一会儿，汤被一扫而光。这时，书生告诉桂嫂，他是一个从浮梁来的宁姓穷秀才，这次是去省府参加今年的秋闱，路过此地。因为忙着赶路，一天没有沾过一口热的东西，再加上路上受了风寒，便昏倒了。

听了宁秀才的遭遇，桂嫂很是同情，就斗胆留他晚上在洪财主家的厨房里将就一晚，明天早早上路，不要让洪财主得知。说完，桂嫂便回家睡觉了。第二天一大早桂嫂就来到厨房，发现宁秀才已经走了。

后来，宁秀才中了举，做了官。为了报答桂嫂的救命之恩，就把她娘俩接到府上享福。一次，宁大人问桂嫂，那次你给我喝的汤叫什么呀。桂

嫂说，哪有什么名字，胡乱做的。宁大人说，这么好喝的汤没有名字怎么成，我给它起个名吧，就叫“塔前雾汤”。

讲完塔前雾汤的故事，余师傅接着说，也不知道这个故事是真是假，他也是听他的师傅这样说的。余师傅还告诉我，做好塔前雾汤的关键不在乎食材的多寡，关键在于芡汁的调配和火候的把控，考验的是厨师的聪明才智。

尝了余师傅做的塔前雾汤，听了余师傅讲的塔前雾汤的故事，我好像找到了塔前雾汤的真味。像余师傅那样的关爱家人的烟火味，像桂嫂那样的帮助他人的人情味，不就是塔前雾汤的真味吗？塔前雾汤，如果不只用舌尖去尝，还用心去尝，你还会品到劳动者的聪明才智。

一个美丽的传说：驸马菜

罗卫平

美食，作为一种独特的文化符号，在每个地区都有着独特的魅力。在我的家乡临港，就有这么一道流传千年的朴素的美食，吃起来让人感觉口齿留香，欲罢不能。这就是老母鸡炖干刀扁豆。这道菜还有个好听的名字叫“驸马菜”。

据临港古田一带村坊所传，明永乐年间，燕王朱棣发动“靖难之变”，古田下堡村盛庸之孙盛瑜在平燕战争中，充分发挥自己的军事才能大败燕军。建文帝敕命盛瑜为河南中护卫加荣禄大夫，娶信阳公主，并敕在村里建驸马坊。据传盛瑜携公主回乡，乡人精心准备的老母鸡炖干刀扁豆深得盛瑜与公主的赞叹与喜爱。从此，当地人就把这道菜叫作“驸马菜”。

高端的食材往往只需要简单烹饪。这道流传千年的“驸马菜”，在做法上至今仍然没有多大的变化。先将家养的老母鸡宰杀、洗净备用，再取适量的干刀扁豆洗净，用温水浸泡半小时后捞出控水装盆，然后将整鸡置扁豆上，再上锅将鸡肉蒸熟，撒上少许盐搅拌即完成，一般是鸡肉熟了干

刀扁豆也就熟了。干刀扁豆在蒸的过程当中浸润了鸡汤，口感非常饱满鲜香，而鸡肉又保持了原汁原味。

村民用老母鸡炖干刀扁豆不仅美味可口，还具有很好的药用价值。《本草纲目》中称刀扁豆“温中下气，利肠胃，止呃逆，益肾补元”。可以有效治疗病后及虚寒性呃逆、呕吐、腹胀以及肾虚所致的腰痛等病症。《滇南本草》中记载刀扁豆有健脾的作用，同时还有抗癌抗肿瘤作用。刀扁豆中含有大量的刀豆氨酸、尿毒酶、血细胞凝集素、刀豆赤霉Ⅰ和Ⅱ等成分。这些成分能够维持人体正常代谢功能，促进人体内多种酶的活性，增强身体抵抗力，从而达到抗癌、防癌的作用。

鸡肉味道鲜美且有营养，含有蛋白质、脂肪、硫胺素、核黄素、尼克酸、维生素以及钙、磷、铁等多种营养成分，易消化，具有提高记忆力、增进食欲等功效。

老母鸡与刀扁豆相互搭配，味道相互融合，充分展现了华夏大地民间美食的独特魅力。盛瑜与公主是否真正吃过这道“驸马菜”已无法考证，但在我们的生活中，总会有一些特殊的人，他们犹如流星一般，短暂而华美地滑过历史的天空，给人留下深刻的印记。让人们在品尝美食的同时，也品味到了一场文化的盛宴。

“老字号”：乐平餐厅的记忆

柴有江

只要上了些年纪的乐平人，尤其家住城区的市民，对位于洎阳南路、现硕果家电商场位置三层楼的原乐平餐厅（又名冰棒厂，后为老字号餐厅）应该都有较深记忆，因为那是当时大家进“茶馆”（在乐平方言里等同于餐馆）吃饭、办酒席的首选餐馆，生意多年火爆。

日前，记者采访了原乐平餐厅负责人程玉梅及其在其间担任厨师的彭桂萍夫妇，请他们讲述了老字号乐平餐厅的传承故事和辉煌过往，帮助大家勾起一段回忆。

据程玉梅介绍，老字号乐平餐厅改制关闭前隶属乐平县商业局，为其下属乐平县饮食服务公司的一家经营餐饮门店，其前身为成立于 20 世纪

50 年代的冰棒厂。冰棒厂成立之初经营范围较广，并排分一部、二部。一部主要卖白水、绿豆冰棒和冰水，二部位于冰棒厂隔壁北侧，主营小炒、肉包、热饮、点心等，当年餐厅常年提供的肉包、季节性的萝卜饺等备受顾客喜爱。

程玉梅告诉记者，其父程有根最早在位于老北街正中段位置的乐平露天茶社当学徒，后调入位于西门的车站食堂任掌勺大厨。正因烧得一手好菜，1961 年庐山会议，其父为毛主席等中央领导同志烹饪了红烧肉和镇桥灯笼椒等菜肴。20 世纪 70 年代初，其父调入冰棒厂当经理，直到 1980 年底退休。她则于 1981 年顶替进了乐平县饮食服务公司当出纳员，1995 年担任老字号餐厅经理，直到 2006 年因餐厅改制大楼被拍卖开发，所以对乐平老字号餐厅历史她最清楚。

程玉梅说，那时的冰棒厂因几乎是独家生意，加之靠近唯一的人民电影院，所以不管白天黑夜，一进夏伏天，生意都异常火爆，3 分钱一玻璃杯的冰水根本供不应求，生产多少桶卖多少桶。冰棒更是有各乡各地的商人，骑着后座绑着木箱的自行车，一拨接一拨前来批发了四处叫卖。

程玉梅表示，到 20 世纪 80 年代，随着改革开放，冰棒厂主营业务逐渐向炒菜吃饭过渡，所以后来干脆就更名为乐平餐厅。再后来门店名则经历了由“乐平餐厅（老字号）”到“老字号”的最终过渡。

当年和程玉梅喜结连理的乐平餐厅厨师彭桂萍告诉记者，那时的乐平餐厅有香辣全鸡、香酥鸭、蝴蝶肉、木须肉、广东肉、珍珠丸子等多道老班辈留下、顾客特别喜爱的招牌菜，许多顾客不仅冲着这些招牌菜经常来光顾，逢年过节、来人来客，还专门来店里买香辣全鸡、香酥鸭等。以广东肉为例，就是将大片肉片被粉后入锅油炸，切成小段然后撒些椒盐，那道菜就深受顾客青睐。所以那时的老字号餐厅可以说生意特好，是乐平市民“下馆子”、办酒席及过往客商吃饭的首选地，常年生意火爆，赶上日子大，一天摆上百桌是常事。那时的老字号，可以说不论民间婚丧嫁娶的红白大事，还是官方大型活动，老字号都是首选宴会地。像 2006 年在乐平召开的第四届世界马氏宗亲恳亲大会，老字号就承担了最重要贵宾的接待任务。

采访现场，市民林女士就表示，不仅她结婚时的婚宴是在老字号办的

酒席，儿子十岁生日也是在那请的客。记得儿子十岁生日宴席那天，餐厅还有另一家在大厅办婚宴，她还特意让孩子去告诉东家这样一件吉利事，以此向新人讨要喜糖吃。

程玉梅告诉记者，那时的老字号不仅在市民中有口皆碑，就连经常过往乐平的客商也非常认同，特别是常年跑运输的司机朋友。20世纪的几十年中，乐平交通优势明显，过境客、货车多，“师傅们”常常或单独或呼朋引伴来光顾。当然，这除了饭菜可口、价格实惠外，与餐厅设身处地为顾客着想的优质贴心服务也是分不开的。以请酒订桌为例，她们都会给顾客以弹性，一两桌少了临时加，多了退，不收钱。还有应部分顾客要求，她们那时就开始提供“年夜饭”服务。还记得有一年的深冬，窗外北风呼啸，天气异常寒冷，她们都关门了准备下班，突然一阵“咚咚咚”敲门声响起。打开门一看，是一位将车停于门前的司机。只见他边跺双脚取暖，边急切地说，他又冷又饿要吃饭，车子也需要加水，请帮帮忙。她和还未离开的几位员工二话不说，一边准备热乎乎的饭菜，一边打着手电帮助司机加水，让师傅特别感动，一再表示会常来。同时，对醉酒撒泼、无理取闹人员，她们也是保持宽容忍让、以理劝慰，从不与顾客发生正面冲突。所以她当餐厅经理时，被大家冠以“阿庆嫂”的美称，而其丈夫彭桂萍也因得包括岳父程有根等前辈的悉心指导，厨艺精湛，多次获工资两级一加的奖励。

持有中国商业部颁发的特二级厨师证的彭桂萍表示，从冰棒厂开始算起，老字号餐厅有70多年的历史，厨师技艺传承超过四代，真正算得上有名气的老字号，最高峰时，餐厅员工多达60余人。还有记得他刚到厨房学艺时，有叫甘金泉、孙厚智的两位老师傅，一个掌勺，一个切配菜，相互配合非常默契，那做菜炒菜真叫一丝不苟、质量上乘、童叟无欺，不新鲜食材宁愿炒给自己、员工吃或扔掉，也绝不炒了端上桌给顾客，妥妥的“良心老厨师”。

另据了解，当年与老字号餐厅同处南大街（洎阳南路）的茶馆，其实还有南门茶馆、磨角湾茶馆、南门桥茶馆等，也很有名气，都深深留存于20世纪六十、七十、八十年代人的记忆中，不过他们都主要以经营清汤（小馄饨）、面食和小炒等早点及简易用餐为主。如位于南门老电影院街对

作者采访程玉梅夫妇

面的南门桥茶馆，主要方便城乡居民观影前后简易用餐，生意很好，常年经营至半夜。

乐平 20 世纪高端酒店：德福大酒家

柴钧

提及乐平街上有名的酒家酒店，本世纪的近十余年，东方国际酒店是绕不开的，但要往前追溯到 20 世纪末、21 世纪初的近 20 年，位于洎阳北路与人民东路交叉口的德福大酒家则又是当仁不让的。它的高端名气、服务质量、受人追捧程度，可能现在很多酒家都难以企及。

日前，原德福大酒家曹经理向记者回顾了该酒家成立、营运相关情况。她表示，1986 年，她才二十出头，来到商业局下属企业江西食品厂当工人。当时正是改革开放活跃期，时任厂领导想着搞多种经营，以增强经济效益。结合厂里在繁华路段有店面优势，厂里最后决定开一家面向高消费人群的高端高档酒店。于是，她被派到广东饮食服务有限公司学习酒店

管理，厂里同时另选派王某林、林某萍一男一女两位同志一起过来学习烹饪，主攻粤菜。他们三人学习期满后，经紧张筹备，并另请广东特级厨师高某忠过来担任菜品总监，德福大酒家于 1994 年正式开张营业。

因管理理念先进，主打不同于乐平本地风味的粤菜系，同时环境幽雅、服务上乘，酒家很快顾客盈门、生意火爆，且都是有消费能力的优质客户。店里主打的名牌菜包括且不限于脆皮乳鸽、东江盐焗鸡、烤乳猪、生鱼片、德福一品包、卤水拼盘等。其中有一道由特级厨师高有忠亲自调制的小菜 XO 酱特别受顾客欢迎，虽说价格比较高，但常常有顾客尝完后，临离场要顺带再卖一两瓶回去。曹经理说，记得高总监熬制该酱时，是无论如何不让外人在场的。

曹经理表示，那些年，她们常常接待来自政商界的重要贵宾及一些特殊客人，但她们每次都能让顾客乘兴而来、满意而归。印象最深的记得有一年，店里来了一位外地女顾客，一进门就说价钱不是问题，但我不吃有眼睛的东西，也不吃海鲜，但又不能全吃素菜，你们看着帮我炒些菜吃饭。曹经理说，看着这个似乎是来找茬的顾客，她们没说什么，还是绞尽脑汁给她荤素搭配地做了几道菜，女顾客竟然吃得很满意，末了是高高兴

兴地离开。

问及当时她们是如何做到的，曹经理莞尔一笑。她说，她们给她做了韭菜炒鸡蛋、川香炒豆干、素炒苦瓜、油淋青菜及豆腐汤共四菜一汤，告诉她在我们乐平请师傅“鸡鸭鱼肉蛋”都是大荤，豆干豆泡豆腐算小荤，所以她们做了没有眼睛却荤素搭配的三荤两素五道菜，问她看满不满意，吃得合不合胃口。没想到对方很高兴，连连点头表示赞赏。

曹经理说，店里高峰时有40余名员工。后因政策、市场原因，德福大酒家最终进行了改制。改制后，酒家性质、人员虽然变了，但店名还一直延续到了2016年左右。

1961年谁上庐山为党和国家领导人烹饪乐平灯笼椒

张月

乐平素以“红（辣椒）、黄（萝卜丝）、蓝（青靛）、白（石灰）、黑（煤）”著称全省，驰名全国。2018年，“乐平辣椒”还获得国家地理标志证明商标，打出了我市特色农产品的“金字”招牌，显示了“乐平菜”的独特魅力。

据了解，乐平种植辣椒的历史悠久，上可追溯至明清时期，据中国科学院编印的《中国蔬菜优良品种》一书述评，乐平辣椒经过长期精心选育出来的中籽粒和大籽粒辣椒均为全国优良品种，其中以大子粒（即灯笼贡椒）尤负盛名。1980年，灯笼贡椒被评为江西省地方优良品种。作为省内外驰名的农产品，新中国成立之初，全市每年辣椒种植面积都在近万亩，年总产量约10万担，每年旺季都有大量辣椒，通过船装车运远销景德镇、鄱阳、鹰潭、南昌、浙江、福建、上海、湖南等地。1959年夏中共中央政治局扩大会议和1961年秋中共九届二中全会期间，乐平大子粒辣椒（灯笼贡椒）被指定为大会特供蔬菜送上庐山，供毛主席等国家领导人品尝。

日前，记者通过采访著名厨师、原饮食服务公司乐平餐厅经理程玉梅，了解其父程有根（已故）1961年为参加中央工作会议的毛泽东主席等党和国家领导人做以乐平灯笼贡椒为食材的荷包辣椒及其他菜肴，毛主席十分赞许，并与程有根等工作人员合影留念。据悉，该合影照片曾刊登在

1993 年 12 月份的《江西党建》杂志上。

程玉梅告诉记者，其父程有根出生于 1919 年 7 月 13 日，系乐平市镇桥镇浒崦程家村人。青少年时代家中清贫，跟随父辈在家务农。二十刚出头，经熟人介绍，进城到当时的茶馆当学徒学厨艺。由于他勤奋好学，脏活累活抢着干，深得老师傅和店老板的尊重和喜爱。

新中国成立不久，各行各业公会协会相继成立。饮食业也由原来的个体私营体制，经国家批准公私合营，后又转为国营商业企业。程有根于 1951 年 4 月正式进入国营商业企业工作，并于 1954 年 4 月加入了中国共产党。自参加工作那天起，他便一直在饮食服务行业工作，直至 1980 年 12 月退休。三十余年来，历任各分店、冰棒厂、点心餐饮部负责人及乐平老字号餐厅经理等职务。在为乐平饮食业培养接班人、训练厨师专业技术人才和选拔后起之秀等方面作出巨大贡献！并让自己的几个女儿也女承父业，从事饮食餐饮工作。在他的言传身教、耳濡目染下，其三女儿程玉梅又接过了乐平餐饮老字号负责人的担子，成为一名出色的经理，把乐平餐饮老字号经营得风生水起、红红火火，真可谓是青出于蓝而胜于蓝！的的确确称得起名副其实的优秀饮食世家。

1959 年至 1970 年，中国共产党中央委员会曾先后在庐山召开三次重要会议：1959 年中共中央政治局扩大会议和中国共产党第八届中央委员会第八次全体会议、1961 年中共中央工作会议、1970 年中国共产党第九届中央委员会第二次全体会议。据了解，三次庐山会议都曾指定乐平将灯笼红辣椒（当时产地为镇桥镇蔡家村）专送庐山供毛泽东等党和国家领导人品尝，成就了乐平灯笼红辣椒三上庐山的佳话。尤其 1961 年的第二次庐山会议期间，受当时的上饶地委、行署委派，程有根以厨师身份，光荣地上庐山为中央领导亲自掌勺，烹饪毛主席喜爱吃的红烧肉和以乐平灯笼辣椒制作的荷包辣椒及其他菜肴，受到了参会人员，特别是毛主席的高度赞扬。会后，毛主席与包括程有根在内的全体工作人员合影留念！

采访中，程玉梅说，其父当年从庐山回来，一再表示，这崇高的礼遇、伟大的荣耀，不仅仅是他个人和家庭的，而且是全体乐平人的无上荣光！

品菜评谭 · 聊特色

味蕾的记忆——乐平的大块肉和水桌酒

张新华

乐平人交朋友，大多实诚。请客吃饭，酒席虽不乏汤汤水水，但必须有硬菜。硬菜自然包含鸡、鸭、鱼、鳝，而猪肉是当家的硬菜。

乐平的硬菜以猪肉为主，獐麂兔鹿，只能在口头上解解馋，先前稀少，现今禁捕禁食。乐平狗肉虽说以清香味美而名声在外，先前却是上不了台盘的私菜。在乐平吃狗肉必须得去街边的狗肉摊子上去吃，一碟狗肉，一碟酱油，一碟腌红辣椒，狗肉是隔水焖蒸的，现切清香四溢，酱油是家晒的，十几个大日头晒出黑豆的原汁，腌红辣椒必须是镇桥蔡家的灯笼椒。一般人家达不到这个刀功，配不齐这佐料，所以坊间才有了“狗肉上不得桌”这个说法。

乐平文章节义之邦，不光历史上曾有百十个名人雅士，还有邑人刻入骨子里的文化和习俗。自古《春秋》讲大义，道德仁义当其首，《周礼》讲礼仪，吉、凶、军、宾、嘉，礼礼有规范。乐平乡间做酒席请客的门门道道就有很多。乐平人请酒的叫法有不少：什么鹰扬宴（古时中武举）、鹿鸣宴（古时中文举），定婚叫定盟，结婚叫花烛，嫁女叫于归，三朝叫回门，还有汤饼、弄璋、弱冠等等，不一而足。

近年来，有些人在乐平的城里和乡间，宣传和发布“乐平水桌”（亦称乐平水席）之说道，有些酒家把店名冠以什么“八大碗”之称谓，殊不知八碗菜的酒席以前是叫化子席，一人一个菜，打发叫化子，乡间一直很避讳。这习俗在如今的湘西还一直保留着。

乐平酒席有好几个层次：随菜便饭，水桌仂酒，硬桌仂酒。随菜便饭

是大喜事的开头和收尾，客亲未至或基本已退，帮工的帮厨的吃饭不上大菜硬菜，炒几个菜吃饭，叫随菜便饭。一般的水桌仂和硬桌仂酒主要区别在一大碗大块白切肉。一碗大块肉端上桌，硬菜，面子底子都在上头，所以叫作硬桌仂酒。

五彩乐平，久看愈好。乐平地处江南水乡，物阜民丰，生活富庶，自古以来在赣鄱一带颇负盛名。江右名区，甲于他郡，不仅体现在士农工商各个层面，还体现在饮食文化上。

以前乡间做酒，大师傅（掌勺厨师）一般都会问一句：几斤的桌仂？这几斤的桌仂指的是每桌要用几斤猪肉，什么样的斤两有什么样的做法。十斤肉，八斤肉，大块肉不偷工减料。乐平做酒，硬桌仂与一般水桌仂主要区别在肉。大块肉叫“盖碗肉”，小块肉叫“装碗肉”。有大块肉的水桌仂酒席叫硬桌仂酒，家境不太好的人家只用“装碗肉”，就没有大块肉的“盖碗肉”。

乐平的大块肉，大到有些夸张，约有四寸长，三寸宽，五分厚，一块盖过蓝边碗，于是也叫盖碗肉。十六块，八精七肥一块猪脚。猪脚撑碗底，肥肉码上头，顶上头是精肉，方方正正、满满墩墩地摆上桌，一碗端上桌需要好几斤猪肉，着着实实的硬菜。乐平大块肉是一道非常古老而广泛流传的传统美食，它最初的出现时间和地点无法考证，或说与权邦彦有关，但在他的诗中找不到佐证，权大人只说“芋魁肥白蔗糖沙”。或说与洪光弼有关，冷山冷肉不晓得有没有这么方正，他在桦皮上写的《松漠纪闻》也没有片言只字。不过大块肉已经成为乐平乡间的美食毋庸置疑。大块肉制作过程不难但很有些费时费力，做大块肉首先要选料，乐平花猪后腿肉，鲜香味美，切起来有形。火候也很重要，火候掌握不好的不能掌厨，煮不熟不行，煮太柴不行，煮太烂也不行。不熟不能吃，太柴不好吃，太烂又切不成形。大师傅的本事包括选料、看火、刀功、调料、烹饪、装盘等各个方面。肉块一般用猪的后腿肉，熟了以后好切，有形。酱汁很重要，蒜泥、酱油、少许盐等调料来调制，面上飘着些许红皮椒末，透着诱人的喜庆。乐平硬桌仂酒，大块肉是主菜也是主食。大碗喝酒，大块吃肉，大快朵颐，粗犷豪放，酒逢知己千杯少，人生乐趣之一。

我有一个儿时同学前几年在镇桥桥东街上开了家酒馆，主打的就是

大块肉。他的父亲当年就是公社的大师傅，煎炒烹炸，十八般厨艺样样精通。他跟我说，他的父亲尤其是在烹制大块肉和调料上有绝活。他父亲告诉他，大块肉是炆熟的，炆肉，自然用文火，猪肉冷水下锅，文火慢熬，油脂泌出，精肉不柴，肥肉不腻，且色泽鲜亮，让人垂涎欲滴。猪肉的汤汁用来做汤菜，粉丝粉皮豆腐子花，汤汤鲜美。据说，当年党中央在庐山开会，乐平送去过镇桥蔡家的灯笼椒，还有乐平的大块肉，只是当年讲节俭，吃肉的事不宜宣传。我的同学得到了他父亲的真传，名声远播鄱、乐、余、万几县。去过他的店里，那肉的色泽、味道都跟当年一样，只是块头似乎小了点，他用盘装，盖不盖碗外人一时看不出来。

乐平人吃肉跟看戏一样，都有十足的喜欢。硬桌伪酒，大块伪肉，一咬一个满口味。“乐平谷酒大块肉，天光吃到点蜡烛”，平常各忙各的事，劳燕分飞的人们借走亲吃席聚在一起喝酒吃肉，为的就是增进亲情友情乡情。咱老百姓在哪，烟火气就温柔在哪儿的世界，把烦恼和忧愁一起点燃，只留下满心欢喜、心安和新的期许，把这大块肉的鲜美和酱汁的香浓让人吃在嘴里，美在心里，味蕾的记忆满满的都是浓得化不开的乡愁。

“乐平水桌”酒

吴子仁

看到这四个字，有的人可能就会说：“你是不是搞错了？你是不是吹牛？我们知道有洛阳水席，哪来的乐平水席？”我要说的是，没错，我写的就是乐平水席，在乐平俗称“水桌伪”酒！

乐平市位于江西省东北部乐安江中游，封建时期属饶州府。乐安江是饶河上游的干流，两岸耕地辽阔，水肥土沃，气候温暖湿润。位于其两岸的乐平、万年、鄱阳一带紧密相连，是鱼米之乡，饶河、饶埠、饶州都有富裕、丰饶之意。宋代诗人权邦彦在《乐平道中》写道：“稻米流脂姜紫芽，芋魁肥白蔗糖沙。村村沽酒唤客吃，并舍有溪鱼可叉。枹鼓不鸣盗贼少，鸡豚里舍语声哗。赛神还了今年愿，又整明年龙骨车”，将乐平的富庶、乐平人的豪爽描绘得淋漓尽致。

乐平人热情好客，喜欢热闹，特别讲究“面子”。

乐平节庆活动多。乐平人将春节、元宵、清明、端午、七月半（中元节）、中秋、重阳等传统节日过得有滋有味，打麻糍，下水酒，包清明粿、萝卜饺，搨叶皮饺，包粽子，做锞匠粿，打年糕，做冻米糖、香烟糖等等。乐平人喜事多，开堂、修谱、造屋架梁、做生祝寿、相亲结婚等等。逢年过节、办喜事，乐平人往往要举行丰富多彩的活动：舞龙灯，划龙船，请戏班子唱戏。每当这时，村子里便热闹非凡。在这欢乐的时刻，乐平人都喜欢把十里八乡的亲朋好友请到家里来，分享快乐幸福，欣赏欢乐场景，增加亲情友情。在邀请年纪大或地位尊贵的亲友来家里做客时，乐平人往往要推红车（独轮车），甚至"打轿"上门去接。

亲朋好友来到家里后，就要置办酒席盛情款待。除了自己家地里种的时鲜蔬菜外，还要到商店里买来海带、粉皮、粉丝、香菇、木耳等菜品，到河塘港汊里捕来鱼。要发豆芽做豆腐制豆腐干，要杀鸡杀猪。"村村沽酒唤客吃"，乐平特产谷酒更是必备的。这个时候家家户户比着赛似的招待亲朋好友：看谁家热情，看谁家里热闹。热情、热闹的人家说明客人多，酒席场面大，有面子。

乐平人招待客人的酒席最好的就是水席，俗称"水桌仂"。在婚丧嫁娶、诞辰寿日、年节喜庆等礼仪时节，乐平人惯用水桌酒招待挚友亲朋，水桌是各种宴席中的上席。因为客人多，几斤、十几斤肉根本就不够吃，这时就要杀头猪。猪杀好洗净剖开，切成大条放进大锅里，加水将肉浸没，大火煮熟掌握好火候，把肉煮得香气四溢。起锅后将肉肥瘦分开，切成巴掌大的"大块肉"，撒上点盐拌匀，然后装碗，一碗装八块瘦肉、一碗装八块肥肉端上桌，确保八仙桌上每人两块大块肉，这就是乐平有名的流传数百乃至上千年的"装碗肉"，是乐平水席的头牌菜。

煮肉的肉汤是做乐平水桌其他菜的最好配料，实际上就相当于现在所谓的"高汤"。肉汤不仅油水足，而且鲜香味美。厨师在烧制每一道菜时都要舀几勺肉汤放进去。烧好后用大碗装起，每碗菜都带有半碗汤汁。汤水多是乐平水桌特色，"水桌"也因此得名。除两碗大块肉，传统乐平水桌一般有鸡、鱼、粉丝、粉皮、海带、青菜、萝卜、豆腐、豆干、豆芽、芋头、南瓜、莲藕、辣椒、鸡蛋汤或肉片汤或猪肝汤，配以香菇、木耳、黄花等，共十几个菜品，荤素兼备，色香味俱全。

乐平水桌味道鲜美，得益于乐平特产——乐平花猪。旧时乐平农村家家户户养猪，少的一两头，多的三五头，所养的都是本地优质品种乐平花猪。传统乐平花猪皮薄肉厚，肉块饱满，肉色红润，皮质黏糯，肉质紧密韧性足，肌间脂肪多，烹饪后肉质细腻香美，瘦而不柴，肥而不腻，嫩而多汁，营养丰富，口感非常好。

乐平水桌味道鲜美，得益于乐平出产丰富的时鲜蔬菜，乐平辣椒、萝卜、芋头、田塍豆、藠头等都是江西乃至全国名优农产品。用煮花猪肉的汤汁烧制自家菜园里摘来的时鲜蔬菜，鲜嫩软滑，清爽利口，让人感到肠胃舒适，味道好极了！

好菜配美酒。在宴席上，乐平人习惯将本地产的谷酒倒进大碗里，每桌至少倒两碗。桌上每人一个瓢羹，见面“打一箍”，俗称“瓢”。待每个人打完箍，差不多半斤酒就下了肚。大家大碗喝酒，大块吃肉，把酒言欢。随后，桌上的男人们，一定要划拳猜子，捉对“厮杀”。他们面红耳赤，声音洪亮，“你方唱罢我登场”，划了“一年”又“一年”。一顿饭往往要几个小时，不喝倒几个人绝不善罢甘休。乐平有一俗语“三天不看戏，做事没力气；十天不看戏，肚子就胀气；一个月不看戏，见谁都生气”。看戏固然可以愉悦精神，满足爱好，但更关键的是看戏热闹，有肉吃有酒喝。三天十天一个月不看戏，意味着三天十天一个月见不到亲朋好友，不仅寂寞难耐，而且没肉吃没酒喝，“嘴里淡出个鸟来”，当然做事没力气、肚子就胀气、见谁都生气。

旧时乐平每逢演戏或看舞龙灯、划龙船，不仅自己投亲靠友，还会带上几个熟人、朋友去亲友家吃饭，名曰“亲带亲，友带友，上了酒桌是好友”，如此每家都会准备几桌饭菜待客。但因为客人太多，出乎主人意料之外，往往坐不下，这时只好等一拨客人吃好再重新上一桌酒菜，请下一拨客人吃饭喝酒，仿佛行云流水，故乐平水桌又称流水席、流水桌。

“喉咙深似海，灶户是窑门”，三天两头请客，就是大户人家也招架不住。但乐平人好面子，见了亲朋好友和熟人如果不请吃饭喝酒，面子上过不去，怕别人说道。于是“两个指头拉三个指头推”“豆腐干当大荤”就成了某些想请客又怕请客的人的“请客之道”。

有人说乐平水桌源于洛阳水席，我不以为然。泰伯奔吴、衣冠南渡、

客家南迁，南方很多人都是由北方而来，北方文化习俗深深地影响了南方，但南方只有乐平水席。我以为乐平水席是本乡本土的，与乐平气候河川、土地物产、人文风情密切相关，是原创。乐平水桌曾经一度衰落，近十几年来，乐平有识之士不断挖掘乐平历史文化，重现乐平水桌风味，渐成气候。

水桌待客情意重，有酒有肉醉此生！

传统水桌宴里的“装碗仂肉”

张邦富

过去，我们乐平城乡办喜事，作兴水桌仂。水桌仂开席托上桌的头牌菜就是“装碗仂肉”。二十四块肉码放在蓝边碗里，如山似塔，东家的面子和底子被厨官做得实实在在，排排场场。赴宴的客人一个个被吊起了胃口，喜庆的场面被传桌的、伺酒的穿梭一样织得热热闹闹。

先前东家摆酒席好面子，通亲戚，通房股，讲排场。亲戚自然要随礼，本家自然要代茶，帮东家装脸面。随礼要办篮子，代茶要端点心。祝寿，腰子篮里要备布料、寿仙果、衬篮子的两筒面，篮子盖上还要放一副请老先生作的寿对。有钱的人家还会敲锣打鼓送寿匾。贺梁，腰子篮里要备人情（红包）、彩布、麻糍和贺对或抬一块贺匾。娶亲嫁女的篮子也是办得沉甸甸的。赴宴前，一家老少穿戴一新。

做红喜事各处都有接客的乡风，亲戚不分远近，哪怕是同村，东家也要安排后生去接，否则就失礼。接客尽量用新红车，车身画着红色的祥云纹，做喜事讲彩头。本家的后生，对东家有哪些亲戚，又住在哪里，都

了如指掌。在东家吃过早饭，后生们就各自分头行动，轻车熟路，去赶点心昼饭，确保客人赶到夜晚的店菜酒。过去的外婆、姑母以及子孙都要坐车，甚至还要床被子过夜，因此接客也不轻松，路很远的亲就得派个子大的后生打两乘三乘车去。

摆酒席，东家早就做了各种准备，比如碗筷、花轿、唢呐提前好几个月作了预约，厨官也作了安排。过去办喜事，必须杀猪。猪都是自家栏里养的本地花猪，这猪都是头年下栏的，做喜事的猪越老槽越好，出栏前一两个月还加了米糠催膘，这样肥肉厚实，板油也多，肉肥杀客（指肉味醇厚）。

杀猪的也是早就打过招呼的。过去乡村里没有专职开屠的屠夫，杀年猪都是村里的糖官兼做，他们也办了屠刀、行刀、刮刨、挖耳尖刀这些屠夫的行头，东家有请，用竹篮拎来就是，为的是与人方便。做厨官的，杀猪的，都是热心肠。他们一般爱面子，喜欢听奉承话，只要人家说了三句好，屎里也要撞个脑。干这行是没有薪酬的，但他们不在乎，只要东家有请，寅叫卯到，而一旦事情办妥下架，他们拎着行头就走。往往这时东家赶紧拦住，递个红包，聊表心意。他们顿时不高兴，反复推辞。东家说，再推就是嫌少了。话说到这个地步他们也就只好收下，否则就是不给面子。

先前办酒席，炖肉、熬汤、蒸酿、炒菜，都用炭锅。农家的厨房大多是三口锅：炉子、柴灶和炭灶，三位一体。炭锅二尺三，锅沿坐得低，体量很大。柴灶平坦，炭灶灶口却高，灶底倾斜，便于灶里的炭火从灶底的铁栅下扯风。会看炭灶的往灶里上了炭，用铁钩从灶下向铁栅上钩几下，再用铁板封住灶门，灶里立即烧得轰轰烈烈，烟囱里传出风风火火的响声。

炭锅闲常都空着，只有办酒席，蒸年糕才派上用场。老早老早，我们乐平就产煤。解放后，我家乡附近的牛头山、万山、钟家山的块煤很出名，买煤不难。上了年纪的人看炭火有经验，火激锅，还省煤。

过去办酒席都吃水桌。

以前的水桌每桌要上两道肉，一道是佐酒的装碗伤肉，一道是下饭的凹碗伤肉。装碗伤肉一碗码二十四块，其中下面是十六块肥肉，上面是八块瘦肉。一桌八个席位，平均每人三块本分肉，两肥一瘦，这是古来的规

矩。老班辈办酒席规定每桌三斤八两肉，图排场的人家每桌多放二两。鲜肉下锅要过秤，而且软刀、硬刀、腿子、猪头、猪脚搭匀（一般喜事正酒有两餐，娶亲还加一餐关东酒），这样方便装碗，炖出的汤更鲜美，炒出的店菜，糊出的子花汤、猪肝汤、豆干汤、冻米雾汤才更鲜美。

杀猪的把肥猪开好边，一刀一刀地切开，挂上挂钩，厨官就系条围裙上厨炖肉。炖肉是办店菜酒的前奏。厨官全神贯注着炭锅，看肉炖的成色，看汤的浓淡，闻香味，手中的铁钩不时地翻动，防止烧了肉，还不时地往锅里注点水。水多了，汤就清淡，配菜出不了味；水少了，肉容易烂，切出的肉不好装碗。做厨官，讲究不少，所以悟性不好的人不敢沾边。

肉炖到一定的时候，厨官就会用筷子在每刀肉上插一插，如果软刀肉到了火候，赶紧从炭锅里取出，放进大饭盘里，用快刀在案板上肥瘦分开。一会硬刀和腿肉也取锅了。最后上岸的是猪头和猪蹄。这两样是装凹碗的，形不重要，关键是要烂。肉全捞上来了，满厨房都是肉香。

厨官用大粥桶舀了浓汤，放一边备用，这是做店菜的精华。炭锅让人做饭，厨官和下手则坐在案板边切肉，酱汁，装碗。这是做传统水桌的重头戏——装张碗仂肉。厨官负责切。他先切的是肥肉，每块厚薄均匀，形同方砖。东家如果预备了二十桌来客，就要切出三百二十块肥肉。每块大小要合适，大了，肥肉的数量不够，小了，有余积，装出的装碗仂就不熨帖，让东家面子过不去。肥肉切好，下手要放酱油盆里酱汁。酱油里的盐分量要适中，淡了，就出不来装碗仂肉的味；咸了，就没有了装碗仂肉的鲜。酱汁的时间也要刚刚好。如果汁过后，肉皮红亮如膏，那装入碗中就好看。装肉的碗都用蓝边碗，芦花碗小了，肉难往高处码。码装碗仂肉按“井”字层层上码，一层横码两块，另一层纵码两块，码八层，数字上不能有误。所需的装碗仂肥肉装好后，厨官再切瘦肉。瘦肉不带骨头，也不带肥丝，肉块要厚实。等碗里的肥肉冻硬了些，再一一码上八块瘦肉。然后，一碗碗摆进碗橱，只等开席敲锣，客人落座，喜爆响起来，唢呐吹起来，装碗仂肉就隆重登场。

装碗仂肉传上酒席，摆在正中，十分排场。等煎的冻鱼、炒的粉藕以及海带、豆芽等佐酒菜上桌，每桌才就开席敬酒。直等到粉丝、粉皮上了

桌，有了酒兴，这时席上有人拿起筷子招呼大家吃肉。大家拿起筷子，却没人先去夹肉，只等上座的长辈动筷。长者礼多，示意小辈先来。有人见状，便说，长辈不“开山”，谁好动筷。到了这份上，长者才不客套了。等子花上桌，长辈一定要让晚辈先下瓢，谓之“得子”。

装碗仂肉块大，由于是炖的，又是干码，虽然没有佐料，风味却很独特，比之米粉蒸肉、豆豉蒸肉，吃了不油腻。特别是那肥肉像糕馃一样，一咬嚼便满口醇香，上了年纪的人一次能吃一个装碗。过去做素喜事时，做八仙装碗仂肉可以放开量吃，有人能吃好几碗。在红喜酒席上，再喜欢的人也不会放开量，顶多只吃自己的三块本分肉，决不多吃。老古话：餐饱容易世饱难。再说十一腊月，新正二月，办喜事的人家多，送人情，赴酒席，一场又一场，接着锣鼓打，这个度，这个分寸是要把握好的。

等吃饭的时候，厨官让传桌的把凹碗仂肉从厨房里传出来。为什么叫“凹碗仂肉”，肯定是和“装碗仂肉”相对而言。这肉用了川香、香葱、大蒜炒，而且又是炖过的猪蹄和猪头肉，所以还没出厨，香味就出来了，特别受年轻人的追捧，别说肉，就其中的佐料也好吃得不得了。

传统水桌仂里的那道“装碗仂肉”不简单，不仅凝聚了老祖宗健康营养的饮食智慧，也包含了古人为人处世的很多礼仪，在酒席文化中，它无疑是一枝独秀。

乐平萝卜丝

汪日海

萝卜丝，是乐平的特产。旧时，鸬鹚的、接渡潘村的萝卜丝都很出名，连同乐平乡间的靛蓝、辣椒、甘蔗等，都是通江达海的远销货。

乐平的萝卜丝，早在清代，就销往外省。据清代傅春官（江苏江宁人，曾官江西九江道、江西省劝业道）所著《江西农工商矿纪略》记载，光绪三十年（1904），乐平“萝卜一项，收成甚丰，乡民刨成细丝，行销各省，价值约三四万金”。新中国成立后，乐平萝卜丝为抗美援朝战争作出了贡献。据《乐平县志》载，“全县人民踊跃捐献钱物，并向朝鲜前线运送萝卜丝一百余万斤”。

一方水土养一方人，种植于一方的农产品，也是各具特色各有优势的。我的家乡潘村的萝卜丝，就是早在明朝就有名气的农产品。那村边河畔的码头，就见证了先前的萝卜丝漂洋过海的历史，村里人一直都引以为豪。记得好小的时候，就听到大人们讲家乡土特产萝卜丝过上海、去南洋的往事。

而我对家乡的萝卜丝，对它的出产、制作确是亲眼目睹和亲身体验过的，那儿时十几年吃过萝卜丝的生活历程，是记得而毕生忘却不了的。

我在读小学那时，就开始进生产队里攒点工分，主要是利用星期六下午和星期日，上田畈干些力所能及的农活。记得很清楚的畈上农活，那就是晒萝卜丝，工夫轻快，不累，也不用肩担，而只是把社员用篾丝箩筐装好了的萝卜条，用手一把一把地匀摊在篾制的“晒簟”（乡间称为“叠伤”）上，好让刚削出来的萝卜条在日头底下晒干，然后收回生产队仓库放入大桶存置。

潘村萝卜丝名气大，而且在方圆几十里，都讲到潘村萝卜丝口感好，味道实，是含有多种维生素宜人食用的补品。金黄色蓬松松的干萝卜丝，手捏一把，松手后又弹回条状。生吃它有点甜津津，有咬头，也蛮有味道。把萝卜丝弄熟吃，更是一道好菜，可以用辣椒干炒，也可以拌肉蒸等烹饪方法。来年逢春后一段时间，蔬菜青黄不接，用腊肉蒸着吃，那种和着腊肉熏香与萝卜丝甜香味的这道乐平地方特色菜，更是令人垂涎。下酒也好，喝粥也好，吃饭也好，都颇受欢迎。在知青下放的年代，有一大群的上海知青，每年都要到潘村买上几斤萝卜丝带回老家去。

萝卜丝，为什么是潘村的特色？靠潘村的几个邻村，有的是山丘土质，黄土上种红薯，是再好不过的，而种萝卜却不行。有的村，是河边的，完全的河沙土，种萝卜也成问题。萝卜是可以种植，但是，不像潘村地上长的萝卜大，不如潘村地里的萝卜肉质细嫩好吃。因为独特的土壤性质，才形成了传承已久的潘村种植萝卜习俗。潘村靠乐安河，有东门口与背下两大片数百亩地，属河沙夹带泥土的土质，泥巴疏松和均，不结块、不死凝，用锄头一爬，可挖尺把深都见不着地板硬土。所以，种萝卜、播花生，这种地下茎块、果实的作物尤为适宜。当然河岸冲积地肥沃的土壤，种棉花、播油菜、植甘蔗都是适宜的。而潘村人种萝卜是传统，所以

一直都在种植。萝卜在食用方面，对人体的益处多。村里有个老中医说，村里的萝卜，含有丰富的维生素 C、维生素 B、维生素 A 和微量矿物质元素，在药用上，可清痰化气，消食滞、调血压。深冬的萝卜与牛肉一块煮，吃得身健体壮。尤其是女人，在冬天多喝些肉骨萝卜汤，对调节经期生理大有裨益。

由于潘村适宜种萝卜，种植面积大，产量高，且种出的萝卜质量好，呈皮薄、质白、微甜、主根小、纤维质少的特点，是制作萝卜丝的好品种，因而晒萝卜丝就成了勤劳智慧的潘村农家的一种产业，并且不乏商业头脑的潘村生意人，依托乐安河的水上运输优势，潘村的萝卜丝就走出了潘村，沿乐安河、出鄱湖、入长江，流向外省了。

制作萝卜丝，可以说是潘村人的一种特色技能。萝卜，削为丝片，粗细匀称，长短一致，这功夫，是潘村人的一大特长。在人民公社时期，潘村萝卜丝要当四大指标中的一项任务上购的。虽然，整个接渡公社也有几个村削萝卜丝，可数量，还只是潘村的上购量尾数。当年，潘村削萝卜丝、晒萝卜丝，是接渡河南的一道风景线。在数百亩的田畈上，那几千张约三平方米大的篾制“晒簟”，用木棍打顶半斜，一行行、一排排，有序地在田畈上“列队”，向着太阳接受“检阅”。冬季，正是潘村晒萝卜丝的好时节，夜露日晒，光照适度，竹簟上的萝卜丝水分渐去，从玉白色变成了淡黄色，露晒到恰到好处时，运回村中用大木桶压实存放若干天，待其成松软状，呈黄略红色，并出糖泛甜味，手感稍黏时，再选择大晴天晒制，历经“挑选、洗净、削丝、首晒、存桶、尾晒”多环节的制作后，这时，萝卜丝（冬丝）才制成功了。

可见萝卜丝制作需要多道工序。这里面，不仅需要的是制作技艺，而更是要付出辛劳的。晒萝卜丝，不是在晒簟上一晒了之，还得要防半夜下雨，萝卜丝不怕日晒夜露，但受不得被雨淋，一旦受雨水淋过了，再晒干后也变质变味的。故而，村民为防备夜半雨落，在地头角边，还堆满几叠稻秆编好的铺垫，且时刻关注天气变化，一旦有下雨的迹象，就跑去田畈，用它盖在晒簟上。

如今，虽然寒冬腊月村人晒萝卜丝的忙碌景象多年不见了，但偶尔吃上那散发清甜香味的家乡萝卜丝，便勾起了我的思绪，想到了儿时，母

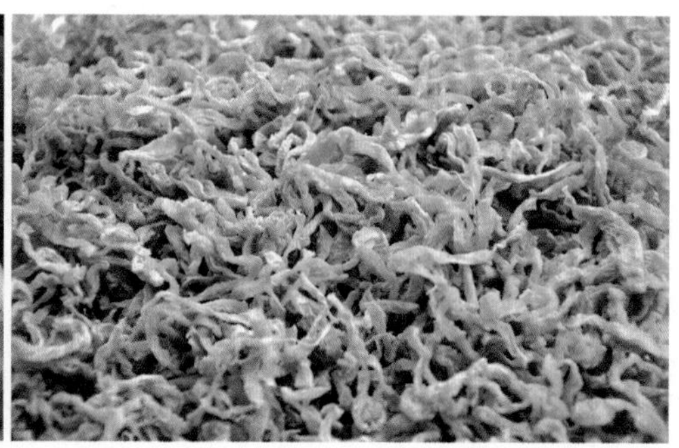

亲用腊肉蒸萝卜丝的日子。那生活，是那么的甘苦自乐，那么样的刻骨铭心……

幸福团圆大杂烩

汪丹

“都说冰糖葫芦酸，酸里面它裹着甜，都说冰糖葫芦儿甜，可甜里面它透着那酸，糖葫芦好看它竹签儿穿，象征幸福和团圆……”听着这首歌，我不免想起我们中国人向来对食物的定义，都不会只停留在食物的表面，我们把那些象征着幸福美好的团圆的含义，那浓浓的乡愁都会注入到我们的食物当中，佳肴虽美，但更美的是佳肴中透着的那一份人情味儿！

它是乐平水桌酒热菜当中第一道菜，当宾客们齐齐整整地围满了桌，它就冒着香气，冒着热气，热腾腾地送到了酒席桌上。带娃的长辈们，首先要给酒桌上的娃娃们盛上一碗，然后是高龄的老者。说它是一道尊老爱幼的菜，绝不为过。它，就是——大杂烩。

小时候这样的菜在家里是吃不到的，只有在酒席上才能吃到。长大后这样的菜在家里还是复制不出来的，只有乡村水桌酒席中的这道菜才保有它的原味。父亲是一个半路挑子的乡村水桌厨师，之所以说他是一个半路挑子，因为他不是村里专业的那些“大厨”（这些大厨基本上都是需要提前预约），只有自家亲戚家里要办酒才会请上父亲去做几桌菜。印象中我经常帮父亲做下手，他做其他的菜我几乎没有印象，但唯独这道大杂烩是父亲极其用了心的。

乐平的大杂烩选材是很有讲究的，绿叶菜用的是菠菜，菌类有香菇、

木耳，还有凤尾菇，主食粉条一般会选用红薯粉条，最重要的角色莫过于拿外酥里嫩的肉果（丸）子。

炸肉果子的时候，可把我们小孩馋坏了，五花肉，剁成肉末，加上调料淀粉，不停地向一个方向搅，一口大锅倒上半锅油，油到五成热的时候，父亲便开始下肉果子，抓一大把肉，拳头放空，从虎口处挤出那么一小撮儿，跌进油锅里，便开始呲啦呲啦地翻滚冒泡，一个个乒乓球大小肉果子在油锅中翻滚，直到表面变得金黄，甚至变得焦黄，父亲才把它们用一个大捞勺捞出来。站在锅边的我们深深地吸一口气，那鲜香别提多诱人了。下手就想去抓一个塞进嘴里，母亲看见了一筷子便打在手上。刚起锅的肉果子是最好吃的，但也是最上火的，所以大人们都不让我们吃。我们只会趁他们忙得晕头转向的时候，悄没声儿地偷一个就跑了。

自己当家后也学着做各种菜，但始终都复制不出来水桌酒上的那道大杂烩。所有的材料都备齐了，但是味儿总是差那么点，到底差在哪呢？我百思不得其解。

做酒席的时候，院子里面摆上了几口大锅，每一口大锅都在不停地忙碌着，炸果子的，焯水的，炖肉的，蒸菜的……酒席中有一道菜，就是大块肉，这大块肉其实就是白切肉，但它切得比较大块，在炖肉的时候也是很大的一坨，直接在大铁锅里炖上半天，炖肉的锅中放着各种各样的调味料，光在旁边一站就口水直流。肉炖烂之后就要把它捞出来切成块状，装进碗里，装得满满当当的。锅中的汤成了宝贝，原来后面上的菜，什么豆泡豆干丝儿，还有木耳汤，所有的水煮汤菜里面都有这味汤，所以在吃水桌酒的时候，那些汤菜上来都是那么鲜香。

原来我始终无法复刻的那道大杂烩，就是缺了这锅炖肉的汤。如果缺了这碗汤，它就跟东北的铁锅炖没有什么差别了吧，后来我仔细观察发现父亲在锅中只烧了半锅不到的水，然后就会倒入一半的汤，水汤烧开后下粉丝、香菇、木耳、凤尾菇，然后是肉丸子，最后是菠菜。锅中咕嘟咕嘟冒着热气，做好后用大铁勺子一勺一勺地装进不锈钢的脸盆里，帮厨的便把它们端上了酒桌。

“我要肉果子，我要肉果子！”大人们首先都会给孩子们盛上一碗，每个孩子都会有几个肉果子，然后是给老人。这道菜，既暖胃又暖心。

一个江苏的朋友，经常爱做狮子头，那一个个硕大的肉丸子，品相上来说确实不错，狮子头当中还会加上藕丁香菇，口感上来说确实比较鲜嫩，我问他为什么不把外面炸久一点，那样外酥里嫩呀。朋友笑笑说：“苏州的狮子头全国有名，我们就是爱吃这个味！”但我还是更喜欢吃我们乐平大杂烩中的肉果子，我想这是印刻在我们脑海里的味道，属于我们家乡的味道，有谁不喜欢自己的家乡味的？

乐平人的家常餐桌上是不会出现这道菜的，当它上桌的时候，必定是全家人齐齐整整地围坐一桌，在一家人的欢声笑语中，它是必不可少的。在我看来，它是我们乐平菜当中，独有的幸福团圆味儿！

豆泡灌肉

徐丹丹

“民以食为天！”不要说中国美食数不胜数，就是我的家乡——乐平，也有不少特色菜肴：塔前雾汤、邹家狗肉、洄田排粉、涌山猪头肉……再往小处说，不要说乐平的美食不胜枚举，就是我妈妈的拿手好菜，也仿佛说都说不完。我妈妈虽不是厨师，但她烧的菜自带一种妈妈的味道，让我无比怀念。

妈妈的拿手好菜有很多，有瘦肉打汤、爆炒鸡皮、菊花菜蒸菜等。还有端午节的桐叶饺子，好吃得都想连舌根一起吞了。更有炒七月半粿，这炒粿十分耐饿，那时拔花生，中午送的饭，吃的就是它，它一下肚，下午干活倍儿有劲。春节的压花米饺子不仅味道一绝，而且外观就像大姑娘一样美，真正做到了色香味俱全。元宵的萝卜馅粿仂更妙了，能单蒸着吃，还能泡饭吃，想想都流口水。然而，这次我却并不要写它们，我要另写一道妈妈菜——豆泡灌肉。

顾名思义，豆泡灌肉，就是把豆泡撕开一个口子，灌入切碎的、调好味的肉末。

小时候家里生活贫穷，不常吃肉。每逢春节，妈妈就会用一大一小两个砵蒸上猪肉，里面除了有大块猪肉外，自然少不了豆泡灌肉。这道菜非常受全家人的欢迎，每每上桌，我们姐弟三人都要争抢着大快朵颐一番。

那时不懂事，现在回想起来才发现，妈妈总是吃着我们不吃的肥肉。

后来，我上初中了，住宿在学校。每次上学前，妈妈就会用装罐头的玻璃罐子给我装上豆泡灌肉带去学校。一罐肉，我精打细算着吃，也能吃上好几天。有妈妈的味道常伴着，感觉妈妈就在身边，心里也很踏实。

再后来，我考入了景德镇师范学校，离家更远了，尤其是刚入学那会儿，总想家，想得晚上睡在床上默默抹眼泪。妈妈还和读初中那会儿一样，在我离家前，总会让我带上满满一罐的豆泡灌肉。在学校，吃着妈妈做的豆泡灌肉，吃着吃着，眼泪就啪嗒啪嗒落到了碗里。后来和室友熟识了，就把豆泡灌肉分享给室友，她们也对这道美食啧啧称赞，夸妈妈手艺好。那时，我感觉自己是天底下最幸福的人，因为我有一个令她们都艳羡的妈妈。后来毕业了，室友们到我家来玩，我还不忘叫妈妈做豆泡灌肉来招待她们。我们一边吃着豆泡灌肉，一边回忆着曾经的点点滴滴。直到现在，室友君还常说起我读书那会儿总带菜到学校，带的就是豆泡灌肉，看来她也对这道美食念念不忘呢！

不仅我读书时这样，妹妹、弟弟读书住校时，妈妈也是经常做豆泡灌肉给他们带去学校，相信他们的同学对这道菜也一定不陌生。

爸爸是家里的顶梁柱，是一名私人煤矿的临时工人。妈妈常常教育我们说：“你们知道，你们爸爸的雨鞋里倒出来的是什么吗？那不是水，那是汗哪！”

爸爸工作既辛苦又危险，我很心疼他，却不知如何报答他，只能拼命读书，用优异的成绩来让他高兴。妈妈更是心疼爸爸，爸爸早、中、晚三班倒，轮到上中班时，要带饭去吃，于是豆泡灌肉又成了爸爸饭盒里的常客。

由于爸妈的勤劳和节俭，我们家生活虽一年比一年好转，但仍算不上富裕。我们读书辛苦，要吃好的。爸爸工作更累，更要吃好的。但妈妈呀！您也不能亏待了您自己啊！要知道，您忙里又忙外，既要做家务，又要干农活，比我们姐弟更需要吃好的呀！那时我们不但不明白，还理所当然地认可妈妈的做法，从没有劝说过妈妈，劝她也吃点豆泡灌肉，别总把好的给我们。

世上没有后悔药。果然，妈妈身体支撑不住了，病倒了，而且是大

病——白血病。虽然花费了巨额，移植了骨髓，但仍没能挽回她的生命。她 52 岁就离开了我们。自此，我再也没有吃过妈妈做的豆泡灌肉了。

过年了，每家每户打响了鞭炮，噼里啪啦，多么热闹。一道道美食上桌了，热气腾腾，香气四溢。我的儿子、女儿们也如当年我和弟弟、妹妹们一样，欢天喜地地坐上了桌。他们喝着王老吉，吃着可乐鸡翅。豆泡灌肉静静地躺在大碗里，无人问津，不再是哄抢的对象了。我夹起一个细细品尝着，却怎么也尝不出妈妈的味道了。

多想再吃一口妈妈做的豆泡灌肉啊！哪怕是一口也于愿足矣！

记忆中的乐平水桌——雾汤飘香

夏良兰

“雪沫乳花浮午盏，蓼茸蒿笋试春盘。人间有味是清欢。”大文豪苏轼笔下的“味”，或许包含着人生百味。个人鄙见：人生最美的味道是年少时的家乡味——乐平水桌上的雾汤。思来令人口齿生香，久久不能忘怀。

如果说乐平水桌是一场盛大的“音乐会”，那么煮猪肉，准备菜蔬、从街坊四邻家搬来桌凳……这些都是前奏。而吃麻糍是整个音乐会的开始，随着新娘的到来，热热闹闹地拜堂成亲后音乐会进入高潮。场院里灯火通明，人声鼎沸，鞭炮声、玩闹声、欢笑声、厨房的炒菜声，让平时寂静的村庄鲜活起来了。八仙桌上也开始沸腾，桌上摆满的各种平时吃不到的菜品。光是豆腐的做法就有三四种呢！小孩们早就翘首以盼，等着那一大碗白切猪肉，等着大快朵颐。

酒过三巡之后得来碗汤压压。水桌的第一道汤是瘦肉汤，但是你懂的，总是汤多肉少，碰到上菜的大叔手抖一下，基本上就剩汤水了。虽然味道鲜美，但比较寡淡。第二道汤是蛋花汤，寓意很美好，因为蛋又名子，所以蛋花汤又叫“得子”汤。这时大人们会告诫你，“你别喝，要让新娘子先喝。”听了这句话后，碗里的汤突然就不香了。不过没关系，还有压轴的雾汤呢！

雾汤出场预示着宴席马上告一段落，大家的身心都是放松的。厨师放开手脚用料，上菜的叔伯提着大桶来往于桌席间，放开手脚打汤，雾汤是

管够。随着叔伯的勺起勺落，洁白的瓷碗里霎时盛开了一朵冒着香气的五彩花儿。雾汤明黄的汤底上，点缀着赭石色的香菇末、红艳艳的小米椒、绿油油的葱段，望之让人垂涎三尺。喝上两碗，挺着肚子回家，一觉酣睡到天明。

小时候只是觉得这个汤很好喝，不知道它的名字应该怎么写？长大后在书中看到它名叫“雾汤”，觉得这个名字很有仙气。但又觉得名字和实物没有太多的关联。雾朦胧而空虚，雾汤却是那么真实有质感，像一位学识渊博的学者，博采众长，包罗万象，入口就让人有满足感。的确，水桌之上的雾汤比瘦肉汤用料更丰富，比蛋花汤更随性大方。猪油渣的脆感，豆芽碎的爽口，猪肝的爽滑，红薯粉的软糯……征服了我的味蕾，攻占了我的五脏庙，在我的脑海刻下了挥之不去的记忆。

因为喜欢所以研究，因为研究更加喜欢。慢慢地我知道了雾汤是方言，实为糊汤，就是“羹”的意思。乐平方言中的“雾”字，有杂乱的意思，更有把各种食材集中的意思吧？乐平人很有诗意，“马氏文章”是名不虚传的，一个“雾”字让这道汤格调马上不同寻常了。我还知道了塔前雾汤是最正宗的，历史悠久，源于清末年间，是一道具有地方特色的美食，它也是很多吃货来到塔前镇必点的一道菜。而我之前喝过的雾汤固然味美，却只是低配版的。

高配版的塔前雾汤以猪肝、瘦肉、冻米、香菇丁、豆芽、冬笋、生粉、猪油渣及香葱为原材料，先炒后煮，起锅后，再放入少许葱末，并在汤的表面放些麻油即成。乐平有句俗语：“塔前雾汤，百米飘香”，塔前雾汤一出锅，香油气味飘入鼻腔，一勺入口，入汤的各色菜料或糯或嫩或软或脆，口感丰富，咸香、微甜，特别开胃，而且营养很丰富。雾汤是保健汤、可口汤、舒心汤。还具有消食、醒酒等功效，故而被作为饭席的必备汤品。原来我是有一点点懂吃的。

雾汤的原材料如此丰富，和乐平的地域特色是分不开的。乐平自古物阜民丰，百姓不愁吃穿，快乐而平安，是久负盛名的江南菜乡。现如今是江西农产品生产和输出的重要基地，江西最大的无公害蔬菜生产基地，江南地区蔬菜生产集散中心、价格中心和信息传播中心。2007 年被中国园艺协会正式命名为“江南菜乡”。雾汤所用的食材对于乐平人来说很常见，

入汤又养胃，显示出乐平人民的生活智慧。

古戏台的典雅、翠屏湖的悠然、洪源洞奇幻、雾汤的鲜香……成就了我富庶、好客、美丽、和谐的大乐平。鱼米之乡，芋魁肥白；安居乐业，枹鼓不鸣；溪流环绕的屋舍，村村沽酒唤客吃的豪爽，钟情赣剧的超然品味，何等惬意的生活和情调。生于斯，长于斯的我们何等幸运与欣喜。一碗来自雾汤的记忆，一个乐平人满满的自豪！

家乡记忆：鱼头焖豆腐

石银琴

周末午后，阳光斜洒。同村的两兄弟相约傍晚小聚，在城市的一隅，我们坐在市区一家不起眼小菜馆里，我随口点的鱼头焖豆腐，却不禁勾起大家对鱼头焖豆腐的回忆。

我们三人同村，十几年的同事。高高比我们年长些，人生阅历丰富，早早定居在乐平市区。楚卿与我年纪相仿，我们父辈是好友，他自然也成了我的好友。后来，因子女读书的缘故，我和楚卿也进城买了房，而其他朋友则留守在了农村，享受着悠闲的田园生活。两三年一次的小聚，我们总有聊不完的话题，总感叹时光匆匆，却又总是无奈，相视一笑。鱼头焖豆腐端上桌的一刹那，童年时的画面源源不断地涌现在我脑海里。

我们的家乡是一个有着五六百户人家的农村，村子后面有两个池塘，池塘的面积不大，当时却是我们村庄用水的主要来源，更是我们孩童们的乐园。早晨，大人们在塘边洗菜、洗衣服。午后，我们就在塘里游泳、抓鱼、摸虾、捞螺蛳……总要待到妈妈拿着竹鞭在岸边不停叫骂，我们才依依不舍地穿起衣服回家。落日的余晖照映在平静的水面上，一阵微风吹过，水面泛起阵阵涟漪，岸边杨柳轻拂，好像在和我们告别！

我们村的池塘则每年都要组织村里劳力清理两次淤泥。那时的池塘虽清澈见底，但却鱼虾成群，岸边柳树成荫。其中的花鲢，就是做鱼头焖豆腐的主要材料。记得在我八九岁时，村里年底会将池塘里的水放干，将鱼都捕捞上岸，家家户户都能分到不少的鱼，有草鱼、鲤鱼、鲫鱼、鲢鱼等，乡亲们个个喜笑颜开，那场面真是人声鼎沸，热火朝天！爸爸见妈妈

牵着我急急忙忙地赶来，忙脱掉捕鱼时沾满淤泥的雨衣，指着离他不远处的一堆鱼，激动地喊道："啰，那堆鱼是我们家分到的！"妈妈急忙拉紧了我的手，飞奔过去，放下右手提着的箩筐，便埋头拾起鱼来。妈妈不时地抬起头，笑着和旁边的婶婶们开起玩笑来，我却只想着妈妈做的鱼头焖豆腐。

爸妈将鱼抬回家，妈妈便会将鱼进行分类。红鲤鱼过年时才用，用来"请年"；鲢鱼分白鲢和花鲢，花鲢要将鱼头和鱼身分开；鲫鱼的鱼刺较多，妈妈会将鲫鱼用生粉包裹一层，再放锅里油炸……当天晚上，妈妈就会动手做鱼头焖豆腐。我在灶边看过妈妈做这道菜，烹饪鱼头焖豆腐并不复杂，但每一个步骤都至关重要。塘里新鲜的鱼头，妈妈先用姜片、葱段和盐腌制20分钟，锅里放入适量自产的香油，厨房里瞬间香气四溢，再放入腌制好的鱼头，煎至两面金黄，然后倒入开水没过鱼头，煮一小会儿，接着加入切好的豆腐块以及辣椒，再用小火慢慢焖煮，直至汤汁变得乳白浓稠。这个过程中，鱼头的鲜美与豆腐的细腻完美地结合在一起，形成了一种让人难以忘怀的味道。鱼头焖豆腐，它是一道营养丰富的菜肴，富含优质蛋白和钙质，对身体有着很好的滋补作用。它是一道色香味俱佳的菜肴，金黄的鱼头、洁白的豆腐在热气腾腾中交相辉映，让人垂涎欲滴。它更是一道充满爱意的菜肴。它凝聚了父母的辛勤付出，承载了家的温馨记忆。

"人间有味是清欢啊！"楚卿引用苏东坡的诗句，将我们拉回了现实。是啊，在繁忙的生活中，我们或许会遗忘很多事情，但鱼头焖豆腐这道家乡菜，总会激起我们这份对家乡和亲情的感悟与回忆，将永远伴随着我们的人生旅程。

“乐平水桌”与洛阳水席

汪礼丰

乐平水桌，源自乡村，溢江南之秀，掬水乡之盈。所谓“水”桌，也就是汤汤水水，实至名归。

乡村大厨，因地制宜，取材成席，去繁从简，以猪肉、猪皮、猪骨头熬汤。传统乐平水桌之髓，便在于汤料，水桌之“水”，实为汤。猪肉汤味鲜，咸淡适宜即可，无需调味，汤料做底，猪皮切丝做浇头，撒蒜末、姜末、葱花，以蓝边碗盛装，芳食客之味蕾，悠水乡之秀盈，色、香、味、形俱全，扫村野之粗鄙，雅江南之韵律，浓浓乡村味，不失诗情画意镶山水……

传统乐平水桌，或14个碗，或16个碗、或18个碗，依各村风俗而异。选材大众，菜品宜洗，帮工实在，然刀工略显生涩。18个碗菜谱：油条、飘圆、豆干、豆泡、粉丝、粉皮、木耳、海带丝、年笋、狮子头、扣肉、肉片汤、雾汤、蛋花、鱼、肉、豆芽、青菜（港口水桌）。8人成桌，佐家酿谷酒。酒桌排辈分，喝酒皆自量。敬酒、巡酒、猜拳，沾亲带故，呼朋唤友，喝喝酒、聊聊天、吹吹牛，泼墨的、便是人间烟火味……

传统乐平水桌，采江南之精华，捧水为根；摘水乡之秀盈，熬汤为魂；厚村野之淳朴，大道至简。弃繁杂之名，剔奢华之浮，方成就生态之饮、养生之道、节简之德……

相较传统乐平水桌的偏安江南水乡，艳绝天下的、则是洛阳水席的千年传奇。

洛阳水席，始于唐代，已有千余年历史，也称宫廷名宴、又盛民间。洛阳水席二十四道菜，分前八品、四镇桌、八大件、四扫尾，选料、刀工、制作、顺序、仪式，极尽排场、显堂。前八品（冷盘）：快三样、五柳鱼、鱼仁、鸡丁、爆鹌脯、八宝饭、甜拔丝、糖醋里脊。四镇桌：牡丹燕菜、葱扒虎头鲤、云罩腐乳肉、海米升百彩。八大件：洛阳肉片、洛阳熬货、生氽丸子、特色松芋、奶汤炖吊子、焦炸丸子、蜜汁红薯、米酒满江红。四扫尾：鱼翅插花、金猴探海、开鱿争春、碧波伞丸、冷热、荤

素、甜咸、酸辣俱全，老少皆宜，男女通吃。洛阳水席，热菜皆有汤，一道一道上。洛阳牡丹、龙门石窟、洛阳水席，世称“洛阳三绝”，名满天下。

传统宴席，历经岁月洗炼，必宜地、宜时、宜人、宜材，守百年之初心，写千年之使命，不以物喜，不以己悲，辈辈相传，代代相承，方绘画传奇诗篇。

传统乐平水桌，或14个碗、或16个碗、或18个碗，八人成桌，煮水成宴，熬汤成席，蓝边碗盛装，仍佐家酿谷酒，守住的，才是江南水乡的清清爽爽……

规范传统乐平水桌的菜品、选材、制作、流程、仪式，才是千年传承的坚守，守住的、才是长江文化的浩浩荡荡……

南尝乐平水桌，北品洛阳水席！

守住的，才是百年佳话、千年传奇……

乐平家常菜：豆豉蒸肉

王佳裕

苏东坡有一首诗：“宁可食无肉，不可居无竹。无肉令人瘦，无竹令人俗。人瘦尚可肥，士俗不可医。……”东坡先生爱写美食是出了名的。除了颇负盛名的东坡肉，读完这句诗，感觉笋烧肉更令人魂牵梦绕。但作为一个无肉不欢的乐平人，我却独爱家乡一道日常食用的荤味——豆豉蒸肉，就像《舌尖上的中国》所言：“高端的食材，往往只需要最简单的烹饪方式。”我们乐平的豆豉蒸肉便是如此简约不简单。

豆豉生产制作历史悠久，色泽乌黑油润、风味独特、鲜香可口、富于营养，是蒸鱼、肉、排骨和炒菜的调味佳品。传说在很久以前，有一名叫窦氏娘的妇女，有一年因遇上大旱，庄稼颗粒无收而靠乞讨度日。有一天，她把吃剩的熟黑豆放入瓦罐装好，摆在角落里以备饥时再用。多日后，窦氏娘发现这些豆子全长出了白色的绒毛，窦氏娘只好将发了霉的熟豆子洗干净，为不让豆子再发霉，她又加了些盐进去。又过了几十天，窦氏娘偶然打开了瓦罐，闻到了一股奇异的香味，于是窦氏娘把它伴着饭

吃，觉得越吃越香。从此之后，这种泡制熟豆的方法就流传开来，人们为纪念窦氏娘，就把这种豆子称为“窦氏”。由于它是豆制品，后人又把它称为“豆豉”。时光流转，窦氏的事迹已无从考证，传说给豆豉蒙上了一层神秘的色彩。

我市有着一种传统制作豆豉工艺，所制产品不含任何人工色素、添加剂和防腐剂，为天然绿色食品。本地的黄豆采收晒干后，经过挑选洗涤，去除畸形果和杂质，然后用净水浸泡过夜，沥干水分后用饭甑蒸熟，冷却后平铺在竹筛子上，覆盖一张透气蒸布，隔几日后便是见证奇迹时刻，只见豆子“长毛”了，这“毛”则是菌丝，隔几日用竹筷翻拨下，晾干后加入适量食盐，搅匀后装入豆豉埕里，并层层压实，最后用塑料薄膜封口、加盖让其自然发酵，一个月左右将发酵成熟的豆豉从埕中倒出，自然晾干，也可堆放几日，使其回油后表皮乌黑油润，具有豆豉特有香味，就把原料变成豆豉成品。

豆豉蒸肉做法很简单，一大早前往菜市场肉摊，买回一斤左右五花三层猪肉，一定要带皮，洗净后切成块装入砂锅内，撒上适量盐，放入数粒豆豉，慢火蒸至肉绵软即可，刚出锅的豆豉蒸肉味浓肉香，空气中飘着混着豆豉的肉香，鲜咸美味非常适合下饭。而在乡间更是省时，在蒸饭的同时，把装盘的猪肉直接放在饭甑下方，跟随米饭一同出锅，蒸汽中尽是豆豉和肉香气，让人垂涎欲滴，即便是食完后的汤汁就着米饭，都能连干两大碗！

看似简单的乐平家常菜——豆豉蒸肉，腼腆得不会表达，却蕴含着许多做人、处事、治国的道理。袁枚先生说过：“凡一物烹成，必需辅佐。要使清者配清，浓者配浓，柔者配柔，刚者配刚，方有和合之妙。”豆豉与猪肉便是“和合之妙”，为人处世亦要如此。在新时代、新征程上，我们乐平人民的生活必将像豆豉蒸肉一样美味、蒸蒸日上。

妈妈的味道：乐平粉蒸肉

龚细平

粉肉揉搓锅上蒸，真心实意待亲朋。
儿时美味深深忆，唇齿留香众口称。

身在他乡异客的游子，有时难免会想起家乡的味道。比如：乐平白切狗肉，豆豉炒本地辣椒，水芹炒腊肉……一想起这些我都直流口水。但我最喜欢吃的还是母亲做的粉蒸肉，那叫一个又油又香啊！还不腻，至今难忘。

在那个艰苦的年代，我们平时很少吃肉，只有过年过节才可以吃顿肉。有一年，我家里养了一头大肥猪，足足养了一年，二百来斤，母亲决定过年杀年猪。这下乐坏了我们姊妹几个，可有肉吃了。母亲挑了一大块五花肉，准备做粉蒸肉给我们吃。那时烧柴火做饭，只见母亲架上大柴锅，用甑蒸饭，下面放粉蒸肉。随着热气腾腾的水蒸汽往上蹿，粉蒸肉的香味也慢慢冒出来了，真香！老远就闻到肉香味，还没吃就已经垂涎欲滴了，恨不得马上就开吃。“妈，还没好？我们都等不及了。”“马上好，不要急，粉蒸肉要多焖会儿，等焖出油来才好吃。”母亲微笑着抚摸我的头说。终于可以开吃了，我们姊妹几个放开肚皮吃，你一块，我一块，一大砵粉蒸肉被我们几个一下一扫而光，连米粉渣都不剩，最后还用舌头舔舔吃得油油的嘴巴，“真好吃”！那种幸福满足感不言而喻。那时就觉得粉蒸肉恐怕是世界上最好吃的美味！

母亲教我做的，做粉蒸肉的过程如下：粉蒸肉一般用五花肉做，太肥太瘦都不好吃，而且肉要切得薄薄的一块。先用酱（以前母亲用自己晒的小麦酱）揉捏一下肉，再用米粉（以前用自己磨的米粉，而且米粉不能太细，粗点好吃），和肉一起揉搓黏在一起，放点白糖（调鲜），料酒，基本不放盐（酱是咸的）。再放点水进去拌匀。好了，可以下锅蒸，为了节约时间，现在我基本用高压锅压 20 分钟即可，当然用锅蒸更好点，可以慢慢蒸，直到蒸出肉里面的油来更好，一碗香喷喷的粉蒸肉就算做好了。

但现在做的粉蒸肉却怎么也比不了那时母亲做得好吃。首先是原材料不如从前了，那时是自家养的土猪肉，时间长，肉质紧密，鲜美可口，现在都是用饲料喂的猪，几个月就出栏，猪肉不如以前的好。以前用的米粉也是自己加工的，现在都是超市买的米粉，而且已经调好味，什么五香的，麻辣的……做不出之前原汁原味的味道。酱也不如以前的好。记得我读初中时，学校食堂有时也会做粉蒸肉吃，二毛五分钱一小碗。四小块肉，我们买不起一碗，就和别的同学合着共买一碗，一人一半。也不知道食堂的大师傅用了什么秘方配料，做的粉蒸肉香味特别浓郁。在那个经济匮乏的年代，很少吃到荤菜，偶尔吃到一次粉蒸肉感觉特别解馋。也特别爽，感觉很幸福!

改革开放以来，我们的生活发生了翻天覆地的变化。衣食住行都得到了极大的改善。吃的方面，各种美味佳肴应有尽有，每天都是大鱼大肉像过年似的，在家吃还不过瘾，有时还要跑到外面的馆子吃，哪里好吃去哪里，还可网购。品尝网红饮食，尽管吃的花样不断翻新，但总觉得缺少了什么。觉得口味平常，不过如此，始终找不到当年吃粉蒸肉时那种满满的幸福感。哦! 我明白了，原来是找不到妈妈那种纯朴的味道了，反而是越古朴的东西越真!

其实现在有许多比粉蒸肉好吃的东西，只是我们的生活提高了，并不只是满足于粉蒸肉，而是追求更高层次的享受，所以找不到那时吃粉蒸肉的满足感。就像是幸福，幸福是什么? 幸福就是当你饥饿时得到一份食物，口渴时得到一杯热水，寒冷时得到一件衣服，失落时得到亲人的一句安慰，失败时得到别人的鼓励……当你什么都不缺的时候，似乎就感觉不到幸福了。所以只有多想想以前的苦，才知现在的甜，别身在福中不知福! 特别是现在的孩子，这样不吃，那样不吃，在他们心目中也许没有美味!

今天回到娘家，又吃到了母亲那香喷喷的粉蒸肉，让人回味无穷……

三 品菜评谭·品名菜

乐平白切狗肉

曹涛勇

芸芸众肉，猪肉肥、牛肉腥、羊肉膻，唯独被狗肉占去“香”。乐平狗肉，千年传统美食，望之黄莹油亮，闻之香气扑鼻、弥久，食之油而不腻、鲜嫩爽口、回味无穷，食后温中带补、健肾强筋。

乐平狗肉，这一乐平传统美食，已有2000多年的历史。特别是乐平的“清蒸狗肉”是最具有乐平特色的传统美食，历经数百载而不衰。乐平有句民谚：“狗肉滚三滚，神仙站不稳”“闻到狗肉香，菩萨也跳墙”，正是形容乐平狗肉香味、美味，足以令人垂涎欲滴。

乐平狗肉，皮糯、肉香、骨酥，味醇美，营养价值高。中医认为，狗肉性温味甘，是一味食疗良药，适用于肾亏腰痛、脾胃虚寒、阳痿早泄、久病体弱和小儿遗尿等症。《普济方》说：“狗肉‘久病大虚者，服之轻身、益气力’。”《本草纲目》“狗肉”条：安五脏，补绝伤，轻身益气，宜肾，补胃气，壮阳道，暖腰膝，益气力，补五劳七伤，益阳事……现代医学认为，狗肉中富含蛋白质、少脂肪，有丰富的维生素、微量元素和十几种氨基酸，尤以球蛋白比例大，对增强机体抗病力和细胞活力及器官功能有明显作用。

另外，狗鞭是狗的阴茎和睾丸，有补肾、益精、壮阳的功效。狗骨、狗油是消积滞、治火烫的灵药。冬天吃狗肉，能够和血、暖身、滋补力更强。梅雨天吃狗肉，更有祛风邪祛湿气的功能。医生说：“常吃狗肉，延年益寿。”正因为狗肉营养丰富功效大，所以乐平人都喜欢吃狗肉，狗肉铺遍布城乡。外地来的宾客也都很想尝一尝乐平狗肉的滋味。

乐平狗肉味美，通过特殊工序蒸制而成，从选料、宰杀、清蒸、白切到佐料，各道环节都十分讲究。归结起来，原因有三：

首先，源于料狗绿色有机。其料狗，都为乐平农家优质土狗，农户放养，食物杂众，不食任何饲料，确保了土狗肉质。且料狗不杀、不放血，以木棍敲其脑部致死，血在体内，确保了狗肉温热同体，食之味美不上火。

其次，源于烹制方法独特。乐平狗肉的制作工艺匠心独运，主要有三种制法。一是清蒸白切。此法俗称：乐平白切狗肉。制作时采用传统的大铁锅密封清蒸，约 2 小时后出锅，狗肉出锅后呈金黄色，清香入脾。待狗肉稍微冷却后将其切成片状，蘸以土制酱油食之。乐平白切狗肉又以接渡镇咀上邹家村烹制的为最，相传该村同一个家族的邹姓师傅能蒸出地道的乐平狗肉。师傅们凭借一手传内不传外的祖传绝技，闻香就知狗肉是否熟烂。连用的刀，也是李洪村的万铁匠一家所打。“一把稻草秆蒸熟一只狗”更是狗肉师傅的看家本领。二是文煮白切。此法俗称：乐平五香狗肉。制作时将整只狗放入大锅里温煮，温煮时再放入大量的茴香、八角、大蒜、生姜，注入谷酒，水开后再放入些许萝卜、红枣。一般用文火煮焖一夜。天刚微亮，捞出狗肉，放在竹匾上摊凉。然后一副担子，前狗肉、谷酒，后小桌板凳佐料，走街串坊，到村去镇。小贩特别喜欢到煤矿边，拉长了嗓子吆喝道：“刚出锅——狗肉。”见有生意便论斤称两出售。一般先称后切，放在盘里，撒上红辣椒粉，也有要加上蒜泥的，当然这是粗浅的吃法。随后摆在小矮桌上，一口谷酒，一口狗肉，说上一通不着边际的话题。卖狗肉的只在有空时，不是听上两句，就是插上两句，他生怕怠慢了顾客。一般矿工出井，半斤狗肉半斤酒，活血壮阳，正得其时。三是红烧狗肉。此法俗称：乐平红烧狗肉。制作时，将新鲜带皮狗肉洗干净，在冷水中浸泡 2 小时，将血水排出后捞出滤干，然后将水烧开放入狗肉，过水后捞出，再旺火热锅烧红放茶油烧热，将八角、桂皮、姜片、大蒜子、狗肉放入，烹料酒翻炒，再放酱油、盐、糖（少量）、干橘皮（一小片）、干红椒些许不停翻炒至五成熟后倒入适量热水（稍稍淹没狗肉为宜），烧开后移至砂锅小火慢煨（也可用高压锅中小火 40 分钟）至狗肉熟烂。出锅前放备好汤料少量、滴入几滴胡椒油，盛入大碗中撒青蒜叶，即好。

最后，源于调料独特讲究。乐平狗肉鲜美，独特在用蒸、煮相结合的方法烹制，独特在用文火不加盐煮熟，还独特在食用时调味作料讲究，独具一格。酱油系农家用自家耕种的田埂豆发酵制作而成，酱油中再附撒新鲜大蒜、姜丝及辣椒等作料，从而确保了肉味鲜嫩、软硬适宜、鲜美爽口。

乐平狗肉，传说很多。相传元末朱元璋与陈友谅争夺天下大战于鄱阳湖，受伤兵败退至乐平鸬鹚龙亭村，养伤于农户家中，农户见朱气宇非凡，心生敬意，便想法让朱元璋吃上好的，以让朱伤早日痊愈。一日，农户无钱买肉，便将自家土狗宰杀，清蒸未上时，朱便闻到狗肉香，直咽口水，待狗肉上案品尝，更是赞不绝口，朱当即为狗肉美名为“十里香”。吃了几天狗肉后，朱的伤势很快得到康复。

乐平还有“狗肉不上桌”的说法，意指一般不上正宴，又指因味道太好，等不到上桌便抢吃光了，如是四五个亲朋、三两个挚友，随聚随食，再伴饮少量白酒，其情其景其味更有一番境地。

乐平狗肉，与众不同，带皮去骨。与四川花江狗肉比，烹制不同：花江狗肉放在火锅上涮，蘸着佐料吃；与延边朝鲜族狗肉比，吃法不同：延边的狗肉肥腴，一般与冻豆腐煮着吃。而乐平狗肉清煮白切，尽得狗肉之本色原味，最得资深老饕青睐。

一碗“盛福”话乡愁

王皓晟

当涌山镇家家户户、四街八邻皆炊烟袅袅、香气四溢时，突然回过神，唉！忙忙碌碌，又是一年临近结尾了。

自古到今，国人祭天祀祖，喜用猪头。一来图个彩头，头头是道，鸿运到头，寓意甚好。二来求个整齐划一。一家人也好，一族人也罢，讲究个圆满。猪头上既有猪耳，谓之“顺风”。又有猪舌，称之“招财”，又有传闻小孩吃了这舌头，便会说话，说好话，讨人喜欢。还有猪鼻，猪脸，核桃肉，都是肥腴味美的好食材，乐平人谓之“盛福”肉。因此，猪头便被族长恭恭敬敬地摆在了牌位正中间，时不时还得披红挂彩，点朱绛红。

待焚香鸣炮，三叩九拜，敲锣打鼓，隆重热烈的仪式结束后，仿佛在上天的庇佑、祖宗的默许下，把这恩赐的祭品分而啖之，膏脂的热量温暖了身躯，也有了注入美好祝福的慰藉。

腊猪头，顾名思义，腊月寒冬才能炮制的乐平美食，以涌山为盛。我在临港镇李边村曾担任第一书记，年终述职，需走湘官公路经过涌山，沿街皆看到老翁壮汉在熏腊猪头，“肉池林立”，一排排用铁丝串上，挂在竹竿上晾晒，满街的“头”映入眼帘，观感非常震撼。此情此景，并没有感到可怖却深有年味倍浓，很是诱人。

腊猪头的历史，在当地可溯百年，制作工艺相传久远，也颇为复杂。一个成品腊猪头通常要经过砍、掏、褪、腌、熏、挂、晒等工序，耗时半个月时间方能完成，完整的猪头拿回来，得洗净“砍”开成平整状，“掏”净脑髓，肉松散成花却不能落，提溜起来如折扇，随后燎干“褪”净碎毛，均匀地抹上稀碎盐巴“腌”制一段时间，然后最重要的程序便是这“熏”，先前用稻草，讲究的用甘蔗渣，熏起来有丝丝回甜。只有熏到位了，“挂”在透风的高处，遇上好的日头再“晒”，才有亮丽诱人的枣红色。随着冬日里阳光下晒出明亮的油迎风滴落，待表皮锃亮微微干瘪，这腊猪头便可以烹饪而端上千家万户的餐桌了。

最正宗的吃法，是把腊猪头剥着吃，一个完整的猪头洗干净，用木制大蒸笼蒸熟，放在脸盆里，一家人围在一起，斟满谷酒，用刀划拉开，趁着氤氲的热气一块一块剥下来，连皮带肉，用手抓着吃才香。好的肉先给长辈，是尽孝道，次之给小辈，寄予厚望，酒过三巡划几把拳，才是各乡镇十里八村在正月里常见的交际。无肉不成欢，无酒不成席。这乐平的子子孙孙，就在这弥漫肉香和酒香的寒冬腊月里，迎来了幸福的新年。

到如今，在市区品尝腊猪头，却少了一些粗犷，多了一些文雅了。我在乐平宾馆吃过一回饭，除了蜚声在外的包子，腊猪头端上桌，已经是切得薄如蝉翼的一片片了。味道也没有在乡镇吃的那么齁，想必也是考虑到各方食客的适应程度，做了些味道上的微调。反倒是去朋友家做客，他那贤惠的妻子确是地地道道的涌山人，待客之道颇有讲究。先端上几碟萨其玛，给孩子散一把香烟糖，主菜便拿碧绿的蒜薹，配上通红的辣椒炒大片的褐色腊猪头，色泽的搭配非常有大厨风范儿，蔬菜也吸收了部分腊肉的

盐渍，变得味道适中脆嫩可口，毕竟身处在颇负盛名的江南菜乡，这菜和肉的搭配，如同乐安河畔这颗明珠般唯美和谐，滋味悠长。

随着电商时代的到来，涌山腊猪头也做成了产业化，走向全国，成为拉动经济、促进农民增收、实现乡村振兴的重要媒介了，曾经土不拉几，仅限于年节自用的腊猪头，倒也套上了干净卫生的真空保鲜袋，装进了礼盒，成为拜年的佳品。去年，我给远方的亲戚寄去了一批年货，他回信："东西都收到，家父特地要我转告，一生别无所求，唯爱杯中之物，这腊猪头不仅好吃，且耐吃，今日割些，明日再割些，下酒再好不过，能否帮忙再代购几只为感。"

有个高中同学，跟我交好，也是乐平人，大学毕业在长沙工作多年，早已成家，前几年因为疫情，无法回家探望父母，恰好我休假，便把桃酥、腊猪头等整了几样带去顺道看他。饭点，他夹起一片蒸得热气腾腾的猪头肉久久不入口，其女儿奶声奶气地问："爸爸，你怎么不吃啊？"

"孩子，我突然想起了你爷爷佝偻着背拿着火钳烫猪毛的场景了。"他哽咽地回答道。

原来，乐平人年宵佳节餐桌上那盘色香味诱人"盛福"肉，不单单是祈福；而在游子的心中，那块腊猪头，却是浓浓的乡愁啊……

汪嘉琪 摄

鸬鹚乡，香香甜甜萝卜丝

应清华

我向来对“吃”可谓津津乐道，用现在的词语讲，冠以“吃货”也算恰如其分。作为一名地道的乐平人，最令我念念不忘的，当属乐平市鸬鹚乡萝卜丝。

说起萝卜丝，那可是鸬鹚乡的一张历史名片。

江南雨水多。地处乐安河畔的鸬鹚乡七社坂雨季离开，洪水退去，被洪水从山林中夹杂而来饱含有机质的腐殖土便沉积了下来，在这样年复一年的轮回中，七社坂便形成了土层深厚、含水充足、疏松肥沃、透气性能良好的泥沙淤积区。“生沙壤者甘而脆”，这样的土地种植出的白萝卜，皮薄肉嫩，汁多味美。世代生活在乐安河畔的鸬鹚乡人受河流文化的影响，既有智慧又有灵气，早就把普普通通的白萝卜丝做成了农家餐桌上的美食。在市场化经济尚未兴起之时的年代，鸬鹚乡的萝卜丝就已经流向五湖四海。因而在鸬鹚乡，萝卜丝的制作方法几乎家家户户都会。

乡下有句顺口溜叫“萝卜路边草，要吃不用讨”。意思是种的萝卜就像路边的草一样，如果你想吃，随便拔一个吃就是了，根本不用向主人开口打招呼。可见，萝卜在鸬鹚之多之廉了。

因为姑姑嫁到鸬鹚乡的缘故，我从小就吃到姑姑家的萝卜丝。记忆中每到秋冬，姑姑便到地里拔回成筐的萝卜。运回后，等天气晴好，便将萝卜反复洗净，再用铁削把萝卜削成丝状，姑姑便把满满几桶雪白雪白的萝卜丝铺在竹篾筐上晾晒，晒得厚薄均匀有度。晚上，姑姑再用草帘将萝卜丝覆盖，以不让萝卜丝沾露水为准。大概晒个一两天，姑姑就把萝卜丝收到一个大木桶中存放，用脚踏紧踩实，避免萝卜丝蓬松，经过大约10天的存放，桶里的萝卜丝便逐渐变得柔软呈黄色，吃一口香香甜甜。天晴后，姑姑就把萝卜丝倒出来进行最后的翻晒。这时的萝卜丝不但带有一种透明诱人的金黄色，更有一种沁人心脾的弥久醇香，倘若在柴火灶上，上面放上一点腊肉，满屋飘香，那特有的香味，在空气中久久不散。

小时候，家里人口众多，萝卜丝是必不可少的“早餐伴侣”。我和姐

姐长大后，到离家十公里的外乡求学，一周回来一次，周五的傍晚，母亲便为我们准备好满满两罐咸菜，其中姑姑带来的鸬鹚萝卜丝是必不可少的。妈妈有时油炒，有时拌上辣椒油，放入香菜、虾米、间或加几片腊肉辅以入味，经过烹饪、调味后的萝卜丝成为辣的、咸的、甜的、脆的各种各样风味美味食品，味道堪称一绝。每当妈妈端上餐桌，阵阵清香的美味裹挟，上演味蕾上的极致诱惑。

逢年过节或者来了客人，妈妈便把萝卜丝放在腊肉下面清炖，或者与肉末拌匀，做成萝卜丝包子，看着浸润着肉汁儿鲜美的萝卜丝，真是令人口舌生津，回味无穷，成为无数人忘不掉的家乡味道。

历史上的乐平萝卜丝也曾为保家卫国立下功劳。据《乐平县志》中记述，在抗美援朝战争中，乐平人民先后向在朝鲜战场抗击美军的中国人民志愿军输送了多达百万余斤的萝卜丝，作为萝卜丝主产区的鸬鹚乡人民亲历了那场声势浩大的支援前线的行动，生产出大量的萝卜丝向县供销社供应，大大地丰富了志愿军的食品供应。

千百年来，鸬鹚乡酸酸甜甜的萝卜丝一直在餐桌上流转，这些有着尘土气息的生命与乡村风物，融合在一起，卑微却又顽强，随着四季更换轮替，在大地生长了很久很久……

猪肚饭

吴凤英

邹家狗肉，东畈的藕，李家白薯，朱氏的糖，三毛煎饺排队长……提起美食当看我大乐平，乐平之翘首非接渡莫属，而洪岩的“猪肚饭”则堪称一绝！

乐平市位于江西省东北部，北连景德镇，东邻德兴和婺源，南接万年、鹰潭，西毗鄱阳湖，物华天宝，人杰地灵，有着“江南菜乡”的美誉！这里有数不尽的能工巧匠，民间能人，用他们勤劳的双手，安家立业、薪火传承！都说江南人吃得精致，那是因为他们能把简单的食材，通过炸、熘、爆、炒、烧、焖、煨、炖、烩、烤、蒸、煎、煲、煸等各道工序，变成一道道让他乡游子难以忘怀的家的味道！

作为一个地道而资深的吃货，刚从接渡嫁到洪岩，有太多的不适应，特别吃不惯。民以食为天，可把老公急坏了。一个偶然的机会，我们到叔叔家做客，被一股醇厚的香味所吸引，特别是看着他们大快朵颐，馋得我口水直流。一旁木讷的老公总算聪明了一回，连忙夹来一块让我品尝。入口鲜香四溢，软糯丝滑又富有一定的嚼劲，有糯米粽叶的香甜，鸡蛋的金黄色泽和猪肉的鲜、香、滑、嫩！一块下肚，唇齿留香、回味无穷！

老公说："好吃吧，这叫黄金糕，用洪岩话说叫'猪肚饭'，在接渡没吃过吧，走，咱回家做起来！"我很好奇它为什么叫"猪肚饭"？老公说："以前人结婚，娘家都会买个猪肚子，里面塞入糯米鸡蛋肉拌好的料，然后蒸熟，带至婆家。寓意是：才德、贤惠一肚子兜去，而委屈与苦恼只能兜在自己肚子里，两头都不能说！"闹完洞房后，饿着肚子的年轻男女扒开猪肚，发现里面的饭甚是好吃，争抢一空，所以得名"猪肚饭"！后因其色香味俱全，营养丰富，扛饿等特点，在洪岩高家等地广为流传，家家过年必备！

做一盆好吃的"猪肚饭"，选择上好的食材是关键：山里人自家种的长粒糯米，本地鸡蛋，土猪肉，缺少或置换任何一种那都会影响口感的！将糯米称好洗净，隔夜泡在水里，以浸泡 4 小时为最佳；按 10 斤糯米为准，准备好 40 个农家土鸡蛋；三至四斤土猪肉且以前夹心为最佳，肥瘦相间，切片备用！

浸泡好的糯米沥干水分，待到柴火灶的大锅水沸腾，架好木甑，将沥干水分的糯米一层层上（铺）到甑里，猛火蒸熟。蒸糯米饭的火候要恰到好处，时间短一分没熟，长一分则嫌软烂。蒸好的糯米饭迅速倒入大盆，打入鸡蛋的同时双手按压、搓匀，按照一斤糯米两勺食盐的比例撒入食盐、肉片，继续按压，至于按压到什么程度，那要看个人手艺和技巧。

都说心急吃不了热豆腐，而成就一道美食，则往往要经历各道工序和漫长的等待！

当"猪肚饭"按压好后，只完成了美食的前半段。新鲜且刚摘来的粽叶，冲水擦净平铺在盆底，我很是疑惑：为何要放鲜粽叶？因为香且防粘锅，老公如是说道！按压好的半成品放入盆里压紧抹平，柴火灶隔水蒸。上午大火蒸透，下午小火焖出胶状！这一天，我家都浸在香气里，从厨房

蹿到老屋的每一个角落！

傍晚时分，饥肠辘辘，一大盘子的“猪肚饭”就显得格外美味了！蒸好后的“猪肚饭”先切成大块，东家婆婆一份，西家婶婶一块，再将切成均匀小块的，装好盆插上牙签，唤来屋外戏耍的孩童，一起品尝，分而食之。农村人就是这样人情世故，礼尚往来，如此这般，从年前到年后，总有新鲜的“猪肚饭”吃！真应了老公的那句话：人间烟火气，最抚凡人心！

大山深处的美食传承——十里岗镇石磨豆腐

程燕芳

豆，古时称菽，是我国主要的农作物之一。首次将豆制成豆腐的历史可以追溯到公元 2 世纪，相传始于淮安南山刘安；也有说始于 3000 多年前的姜子牙。它的来历扑朔迷离，却真真实实地影响了中国餐桌至少 2000 年。豆腐富含高蛋白、低脂肪，价格亲民，吃法众多，老少咸宜，早已深入人心。人们还常拿豆腐来教化人，如“小葱拌豆腐——一清二白”“心急吃不了热豆腐”等等，一种食物在融入餐桌的同时，也与我们的生活智慧产生勾连。这样一道独特的美食，岂能不爱？随着工业的发展，豆腐的制作化繁为简，机器逐步代替手工，同时衍生出许多新品种。而我仍最爱那大山深处——我的家乡十里岗的石磨豆腐，那是老辈们一代代传承下来的古法工艺豆腐，有着最地道的口感和清香。

我吃豆腐的记忆能追寻到 5 岁时，同外婆住在有天井的房子里。清晨，常有挑着担的大汉沿着逼仄的青石小路叫卖，不像江苏一带唱曲似的高一声低一声地喊，而是有一声没一声地：“卖豆腐！”隔了好久才响起第二声“卖豆腐！”他的声音和他的脚步一样沉稳有力。我时常坐在门口等，远远看见就端了碗迎上去，可以用零钱买，也可以拿豆子换。

豆腐接到手，白白嫩嫩的尚有余温，我必举到鼻前深深闻一闻，小心摸一摸，总要从边角揪下一小撮放进嘴里，入口润滑，细腻绵软，清香回甘，无比满足，再自作聪明地将豆腐翻个边，盖住破损的一角，不叫外婆发现。

7 岁回奶奶家——乐平十里岗镇，也是一个“一水护田将绿绕，两山排闼送青来”的妙地，那更是豆腐之乡了。各村各落，家家户户都会磨豆腐做豆腐。逢上大小红白喜事，主人家忙不过来，邻里乡亲便各领豆子十斤、二十斤不等帮衬着做。酒席当天的早晨吃麻糍都要配豆腐汤，豆腐切成小条倒进锅里，简单放些盐，出锅撒些葱花，用大盆装着放在灶边，管够。做法平平无奇，味道却十分鲜美，这是石磨豆腐才有的清香本味。

临近年关，家家都要做一道豆腐。说起来，那可真是一个盛况。做石磨豆腐程序很多，奶奶总要准备好几天。首先是选豆，豆子要自家当年种的新豆。奶奶坐在堂屋大门口用簸箕筛豆、扇豆、挑豆，一坐就是大半天。我也在一边帮着，那些干瘪瘦小的、发黑的是不要的，留下圆鼓鼓的漂亮的黄豆，我挑一会儿就跑出去玩一会。再回来，奶奶还是坐在那忙碌着。有时是好几户的妇女聚在一起，边聊边选。她们技艺高超，将簸箕斜斜地抬起一角，用手一摸，啪啦啪啦的胖豆子就纷纷地滚下去，反复几次，初选完成；剩下的后头再来仔细择选，大家聊着笑着，好不热闹。选好的豆子要放在大木桶中浸泡一夜，第二天再用石磨磨浆。浸泡后的黄豆肿胀起来，进入磨孔历经百转千回，化成白白的浆汁流出来。磨浆很费力，有时我想体验一把，可力气小，根本转不动。奶奶见我大声呼叫拼尽全力的样子就笑得合不拢嘴。

最热闹的是煮浆、上膏、压形。这时，左邻右舍便都一起来帮忙。柴火烧得旺旺的，满屋飘着浓郁的豆香，一屋子的婆子婶婶们谈谈笑笑，可手上的活计都没停。我时不时就跑进去瞅一瞅，一会儿豆浆煮好了；一会儿她们几人各自牵了白纱布的一角提起来，来回摇动，那是过滤；接着便要点卤，点卤最考验功夫，须边调边看，随时控量。奶奶拿着长勺将调好的卤水分次酌量匀进浆里，一场奇妙的转化随即上演：浓白的豆浆慢慢飘出“雪花”，且越来越稠密，转眼间一桶豆浆就化成豆腐脑了。俗话说“卤水点豆腐，一物降一物”，这是我从小就耳熟能详的了。最后的工序便是上箱，拿纱布裹好了用重物压去水分等待成形。关于做豆腐煮豆腐，有诗赞曰“一轮磨上流琼液，百沸汤中滚雪花”是极为贴切的。

有意思的是，在豆腐成形之前，每一道工序下来的副产品：豆渣、豆浆、豆腐脑都能自成一道美味。磨出的豆渣加上切碎的红辣椒、蒜瓣大火

快炒；也有晾干了加上佐料做成辣果子下稀饭的；那味道都叫人赞不绝口。我曾尝试用豆浆机打出的豆渣来炒，口感却是天壤之别。可见机器再好，也无法复制传统工艺所独有的口感。豆腐脑的吃法也很多，热的冷的各有风味。我喜欢就糖，有时撒上葱花和盐，也有放碾碎的油条末、肉末、芫荽末或油炸豆的，它清淡的口味给搭配创造了无限可能。在那个物资匮乏的年代，一道食材，被发挥得淋漓尽致，也成了永远镌刻在舌尖上的乡愁。

叔叔们是懂吃的。冬日里他们从竹林里挖来雷竹笋，切块丢进锅里，再切上几大块豆腐，加入自家晒的腊肉，合着一煮，咕噜咕噜香气四溢，白汤翻滚，这样一锅豆腐煮笋，便是天子呼来也不上船的。

值得一提的是豆腐乳，十里岗的豆腐乳远近闻名，是走亲访友的馈赠佳品。选用我们地道的石磨豆腐，切成麻将大小的块儿备用。将收割后的稻秆（我们称之为禾秆）掀掉表皮，切掉上面的穗，只留下白白的茎。秆是中空的，透气性好，拍打干净，整齐地码放在竹篓里，均匀地摆上豆腐块，一层禾秆一层豆腐码着，盖上盖子，无须任何添加，只静待它自然地闭关发酵。谁能想到，豆子和谷物能用这样的方式相遇并孕育出更为神奇的霉。多则一周，少则四五天，当空气中隐隐散发出独特的豆腐乳香味时，掀开来看，它像羽化登仙般，浑身布满白丝，那丝蓬松细密，比蚕丝还要细软，这天然的菌丝对肠道最是有益。手工搓毛后，再放入用盐调好

的辣椒粉中滚一滚，这就又换上了一身红衣。装瓶，淋入芝麻油，光看这鲜亮的色泽，已让人垂涎三尺，更莫提品尝后的醇香与鲜美了。

云南将石磨豆腐申请了非遗，和我老家十里岗的石磨豆腐是一脉相承的古法手艺，而家乡的豆腐更有被大山滋养的地道黄豆的加持。时至今日，我的老家仍在传承着石磨豆腐的手艺。在镇里的丰源村（一个因“白石道人”姜夔而闻名的古村落）有个朱氏家族，祖辈几代以卖豆腐为生，传到今天已是第四代，无论是炎炎夏日还是寒冷冬天，他们坚持用传统工艺磨豆腐做豆腐。这种坚持，不仅是对美食文化的传承，更是对生活的热爱和尊重，也因此使得这大山深处的豆腐成为远近闻名的美食。

一道神仙汤的记忆——塔前糊汤

徐慧萍

我们惯常思维定义的“美食”，是有许多讲究的，比如要讲究食材，讲究火候技艺，讲究色香味……对此，我是没有研究的，做不出这些个精美的盘中物。窃以为的“美食”依个人口味而已，有其专属性，当然也有地域性，所谓一方水土养一方人，也是一方美食。

在乐平塔前镇，我的故里，有一道远近有名的菜“糊汤”，塔前的方言叫“雾汤”，便是我以为的那一道美食。之所以它于我是美食，也许真的是因它的独特口味，对“糊汤”的爱从未随着时间的推移和口味的挑剔而有降格，这或许也是因为童年的一份记忆，如今的一份惦念。我们得承认童年里所遇见的美好是能够治愈成长中的不快的，遇见美食亦是如此。

“糊汤”是乐平特色宴席水桌酒上的“常驻菜”。小时候，乡村里的红白喜事摆的都是水桌酒：蓝边沿的碗，各色家常菜，切块的各色肉，热汤热水，热热闹闹的乡亲，很和谐，很温暖，很有氛围感。对生活在那些个物资并不丰足，但民风淳厚年代的人而言，真的是特别能回甘的美好记忆。

吃席时其他的菜匀到一桌子人的筷子下，大家都会有所谦让，有所克制的，尝点鲜，点到即止。唯有“糊汤”，大厨们会狠狠做上一大锅，只要你喜欢，只需拎个碗，大厨便会麻溜溜地给你舀上一大勺，满当当便是

一碗，让你喝个心满意足。一碗糊汤下肚，你的身体一下子便暖乎乎、饱囊囊的了。在一碗糊汤的抚慰中，就能让你的这一次吃席尽兴而归。

我的母亲平时弄的家常菜味道很是质朴，称不上美食，主打优势是绿色有机，吃得放心，但做的糊汤却是绝味，百喝不厌，多年来一直都是那个一闻便能让我得以满足的味道。每个传统佳节团圆日上，她都会展露水准，做上一锅给我们止馋——平常日子里是难得做的，主要原因在于这道菜的工序相对比较复杂。

我们一起走进这道美食的内里。“糊汤”，顾名思义，就是杂，物料多的意思。确实如此，它的主要配料包括猪肝、瘦肉、冻米、香菇丁、豆芽末、笋末、生粉、猪油渣和香葱。制作过程中，先将猪肝、瘦肉放入锅中翻炒，再加入香菇丁、豆芽末、笋末等配料进行炒制。炒制出香味后，将锅洗净，倒入食用油，加热后放入适量水，煮沸后将炒制好的配料倒入锅中，搅拌均匀。接着，将淀粉或薯粉搅拌均匀后缓慢倒入锅中，并不停地搅拌，直到汤中出现泡状。最后，加入猪油渣和冻米煮 1 分钟后即可起锅。在起锅前，可加入少许葱末并在汤的表面放些麻油增添香味。

食材不走寻常路线，油渣的鲜、香菇的香、豆芽和笋的嚼劲、猪肝和瘦肉的补，冻米的饱腹，各具特色的配料营养也让“糊汤”有了多种功效。首先很开胃暖胃，汤要趁热喝，多样食材口味的叠加能迅速激活你的味蕾，勾起你旺盛的食欲。其次还能够帮助消化，汤汁的热气和独有的鲜香会熨帖你的肠胃，让它们快乐工作。最后还有醒酒的效果哦，这是爱酒人士给出的回答，我不醉酒，难做解说。对于补血、滋养肝脏等功能，相信大家应该没有异议，我们透过它的材料和工序便也能分辨一二。

追溯糊汤的来处，据说历史蛮悠久，是自清朝末年就有的特色汤品，虽说关于它的典故，没人去深挖考究，但它却被作为乐平传统酒席的必备汤品传承至今，尤其给予“传统”以新的认知的今天，“塔前糊汤”已成为塔前美食的门面担当。在享用这道美食时，人们大概能够感受到来自远清的民间烟火，体验到历史传承的妙不可言。

相比于这道菜的学名“糊汤”，我更喜欢方言的叫名“雾汤”。热气腾腾的汤雾中，稀溜溜喝上一碗，鲜香的汤料由口入喉，再滑进胃中，那滋味那体验给个神仙都不做，那暖和劲充盈着身体的每一个方寸，不次于腾

云驾雾于仙境了。吃过“雾汤”的诸君以为如何？未曾尝过的朋友，邀您来塔前享受地道的糊汤的滋养吧。

幸福年，虎山鳊

李年华

今天我们的主角是鱼，作为赣东北粮仓、鱼米之乡的乐平自然拥有丰富的水资源。纵贯乐平境内的乐安江，古称洎水，七条主要的支流遍布乐平市各个乡镇最后汇合流入乐安江。这些支流水质清澈透明，在绿树修竹的倒映下，由于河道深浅不一，呈现出翠绿深绿浅绿宝石绿不一的清明觉醒的颜色，十分悦目。最值得一提的是小溪小河里那些野生的鱼、虾、蟹，肉质鲜美，口感清甜。清乾隆间进士朱光训有诗赞曰：“溪环百里花莺转，河润千家稻蟹肥。”便描绘了乐安江两岸秀丽风光，赞叹鱼米之乡的安宁富饶景象。如果您有幸来到乐平的南港、鸬鹚、浯口、接渡、镇桥、渡头、官庄、梅溪、打鱼徐家等这些乡村去，无论是进餐馆还是进农家，来一盘清香、甜嫩、爽滑的乐安江野生河鲜，那是待客、留客的特色菜。

那些自然生长在乐安江及支流里的小鱼小虾最受渔民及食客喜爱的是小餐条、鲤鱼、鲫鱼、小鲮鱼、小鳜鱼、白头鳜、鲮、团头鲂、黄丫头、河虾……有拇指大的，有手掌大的，有银色的，有五彩的，由于水质优良，这些野生鱼鲜甜味美，是特优下饭下酒小菜。

如果说溪流出产的小鱼小虾是乐平餐桌上的小家碧玉，那么乐安江虎山潭出产的虎山鳊便是筵席上的大家闺秀。虎山潭亦名大汾潭，潭深莫测，同时因其地处洎水环流处，水流回旋，潭底矿物质、腐殖质及水草丰富，加之虎山附近的河床皆为成百上千斤的岩石铺就，岩石上附着生长的青苔，特别适宜鳊鱼繁衍生息。因为食料丰富，每条虎山鳊将自己喂到五至八斤左右，异常肥硕，皮下脂肪甜香丰腴，肉似白玉，鲜甜润泽。

虎山鳊有多种做法，煎、煮、蒸、炸、腌制鱼干等不一而足。但是不管是哪一种做法，都离不开鱼米之乡的香菜佐料：镇桥镇的辣椒、中店的大蒜、山野的紫苏、薄荷、野葱、藜蒿；余家的芫荽、农家自制的豆豉……总之，怎么方便怎么做，不论怎样做都好吃。讲究一点的煎鱼用柴

火烧灶，然后用山里人自己榨的茶籽油，待到锅热油熟，把鱼放在锅里，小火慢慢煎，煎黄一面再翻过来煎另一面同样煎到金黄，均匀撒上适量的细盐、扔十几粒农家豆豉，放上切好的香菜，顺便把炒好的青椒圈放入，掺上适量的料酒焖一下，起锅摆盘。这时候每个人捧一碗香喷喷的米饭，那盘鱼一会儿就不见了。

说到虎山鳊最原始的吃法，那就是烤鱼及用河水白煮。由放竹排的人用极简且省时的方法创造。

在虎山潭附近歇息的放排人找一处水深水静处放网，然后用竹竿拍打水面，鱼儿受惊，到处乱窜，就容易挂网。收网后，放排人就各自分工，一人洗鱼，一人用石块垒灶，一人在河边野外找些野菜，没带油直接用河水白煮，撒点盐巴吊汤，因着虎山鳊肥腴，煮不多久鱼油就泛汤面上，鲜香四溢，汤如牛奶一样白，再撒一把野菜，咕嘟几次就熟了，大米也用河水煮熟。放排人拿着锡罐倒的倒，舀的舀，唏里呼噜，锅底朝天，肚子滚圆。有句口头禅“鱼汤拌饭，神仙不换”，就是放排人用来形容虎山鳊的。

虎山鳊是乐平人民幸福生活的一个片段，一段回忆。如今虎山鳊还生活在虎山潭，还是那般宁静惬意，唯有人们的生活改变了，变得更加富裕，更加美好。

最后以词忆江南·虎山鳊记之：

洎阳好，渡口步徐徐。
百里晴川浮对岸，一江澄水映长芦。
留客虎山鱼。

乐平清蒸甲鱼

韩樟树

乐平，这座拥有着深厚文化底蕴的城市，其饮食文化源远流长，独具特色。在这片土地上，无数美食佳肴应运而生，它们不仅满足了我们的口腹之欲，更承载着一代代乐平人的传统饮食文化记忆。

乐平的传统饮食文化，自古便独具一格。这里的美食讲究色、香、

味、形、器五者的和谐统一，每一道菜肴都是对乐平人热情好客、淳朴厚道的最好诠释。

尤其是乐平清蒸甲鱼这道传统名菜，更是乐平饮食文化的一大特色。

相传，乐平清蒸甲鱼的烹饪技艺源自明末清初。当时战乱频发，百姓流离失所，一位叫作李二的厨师在流亡过程中学得一手烹饪绝技。后来他定居乐平，为了感谢当地百姓的收留之恩，便将清蒸甲鱼这道绝技传授给了我们乐平人。从此，这道菜在乐平民间流传开来，经过一代又一代厨师的精心研制和改良，才逐渐形成了如今乐平的特色清蒸甲鱼。

乐平清蒸甲鱼的烹饪过程非常讲究：待甲鱼宰杀洗净后放入 80 度左右温水中浸泡 2~3 分钟，然后用手褪去覆在甲壳及头颈、四肢上的一层薄衣，将甲鱼的胆汁涂抹在外壳上，能起到提鲜和入味作用；然后倒入花雕酒去腥，放入大蒜子、生姜片、五花腊肉等调料即可上锅蒸。其蒸制的时间和火候非常关键，一般蒸 30~40 分钟，须恰到好处，才能保持甲鱼的鲜嫩口感和原汁原味。出锅后再倒入适量食用油，增加菜品色泽和风味，其香气扑鼻，肉质鲜嫩，汤汁醇厚，是一道色香味俱佳的传统名菜。

在乐平，每逢重要节日或喜庆场合，人们都会烹饪清蒸甲鱼来宴请宾客。这道菜不仅是一道美味佳肴，更承载了乐平人对亲朋好友的美好祝福和深厚情感。它象征着富贵、吉祥、长寿和团圆，是我们乐平人民对美好生活的追求和向往!

如今，乐平清蒸甲鱼已经成为我们乐平饮食文化的一张名片。每年都会有许多游客慕名而来，品尝这道独具特色的地方美食。而乐平的厨师们也以此为荣，不断挖掘和创新烹饪技艺，力求将这道传统名菜发扬光大。

在这个美食文化交融的时代，乐平清蒸甲鱼正以其独特的魅力吸引着越来越多的关注。它不仅是乐平人民的骄傲，更是中国传统饮食文化中的一颗璀璨明珠。这道菜背后的故事传说和技艺传承，不仅是对历史的尊重和延续、更是对优秀传统文化的弘扬和发展。希望更多的人能够了解和认识我们乐平这片美丽的土地，领略其独特的饮食文化。

塔前雾汤

黄建文

在乐平，酒席上最后一道菜通常都是塔前雾汤。“塔前雾汤，百米飘香”，是大家给予这道汤的美誉。

塔前雾汤原是一道极简单的美食：倒入少许食用油，等油六成热后，将少许猪肝、瘦肉放入锅内翻炒，然后将备好的香菇丁、豆芽末、冬笋末也放入锅内翻炒片刻，放少许盐、生姜、味精等配料，直至炒出香味出锅备用。将锅洗净，放入食用油，油六成热后，放入约500毫升水，煮沸为止，然后将炒好的配料倒入沸水中，用勺搅匀散开，并将红薯粉用凉水搅拌均匀，缓缓倒入水中，同时用勺子不停搅动，直至锅内出现泡状为止。最后将油渣、冻米放入锅内，煮上1分钟就可起锅。起锅后，放入少许葱末，并在汤的表面放些麻油，即成。

猪肝、瘦肉、冻米、香菇丁、豆芽末、冬笋末……简单的食材在火的热情里被清水煮沸，这时的汤里有山的味道，水的味道，风的味道，阳光的味道……热气腾腾的汤如酒桌上的亲言热语，一碗下肚，顿觉温暖，那些来不及表达的亲情，都在这道简单的汤里，比如之前酸甜苦辣种种，随着热腾腾的汤汁被一饮而尽，留下的只是暖人心脾的情意。

塔前雾汤源于何时，已不可考。传说明代开国皇帝朱元璋和陈友谅在鄱阳湖大战落败，躲避追杀来到塔前，正逢一户人家请客，刚送走客人准备收拾残羹，朱元璋带着一众亲兵到来，主家好客，忙收拾干净桌椅，但却也犯了愁，菜已吃得不剩，用什么招待客人？到厨房看见一些沾在砧板上的肉末和菜末。灵机一动，烧开了一锅水，把这些剩下的肉末和菜末一并倒下水，加上红薯粉勾芡，猪油渣、葱花一撒，一道热腾腾的汤便上了桌。朱元璋一行人直呼好吃，塔前雾汤就此成了乐平的一道名菜。

其实这道菜，应该与物资匮乏有关，与勤俭节约有关。塔前雾汤，不过是把酒席上那些用剩的边角料再加以利用，三四样也好，五六样也成，在水与火的交融里成就了一道美食。勤俭，这是我们的传统。随着时代的进步，富庶让生活变得美好而精致，对美味的渴望让塔前雾汤的食材有了

专门的讲究，作为饭席的必备汤品也变得愈加美味。

但对于家乡的美食，每个人都有着不同的感受。有人说，乡愁是味觉上的思念，无论一个人在外闯荡多少年，即使口音变了，对味觉仍怀无限意念。在外的乐平游子，也会做一碗雾汤，一点瘦肉猪肝，一些菜叶，红薯粉勾芡是这道汤的灵魂，然后撒上葱花，便可细细品味。那是时间的味道，家乡的味道。这些味道，已经在漫长的时光中和故土、乡亲、念旧、勤俭、坚忍等等情感和信念混合在一起，才下舌尖，又上心间，让我们几乎分不清哪一个是滋味，哪一种是情怀！

鸬鹚烧鹅

王美珍

一

“鹅来了”，随着饭店服务员一声叫唤，一盘油淋淋、香喷喷刚起锅的鹅肉端上了大桌。客人们忍不住，开始狼吞虎咽、大快朵颐……一个个边吃边夸赞，浑然不顾吃相。嘴巴立马油巴巴、光亮亮的。

鸬鹚烧鹅，成了乐平一道名菜。小时候，我只记得鸬鹚乡最有名最常见的是鸬鹚鸟。乐安河上，一只只渔船，鸬鹚忙着为主人捕鱼，鱼的数量多少决定着主人收入多少，从而影响着一家人生活的质量和水平。我在河边长大，夕阳西照，帆影片片，水波粼粼，渔民披着金色霞光、带着一群鸬鹚鸟，撑着一叶小船在河上来往……这美景，是无法用语言描绘的。

后来，由于种种原因，渔民、渔歌、渔船、鸬鹚渐渐消失。我也淡忘了那种乡愁。而近几年，一道名菜“鸬鹚烧鹅”时不时传进我的耳朵。当我得知的时候，很多人已经知道了并且爽快地尝过了，甚至最近还上了官方报道。

我决定要重回老家，重游我的母亲河。

二

采访的这天中午，大家都在吧唧吧唧品尝许师傅的精彩手艺——鹅肉的鲜美。我却来到后厨，想打听清楚，这鹅肉怎样做才好吃。许师傅告诉我，要烹饪一盘鲜美的鹅肉，要经过三个步骤。首先把鹅毛去干净，切块

以后，把锅烧红，香油熬成七分熟，放生姜大蒜、料酒八角陈皮等与鹅肉一起红烧，待鹅肉半熟，倒进高压锅，慢火蒸 20~30 分钟。第三步，倒出鹅肉，回锅烧煮，放白糖、味精，沸腾后起锅放上绿油油的香葱。一盘好吃的鹅肉就成功了。许师傅说，最关键的是把握火候。

“怎样才能把握火候？”我刨根问底。

“熟能生巧。开始是悟性，时间久了，就凭经验。”许师傅淡淡地回答道。

三

鸬鹚烧鹅是怎样出名的？这个问题我也要搞清楚。“功夫不负有心人”。有朋友告诉我，鸬鹚烧鹅这道名菜发源于鸬鹚乡蔡家村。

时间得回到 20 年前。鸬鹚乡林办主任程金生根据安排，挂点帮扶蔡家村。程主任日思夜想，怎么帮老百姓脱贫致富，怎样把老百姓腰包鼓起来。经过与村两委周密细致的思考，决定从多方面下手，退耕还林、养殖种植一起进行。因为蔡家形同“莲花”，三面临水，水资源很丰富，适合养鹅。程主任带领一班人到浙江江山考察，引进“江山白鹅”，与江山鹅肉厂签订合同，蔡家村民养的鹅，江山那边负责回收回购。手续办妥以后，蔡家村家家养鹅，每户至少养鹅 20 只，多的 50 只。养了以后，整个村庄热闹非凡，村东村西村南村北，整天都是哦、哦的叫唤声。

一只只白鹅长得很快，四个月就很肥硕了。该卖的卖，该吃的也吃。

该村 20 世纪 90 年代出现打工潮，随着时间的推移，村民发现进厂帮别人打工，日子不好受，看人脸色，还经常被克扣工资。村民摸索出一条路，自己开排档开饭店。亲戚带亲戚、朋友带朋友，饭店越来越多，都取名“江西小炒”。现在“江西小炒”遍布全国，发源地是鸬鹚韩家，蔡家属于韩家村委会。现在官方也注意到了“江西小炒”。“江西小炒”出名了，其实这是一部创业史、奋斗史、血泪史，这其中有太多太多的酸甜苦辣和曲折故事，这里暂且不表。

话题又回到烧鹅。其实 20 年前，烧出第一只好吃的鹅肉，不是许师傅，而是张春平，蔡家人，多年经营“江西小炒”的饭店老板，他烹饪手艺好。最好吃的鹅，就是从他开始。

一盘口味绝佳的烧鹅放在那里，张春平的朋友慕名而来，他儿子的同

事纷纷赶来，都为了尝一下这好吃的鹅肉菜。

好事慢慢传开，一传十十传百，越来越多的人知道了。特别是鸬鹚乡领导也爱上了这鹅肉，于是邀请上级领导、外地嘉宾也来尝尝美味。“鸬鹚烧鹅”的名气就更大了。有些人自己吃了还不过瘾，还要打包带回家，给家里人尝尝鲜。

四

鸬鹚人，不是鸬鹚人，到了鸬鹚乡，都爱吃鸬鹚烧鹅。但是，今天的人可能都忘了一个人——就是引进江山白鹅的程金生。鲜美的鹅肉，芳名十里，是他的功劳。

程主任挂点蔡家村时，一心一意想着带领村民发财致富，不用出去打工，留在家里也能赚个几万块，让生活过得安稳。他为蔡家花了心思、费了脑力、流了汗水……今天，老百姓都过上了小康生活，住高楼、吃鹅肉、穿新衣、跳妙舞。但是，程主任却因劳累过度，英年早逝，辞别了人间。

今天的我们，吃着鲜美的鹅肉，喝着醉人的美酒，是不是要举起酒杯，把酒酹地，纪念一下程主任？

愿程主任安息！

愿“鸬鹚烧鹅”越来越火，迷倒全国人的肠胃！

乐平白切狗肉

余巧玲

白切狗肉是乐平一道名菜，招待外地来的朋友，总要点上这么一道菜，才显出乐平人的好客与豪爽。吃乐平白切狗肉，要配上一碟农家自酿的酱油做蘸料，才是最好。一块带皮狗肉，蘸上酱油，然后往嘴里一塞，一口一块，再闷一大口乐平谷酒，这才是吃狗肉的正确开启。

如果，食物也有自己的灵魂，白切狗肉表达的便是豪爽。乐平白切狗肉要大块吃，乐平谷酒要大口喝，这才是该有的气势，才不枉吃狗肉的

意趣。

以前乐平狗肉是用担子挑着卖的，在北门电影院的旁边，馋了，丢个块八毛钱，指一块，卖家一割一称，再给配上一副筷子，买家就站在担子边上大快朵颐。这样的场景在20世纪八九十年代并不少见。

再往前，听老人说，狗肉担子也穿街走巷卖，南门河边、老北街口都会有狗肉担子，白切狗肉是贩夫走卒们的最爱。因为食用不讲究，也因为便宜。多少只看买家意愿，一口也切，一块也卖，吃一口满口留香。冬日暖阳微醺，眯上眼，品味着唇齿间的留香，只觉说不出的满足。就像粗粝的生活被大口吞咽，但总有日子值得细细回味，然后，生出——美好和留恋。

乐平白切狗肉最有名的当属接渡。白切狗肉和接渡有什么关系？这道名菜又有什么不一样的来历呢？还真有！据说这道菜和朱元璋有关。元末，朱元璋和陈友谅在鄱阳湖大战，不幸落败，只得逆水而上躲避追杀。一日到接渡已至日暮，只觉腹中饥饿。正好看见前方一个村子，忙摸黑往里走，想找些吃的。这时一只野狗冲出来，朱元璋怕狗叫引来追兵，抓起一块大石头往狗头上一砸，狗来不及叫一声便倒地身亡。他进村后来到一户人家敲门，主家看他气度不凡，忙请进门。但苦于贫困，主家也拿不出什么吃的。朱元璋也不隐瞒，告知主家自己被追杀，并告诉主家，村口有只被自己打死的野狗。主家一听，忙去把狗捡回，洗净后却犯了愁：一是半夜烧火做饭惊醒旁人，怕惹来追兵，二是家中无油无配菜却如何是好？朱元璋沉吟片刻说，好办，上锅蒸。主家忙用稻草烧锅。一会儿蒸汽四起，主家知道让人闻到香味却是不妙，忙拿来一块布，打湿后在锅上一围，白色蒸汽便被罩住上不来，香气也溢不出去。说来也怪，只烧了三灶稻草，狗肉就熟了。揭开布再打开锅盖，香得人流口水。主家说，今天委屈贵人，狗肉上不得台面（饭桌），省得点灯有人看到。然后就在灶上用碗装了自家晒的酱油作蘸料。就着微弱的灶火光亮，朱元璋也顾不得讲究，拿刀切了一只狗腿，大口大口吃得连呼痛快！这样，白切狗肉就成了乐平的一道名菜，而以接渡最为正宗，并流传下一句话，狗肉上不得台面。

朱元璋是否真的来过接渡？在接渡钟家村现还存有一座祠堂，传说与朱元璋有关。朱元璋与陈友谅大战鄱阳湖，败走乐安河时曾来到钟家村，

全村人热情接待使朱元璋为之感动。朱元璋得天下后不忘旧恩，派皇子前来接渡钟家村赏赐金银，让村里兴建宗祠，并留下了一句话“五檐三滴水，九步上金阶”。据说现钟家村宗祠门前九级台阶便是由此而来。

一道美食足以酿造出深厚的乡情，成为情结和文化存在。就像乐平白切狗肉，早已冠上了这个城市的名字，大街小巷的白切狗肉，也已成为这个地方的独特风景！

最是难忘猪肚饭

罗卫平

猪肚饭，一份承载着家乡味道与亲情的美食。

我怀孕的时候，大伯送来了一副猪肚，猪肚里灌满了糯米。在乐平，向来就有至亲给孕妇送猪肚的习俗。我的老家临港，则会在猪肚子里装满糯米佐以配料一并蒸熟，称之为猪肚饭。

年轻的时候，我以为这只是人们对食物以形补形的浅识，就像心疼吃猪心，腰疼吃猪腰是一样的道理。那时大伯不到 50 岁，而我，刚好双十加的好年华。相较于食物的功效，我更在意是否好吃。

我对猪肚与糯米这两种美食的诱惑都无法抗拒，而猪肚与糯米的结合更是碰出了别样的美味。这道美食制作工艺较为费时费力，确切来说是猪肚的处理过程较为复杂。我只能以当年亲眼所见来重现其制作方法了。在我的老家，上了年纪的妇女一般都会做猪肚饭，我的伯母亦通此道。

伯母先将糯米淘洗、浸泡，这个过程约 1~2 个小时，其间便可清洗猪肚。洗猪肚是个需要耐心的“脏活”，“猪肚里外都要淘洗干净，把脏东西和里面的油剔除掉，然后将猪肚放在大瓷盆里，倒入一些白酒浸泡揉搓去味。”伯母耐心地边做边说。随后，伯母将刚才清洗好的糯米重新拿出，加上四只打散的鸡蛋与三两左右切成细丁的熏五花腊肉，搅拌均匀一并塞入开缝的猪肚中，“糯米要塞紧实，否则就切不成形了。”伯母边说边用力地扎紧猪肚的口子，白皙的手背上青筋突起。然后，伯母拿出一根缝被针穿上麻线，给猪肚“缝肚子”。缝好的猪肚用汤盆装好放入蒸笼里，大火蒸 1 小时，此时满屋飘着糯米饭混合着的咸香味，光是闻闻就让人食欲大

动。再转小火蒸1小时，用筷子戳猪肚若不费力进去便好。此时关火取出，放置微凉切片装盘。猪肚饭吃起来香黏爽口，既有猪肚的爽脆，又有鸡蛋味道和腊肉的香味。

后来，我查了一下，孕妇吃猪肚饭是有着一定的中医理论支撑的。猪肚含有蛋白质、脂肪、碳水化合物、维生素及钙、磷、铁等，具有补虚损、健脾胃之功效。自古以来就是一味补益脾胃的药膳主食。《本草经疏》载："猪肚为补脾胃之要品，脾胃得补，则中气益。"根据清代食医王孟英的经验，怀孕妇女若胎气不足，或屡患半产以及娩后虚羸者，用猪肚煨煮烂熟如糜，频频服食，最为适宜。

糯米营养丰富，含有蛋白质、脂肪、糖类、钙、磷、铁、维生素B_1、维生素B_2、烟酸及淀粉等。为温补强壮食品，对食欲不佳、腹胀腹泻有一定缓解作用。具有缓解尿频、补脾暖胃、补中益气的功效。对于妊娠腹坠、肺结核、神经衰弱患者尤为适宜。所以给怀孕的妇女送猪肚饭是有中医理论依据的，体现的是中华民族千年的智慧。

从前糯米与猪肚都是较为珍贵的食材，加之制作过程的复杂，寻常人家通常不会去制作猪肚饭，而是在逢年过节的时候才会隆重端出来以飨亲朋，或是给出嫁怀孕的女儿专程送上一份来自娘家的关怀。

时光飞逝却如昨。至今想起伯母做的猪肚饭仍口齿留香，爱意在心底流淌。记得小时候，因家里孩子较多，我的父母常将我送回老家，如此家里少份聒噪。爷爷与大伯没有分家，我经常一住就是一两个月。有一次，我高烧不退，瘦小的伯母连夜背着我到镇卫生院治病。大伯与伯母在我心里与父母无二。

如今，伯母已老迈到背弯无法劳作。而大伯呢，是那山有松柏树，当年手植今已亭亭如盖矣。

乐平年鸡　人间美味

石晓鹏

吃过咸香味美的常熟叫花鸡，吃过肉烂骨酥的德州扒鸡，吃过麻辣鲜香的四川口水鸡，吃过风味独特的新疆大盘鸡，吃过肥嫩鲜美的上海白

切鸡，吃过酒香扑鼻的绍兴醉鸡……这些都是我泱泱中华的绝顶美食，个个都是味蕾盛宴中外驰名，每一道我都爱吃，且好吃程度排名难分伯仲。但，它们统统都输给了我味蕾上绝对的第一名——我的人间美味：乐平年鸡。

乐平年鸡可以说是每一个土生土长的江西乐平人舌尖上最深刻的家乡记忆，也是家里每年年夜饭绝对最C位的主菜。我到现在都还清楚地记得，小时候每年大年三十一大早，爸爸都会抓上养了好几年的土鸡，开膛破肚清洗干净。乐平人杀年鸡的时候还要放鞭炮，满满的仪式感里是庄重，也是年鸡在乐平人年夜饭里的至高地位。妈妈则会把土鸡斩成适宜大块，配上新鲜的五花肉、大朵大朵的木耳香菇、细长鲜嫩的黄花菜、焦黄油亮的豆泡等等，一层一层仔仔细细码到乐平人蒸肉蒸菜常用的大砂钵里，再均匀地撒上梅花盐巴，然后放到柴火灶上大火慢炖炖上好几个小时。小时候的我，最喜欢这个时候在灶间看柴火添柴火了，因为又暖和又惬意，委实是最舒服的差事。到傍晚一掀开锅盖，整个家里都弥漫着香气，浓浓的年味也随之扑面而来。

长长的鞭炮点燃，热热闹闹的噼里啪啦的爆竹声里，年夜饭开餐了！年鸡上桌放到最中央，一家人就齐整整地围在桌边欢欢喜喜地开吃。大家举杯欢庆，共贺新年。长辈们一般会把年鸡的鸡腿夹给家里的小孩子们吃，慈爱地嘱咐孩子们快快长大，越来越懂事。鸡头则会默认是家里最权威的长辈的专属，也是对长辈辛劳的肯定与感谢。享受美味的过程，是一家人其乐融融的温馨，是乐平人尊老爱幼的优良传统。

隔水蒸炖的乐平年鸡肉质鲜嫩，汤汁丰沛，肉香汤浓，咬一口便唇齿留香，让人无法停箸，当真如白居易所说“箸箸适我口，匙匙充我肠”。里面的五花肉、木耳香菇、黄花菜、豆泡等配菜，也因为饱含了鸡汤的鲜美，滋味更是一绝。再加上浓浓亲情的温馨，每一口乐平年鸡都承载了满满的幸福，让人久久回味。

而对现在的乐平人来说，乐平年鸡不光是味觉的享受，还是对乐平历史的回味，更是对祖国繁荣昌盛国泰民安的切实感受。因为我们常听老辈人讲，以前家里穷，过年也很少有肉吃，更不要说做乐平年鸡了。即便是大户人家过年吃得起年鸡，配菜也最多是一点海带皮而已，远不如现在的

丰富。改革开放以后，祖国越来越繁荣，人民的日子越来越红火，乐平人才得以家家户户过年都吃得起年鸡。而且现在的乐平作为江西省无公害蔬菜生产基地和全国有名的“江南菜乡”，乐平人年鸡里的配菜也是越来越丰富，越来越健康。

所以现在的乐平，“无鸡不成宴”，不光过年吃年鸡，重要节假日、家里高兴的日子或者有贵客到来，乐平人都会准备一道美味正宗的乐平年鸡来庆祝或者款待。我的二姐远嫁外地多年，她最爱吃的便是乐平年鸡，尤其是年鸡的鸡翅膀，而且说在哪里都吃不到家里的味道，还说汪曾祺最想喝的是一碗“咸菜茨菰汤”，而她每每馋得紧的便是乐平年鸡，当真是“梦里垂涎犹湿枕，乡愁不散是炊烟”。于是，每次二姐回家探亲，爸爸一定会天不亮就起床，架锅烧水杀土鸡，用心地做上满满一大砂钵的乐平年鸡，让二姐好好地过过嘴瘾解解乡愁。朱敦儒曾在《朝中措》中写道，“先生馋病老难医”，这一口乐平年鸡，也是无数在外的乐平游子的乡味馋病。

关于乐平年鸡，还有一点是公认的，就是一定要用乐平本地散养多年的土鸡做才最有滋味最正宗，这样做出来的年鸡鸡皮金黄，肉质饱满多汁，鸡汤也鲜美无比，每一口都让人欲罢不能。能养出这样的土鸡，是因为乐平属亚热带湿润性季风气候区，温暖湿润，日照充足，雨量充沛，四季分明。可以说，乐平年鸡是乐平物产丰饶的产物，是乐平民间智慧的结晶，更是国泰民安的象征。

都说这世间唯有美食和爱不可辜负，希望越来越多的朋友到我们乐平来看一看走一走，领略乐平人文，欣赏乐平美景，品尝乐平美味。热情好客的乐平人一定会为你们精心奉上我们美味的“乐平年鸡”。

童年里的冬笋炒腊肉

马婷

冬季的山村，似乎天亮得总是要更早一些，一起床，便看见外婆在厨房里忙碌的身影……

岁聿云暮，我们总要带上行李，在这小山村里住上几天，直到节后

再陆续回去。这段时间，女眷们便会着手准备一日三餐，男丁们则会随时“待命”，等待外婆发号“施令”。这不，院子里的老少男丁正整装待发，换上雨靴，穿上伙夫“御用大褂”，舅舅背上竹筐，爸爸则扛起锄头，还有一群凑热闹的孩儿拎着水壶吃食……一支整齐的挖笋小队便开始徒步进山挖笋。

经过一上午的奋战，挖笋小队一个个拖着疲倦但又充满喜气的身体，满身泥巴回到院里。听到动静的女眷们便会迎上去，接过脏兮兮的外套和工具，我和妹妹便来清点他们今天的劳动成果。不大不小尖尖带泥巴的冬笋装满了随行的竹筐。这时，外婆不慌不忙地从厨房出来，笑着说，今天挖的冬笋个头真大。说完挑了两个最大的朝厨房走去。我知道，中午的餐桌上必定少不了外婆的拿手菜——冬笋炒腊肉。

妈妈、舅妈也在厨房忙碌着，剥菜、洗菜、切菜，准备着各种各样的餐具，一切都有序地进行着。但这道冬笋炒腊肉，外婆必定亲自上手，冬笋用刀划开一口子，去除笋衣后，白白的笋肉便裸露出来，洗好切成薄片；腊肉是外婆新腌制的，再准备一些干辣椒和大蒜便可以起锅烧油。只见外婆先倒入切好的腊肉煸香，再倒入笋片、干辣椒、大蒜一起翻炒。外婆边炒边骄傲地说：“这道菜都不用放什么调料，单靠冬笋的鲜味和腊肉的香味就够了，鲜得很……”

这样的场景深深地印在了我童年的记忆里。外公去世的那年冬天，舅舅带队最后去了一次那片山上的小竹林，收获满满。小时候总想不明白，外公作为一名退休老干部，为什么总喜欢干农活，种菜、种甘蔗、种庄稼样样不落。舅舅和爸爸回来又是帮忙挖笋、劈柴、干农活，毫无怨言，反而整天在一块儿笑嘻嘻的，像是归隐居士一样，成了“如假包换”的泥腿子。

后来我慢慢明白了，这就是家风。外公是想身体力行地告诉后辈要踏实、勤奋、实干，一个人在外不管飞得有多高、飘得有多远，灵魂始终依附在脚下这片坚实的土地，爸爸和舅舅又用实际行动诠释了对老人的尊重和对脚下土地的眷恋。

现在，我们各家每年还会不约而同地回到这座小山村，吃一顿团团圆圆的年夜饭，我们这些孩子闲下来，漫步到那片小竹林，仿佛又看到长辈

们挖冬笋的场景……后来啊，那些回忆就慢慢浓缩在了这碗年夜饭桌上的冬笋炒腊肉里，香气扑鼻，经久不去……

涌山猪头肉

朱园婷

乐平位于江西省赣东北地区，地处江西省东北部，北连景德镇，东临德兴和婺源，因南临乐安河，北接平林而得名。有着“快乐平安”的美好寓意，四季湿润宜人，具有典型的江南特色。乐平素有“赣剧之乡”“鱼米之乡”和“江南菜乡”的美誉，乐平市历史悠久、人们安居乐业。除了山川钟秀、风光旖旎的环境，更让人难忘的是各种美食，有涌山猪头肉、塔前糊汤（也作塔前雾汤，雾汤是方言，实为糊汤，就是“羹”的意思）、油条包麻糍、白切狗肉……简直数不胜数。今天我最想介绍的还是涌山猪头肉。对我来说猪头肉不仅仅是一种食物，更是一种回忆和情感的载体。

小的时候，猪肉是比较常见的，可我不像其他小孩子那样喜欢吃瘦肉而是喜欢吃肥而不腻的猪头肉。记得那时，我经常到家附近的餐馆看卖猪头肉。我小小的眼睛直勾勾地看着那猪头肉，香喷喷。看着这些肉，我心痒痒的，羡慕不已。真恨不得做那老板的女儿，那样就可以天天吃了。妈妈知道后便打趣道：“哪天去问问那老板，还缺不缺女儿。”

搬家以后就再也没那么方便看卖猪头肉了。于是我开始热衷于和妈妈去菜场买菜。每次经过卤菜店，看着晶莹剔透、挂着油花的猪头肉，我肚子里的馋虫就会爬上来，真的太香了。此刻仿佛总有一种声音在耳边诱惑着我“孩子，快叫妈妈买点回家吃吧”。尽管妈妈经常和我说吃多了肥肉容易长肉，但是对于买猪头肉这件事，说归说，可最后还是拗不过我。虽然大多数时候为了控制体重我可以控制自己，但毕竟是小孩子，终究还是高估了自己的欲望。有一次，妈妈买完菜正打算和我一起回家时，经过卤菜店，那阵阵的香味又开始诱惑着我，我扯了扯妈妈的衣服，满眼期待地对妈妈说：“还是买点猪头肉回家吧。”妈妈责怪道：“你呀，好肉那么多，偏偏喜欢吃猪头肉。”虽然嘴上责怪，但还是会买给我吃。一餐就解决了，妈妈笑话我，碗都要被吃掉了。我知道，味是功臣；味可以抵达记忆的深

处，可以打开思绪的大门。任何事做到特别有味，便可以上升到一种境界。

五年前，我在村里教书时，吃过一道记忆犹新的菜——蒸腊猪头肉。那时候正赶上村里开谱做戏，当地的同事纷纷邀请我们去他们家做客。那天，正巧上午看完戏，中午便去同事家吃饭。一上桌我便被那碗猪头肉给吸引了。再吃着其他的菜瞬间就索然无味了。同事好像看穿了我的心思，告诉我这是正宗的涌山猪头肉，值得试一试。于是，我夹起一片肥瘦相间的，咬一口肥的，糯糯叽叽。再吃一口肥而不腻，唇齿留香。看着盘里不断减少的猪头肉，只怪自己不是蚂蚁有两个胃，便羡恨交加。在和同事的聊天中我得知涌山猪头肉产于涌山镇，因其制作讲究，用盐腌、日晒、烟熏等方法制作而成。保存时间长，不易变质。涌山猪头肉是涌山民间的一道传统菜肴，肥而不腻，味香脆嫩，特别受中老年人喜爱。每当春游踏青之际，切上一二两，用荷叶包住，外出郊游，打开用手抓着吃，别有情趣。我觉得戏曲与美食的碰撞，真是别有一番风味。那一次，仿佛儿时的记忆大门又被打开。

此后，一度在想古人是如何评价猪头肉的呢？宋代释师范所作的一首诗《金华圣者赞》中有“饱啖猪头肉，长斋不吃素。莫言滋味别，要且少盐醋”。宋代诗人范成大在《祭灶词》中有描述道：“猪头烂熟双鱼鲜，豆沙甘松粉饵团。”苏轼所著《仇池笔记》中有一段话提到了“煮猪头颂”，并记录了一个关于猪头肉的美食故事；清朝乾嘉时期的著名文人、美食家袁枚在他的《随园食单》中记载了“烧猪头二法”，并对猪头肉的制作方法进行了详细的描述；清末的文学家徐珂在《清稗类钞·法海寺精制肴馔》中提到法海寺制作的焖猪头的特点和美味。

为什么大家喜欢吃猪头肉呢？在中国历史上，猪头肉是很多节日和庆典中必不可少的食品。比如春节、中秋节等重要节日，家家户户都会准备猪头肉祭祀祖先、敬奉神灵，寓意着祈福消灾、阖家团圆。这种传统习俗一直延续至今，成为中国人饮食文化的一部分。此外，猪头肉还有丰富的营养价值。猪头肉含有丰富的蛋白质和适量的脂肪，而且还含有很多人体所需的营养成分。这些成分对人体健康有着积极的促进作用，如增强免疫力、延缓衰老。所以，猪头肉不仅美味可口，还具有一定的营养价值。

古人写猪头肉的诗文也不少，我比较推荐的是黄鼎铭的词集，其中写吃猪头肉的小词“扬州好，法海寺间游。湖上虚堂开对岸，水边团塔映中流。留客烂猪头”。黄鼎铭在闲逛法海寺，一边吃着猪头肉，一边欣赏美景。他本是一个喜爱游玩之人，但美景与猪头肉相比还是猪头肉的吸引力更大一些。留客的不是美景而是猪头肉。可见猪头肉糯烂香酥与周围的美景正好相得益彰。读之，让我不仅羡慕起他来，顿生馋思之情。这有关于猪头肉的故事，也无不寄托了人们的美好情愫。

前几天，忽然有些怀念小时候的味道，便买来涌山猪头肉与家人一起分享，快刀切薄片，唇齿且留香。眼前有家人，有猪头肉，有昌江，也有诗，只是没有唱腔优美的赣剧罢了。

江维血鸭江维情

汪嘉琪　刘振清

在中国的美食文化中，一道菜肴往往承载着地域的特色和历史的记忆。对乐平大多数人来说，久负盛名的江维血鸭就是这样一道菜，它见证了江维厂兴衰更替的历史，不仅是一道色香味俱佳的美食，更是一道治愈情怀的良药。

20 世纪 90 年代时，每日清晨，树林里响起了雄壮的“东方红”歌声。江维厂生活区霎时喧闹起来，工人们有的忙着去锅炉房打开水，有的急着食堂排队买早餐，有的准备送孩子去上学，一切都显得那么有条不紊。7 点半上班的电笛响了，生活区逐渐安静了下来，车间里机器轰鸣，热火朝

天的一天开始了。

江西维尼纶厂简称江维厂，1971 年 12 月在江西省乐平县塔山开工建设，1980 年实现一条龙试生产，1989 年江维跨入江西省利税大户行列，从此发展壮大。随着国企改制，2002 年 6 月改为江西江维高科股份有限公司，2016 年 12 月 23 日“江维”的招牌正式从公司大门上摘下来。江维从此退出历史舞台，成为昨夜星辰。

随着江维厂的繁荣兴盛，周边的经济也活跃了起来，一道以“江维”命名的血鸭横空出世，一下子成为当时远近闻名的“网红菜”，更是江维人接待亲朋好友的主菜之一，可以下酒，又极其下饭，吸引了许多慕名而来的食客。

每当老江维人品尝到这道菜时，都会被其独特的味道所吸引。那醇厚的汤汁、鲜嫩的鸭肉、香辣的调料，以及那份深深的“江维情”，都在这道菜中得到了完美的融合。

历史车轮滚滚向前，江维血鸭这道菜见证了一个工业时代的繁荣与发展，虽终归记忆，但终究闪耀。

他们以厂为家，一心一意为了江维厂事业繁荣发展艰苦奋斗，他们在这里成长，在这里工作，在这里结婚生儿育女，在这里退休养老，一切的一切如昨夜星辰闪耀，随着国企改制，江维厂已被取代，大多数建筑已淹没进历史尘埃，老江维人的记忆也随之深埋心底……如今，当他们再次品尝这道菜时，眼前浮现的依然是那个机器轰鸣、热闹繁华、温馨温暖的熟悉画面。

每逢年过节，塔山的家家户户都炒血鸭，这也是招待亲友不可或缺的一道菜，但受人文和地理区位等因素的制约影响，江维血鸭从“餐桌”走向“餐馆”的市场化进程与品牌建设相对滞后。

据当时江维厂门口生意最火爆的餐馆老板介绍，正宗江维血鸭的制作原材料是用一只快乐的鸭，杀鸭之前让鸭子喝点老酒，激发体内血液细胞，鸭子活跃兴奋，此时做出来的血鸭更加肉嫩可口。有了上好的食材，技法就显得格外重要。血鸭制作过程，分为备料、翻炒、起锅三步。备料、翻炒均为大多数炒菜的普遍过程，不尽详述。最为讲究的则是起锅一步，起锅前将准备好的鸭血倒入锅中翻炒、和匀、上色，待汤汁滚泡后，

立即装盘出锅，若是翻炒不够则有腥味，若是过火则是鸭汁太干、血不附肉并生焦味，火候恰到好处则肉嫩色匀、味美鲜香，为血鸭成败的关键。

装盘以后，肉和汤汁满满舀一勺在白米饭上，每一口都是鲜美，而且越辣越想吃，越吃越享受，一不小心就吃了个圆肚，大饱口福。

人生百味，不如一口江维血鸭。一碗血鸭就像一种情结将几代人连结，它不仅是国企工人幸福、温暖、团圆的集体记忆，更是这个时代“乡味”的传承和延续。它以其独特的风味和丰富的内涵治愈了老江维人的特殊之情，也成了连接他们与过去之间的一道无形的纽带。

无论他们身在何处，只要一尝这道菜，那份对江维厂的思念和回忆就会油然而生。而每一次品尝正宗的江维血鸭时，他们都会感慨万千：这不仅仅是一道菜肴的味道，更是一种心灵的触动和情感的共鸣。

四

品菜评谭·尝鲜蔬

泥鳅黄瓜汤，书写在光阴背后的故事

邹冬萍

一向认为，人生有三大幸事：出生在一个有爱的家庭，能够健康成长。有一个爱自己的人，能相伴一生携手到老。有一个自己喜欢的职业，从中获得身心赖以生存的养分。

后来，我方知晓，遇上美食，亦是人生一大幸事。美食本身就是一门看似浅显却囊括人生哲学的艺术。它不仅仅是跳跃在舌尖上的华章，亦是低调而奢华的美学盛宴。犹如一幅幅色彩斑斓的画卷，引发人们视觉震撼的同时，悄无声息地开启了嗅觉与味蕾的盛世狂欢。而每一道美食的背后，所蕴含的人生悲欢，便在那团花锦簇、明月皎皎之中，化为心间的绕指柔。

双田的黄瓜泥鳅汤，便是我人生中有幸遇上的第一道美食。那一年，正好虚岁 4 岁。幼小的我，在辽阔且深邃的蓝天下显得多么的矮小，矮小到有如脚下田埂上随处可见的野雏菊。那时候，颠着小脚紧握着我的手一步步挪向前的外婆，在我眼里就是一道伟岸的风景线。我俩这一老一小，用两对小脚丈量从老大睦到耆德的距离。还没走到半路，我和外婆就气喘如牛，在炎炎夏日寻得一处树荫纳凉歇气。

推着一架独轮车经过的乡亲，大抵是看出我们的窘况，好心上前搭讪。三言两语之后我和外婆就坐在了吱嘎作响的独轮车上。原来，此人正是我小姨婆的邻居，不出三服的夫家堂侄。这位瞬间晋级为我表舅的农家汉子，有着令幼小的我崇拜到着迷的力量，简直是腾云驾雾般的速度，眨眼就将我俩这一老一小安全送至我小姨婆家。

对我们的到来，小姨婆喜出望外。随即埋怨外婆不早打招呼，不然怎么着也得去割上一刀五花肉。如今贵客临门家中却无荤菜款待，好生简慢。外婆却道，就是怕你们瞎忙活才没请人捎口信的。自家姐妹见个面说说话就足够了，碰上家里吃啥就是啥。这年头谁家也不富裕，何须破费。

小姨婆心下始终不安。两姊妹相隔虽不算太远，可因双方都是一双小脚的缘故平时也甚少走动，难得相见，自是恨不得捧出最好的相待。倒是在堂屋里闷不出声做着篾匠活计的二表舅起身道，他去藕田里看看能不能摸到点泥鳅黄鳝。小姨婆一拍双掌，立刻吆喝道，是了是了，抓到泥鳅再去菜园里揪几根嫩黄瓜来，给我老姐姐小外孙女炖一锅泥鳅黄瓜汤喝！

从小贪嘴的我听到有好吃的，口水都快掉下来了，抱着表舅的腿就要和他一同去藕田里抓泥鳅。小姨婆眼疾手快，一把揪住我的细胳膊往怀里拖，轻声安抚我说藕塘有水不安全，不如跟着她去菜园摘黄瓜。堂舅略迟疑了下，还是把我架到脖子上，打着“马颈叻”往外走，丢给两位小脚女人一句话：“放心吧，有我看着不会有事”就扬长而去。

其实，藕塘并不远。我甚至连喊“马驾”的瘾都没过上，就被表舅抱下来安在藕田边。一片荷叶垫在我的身下，一片带梗的叶子让我蔽日，一朵粉色的莲花苞簪在我黄不拉几的朝天小辫上。表舅这才高兴地捏捏我粉嘟嘟的小脸，卷起裤腿下了田，三两下就消失在藕花深处。

百无聊赖的我，躺在荷叶下捕捉白云的影踪，侧耳倾听表舅赤脚陷在泥沼里踏进拔出的噗叽声以及风吹荷叶的声音。偶尔，还有蜻蜓翅膀扇动的声音以及许多说不出名目的虫鸣。打个盹的时间，表舅单手把我摇醒，不由分说地又把我扔到了肩头，大步流星地回到家中。

小姨婆早已切好葱姜蒜，连带两条绿美人似的黄瓜。起锅烧油，香油冒出袅袅青烟。活蹦乱跳的泥鳅刺啦一声滑下了锅，一口秸秆锅盖及时罩住锅口，镇压了无数条泥鳅无比惨烈的蹦跶以及飞溅的油星。此时的小姨婆好似一位运筹帷幄的大将军，泰山崩于前而不动声色。直至锅中蹦跳声消弭，她才一手掀开锅盖一手轮动锅铲，将泥鳅翻了个面。

外婆坐在灶门前，不紧不慢地添着柴火，神态安详。老姐妹俩手头忙活口中也不闲着，断断续续地聊着亲戚与儿女，还有些我听不懂的喜怒哀愁。我只巴巴地守在灶前，使劲嗡动着鼻孔，贪婪地捕捉着与暮色一同弥

漫的香气。

锅铲与铁锅亲热地交流，发出令人愉悦的刮擦声。两面煎得焦黄的泥鳅被铁铲按压得扁扁的，如同一排排散发着香气的子弹，一颗颗地射向我的咽喉。刺啦一声水响，焦黄的泥鳅在半锅热水里浮浮沉沉。泥鳅在锅里咕嘟一阵后，汤色变得纯白。小姨婆这才一挥手，切成细条的黄瓜丝就飞入了锅中，姜蒜末等配料亦如雪花般撒入。那动作一气呵成，宛若行云流水，颇有几分女侠风范。

20分钟后，泥鳅黄瓜汤顺利上桌。粗糙的大瓷钵内，金黄、微黑的泥鳅间以翠绿莹白的黄瓜丝在奶白色的浓汤里打着旋，简直是一幅五彩斑斓的动态图。

正是掌灯时分。暖黄的灯光下，一大钵的泥鳅黄瓜汤散发着无比诱人的香味，勾动潜伏在我体内的味觉小兽。一经觉醒，全身的细胞都叫嚣着肆虐着，享受着眼前这简单而极致的快乐。泥鳅酥脆鲜香，黄瓜爽口清甜，口感迥异的两种菜品在这道菜里相辅相成，既彼此融合又保持独立风味，碰撞出家常菜中遗世独立的味觉效果。

席间，堂舅绘声绘色讲起了这道菜背后的典故：话说宋高宗年间，双田镇出了位了不起的大人物——帝师余克昌。当他告老还乡时，高宗念老师教导有功，特赐村名为“耆德村”，意为“老而有德”。余老荣归故里后，正逢炎炎夏季。一时之间南北差异带来身体上的不适，令他缺少胃口，身体日渐消瘦。家人看在眼里急在心上，想方设法为其调整膳食。一日，细心的儿媳经过反复揣摩大胆尝试，献上一道泥鳅黄瓜汤，有河鲜的鲜嫩而无半点泥腥，有新鲜瓜果的清甜爽脆而无半点涩口青气，且这道菜的营养价值远远高于食用价值，是治疗苦夏的一道“良药”。其内含丰富的蛋白质、脂肪、维生素、矿物质等营养成分，还有丰富的氨基酸、卵磷脂、维生素A、水分和膳食纤维，所以能有效地补充营养、增进食欲、顺

肠通便，同时对保护视力亦有辅助作用。

余阁老因此爱上这道家常美食，每逢胃口不佳或是有客到访，泥鳅黄瓜汤成为必备上品。渐渐地，这道做法简单营养丰富的泥鳅黄瓜汤就流传出去，成为双田镇耆德村的传统菜式。

那时的我，仅仅是把这个故事当作美食的佐料，左耳进右耳出，并不理解它真正的含义。当我懂得时，斯人已逝。带我去享用美食的外婆、做这道美食的小姨婆，就连抓泥鳅满足我口腹之欲的二表舅，均已留在了光阴的背面。

而我，因文字的关系，这一生已走遍大江南北，黄河上下，品尝过无数个异乡大厨做的“泥鳅黄瓜汤”。南北差异，同样的菜式做出的口味未必相同，该有的鲜香酥脆也不会缺失。可对一个难离故土的人而言，家乡的味道，必定是极致的酣畅的不可替代的，是这个世上独一无二的心灵享受。我想，大概是因为，在异乡，不会有呼唤你乳名的人，也不会有时常拿你小时候的糗事善意地取笑一通的人，更不会有在你伤心失意跌倒时，给你一个温暖且坚定的怀抱、永远不会嫌弃你的贫穷困苦的人。

家乡，绝不仅仅是一个单纯的名词，而应是一枚镌刻在你骨血里的基因符号。家乡的美食，便是起舞在唇齿之间、辗转在味蕾之上的一枚形容词。有爱，有思念，有打断骨头连着筋的血脉渊源，那便是怎么吃也吃不厌倦的灵魂盛宴。

泥鳅黄瓜汤，这道蕴含着我那些至亲至爱的亲人们记忆的美食，无论何时何地都能让我沉沦。我知道我别无选择，我就是这道美食的忠实饕餮客。思极，念极，爱极，无论春夏秋冬。在时光的长河里，以碎碎念的文字祭奠那些爱过我且我至今深爱的亲人们！

红红火火灯笼椒

刘金英

一盘豆豉素炒，或配以肉片、豆腐、鸡蛋、鱼块、大肠、腰花什么的大红灯笼椒端上桌，红彤彤、鲜艳艳，看着那喜庆的红，闻着那满溢的香，一阵欣喜瞬间充盈心间，继而眼、眉、唇的笑纹都纷纷上扬，手更是

迫不及待地挥舞七寸筷，一口接一口根本停不下来。这是我关于灯笼辣椒的儿时的回忆、母亲的味道。

家乡乐平灯笼辣椒全国有名，明清时期就曾被钦定为宫廷贡品，故又称灯笼贡椒，被誉为“天下第一椒”。有幸出生成长地镇桥就是灯笼椒的主产地，而父亲更是种椒能手，故兄妹几个，哪怕走遍天涯海角，最难忘的还是那色香味俱全的灯笼椒。

家乡灯笼椒个大肉厚，色泽通红，娇嫩欲滴，果形似灯笼。到了夏末秋初挂果时，父亲的菜园真像张灯结彩，一棵辣椒树挂上百盏红灯笼，色彩十分鲜艳，一律像上了釉，能照出人影儿，好看得让你移不开眼。很多人家过年的时候，在家门中挂上两串红红的灯笼椒，寓意生活红火、日子甜美，因为灯笼椒也叫甜椒。

灯笼椒不仅样子好看，吃上一口更是让你通体舒畅，难以忘怀。那肉厚脆口，汁多辣甜的椒果，维生素、蛋白质成分含量高，为甜椒系列上乘品种。既可鲜炒，又可腌制，还可生吃。不同的做法会带来不同的口感和味道。记得小时候，和爸爸妈妈去田里干活，中间休息时，爸爸总会摘下一个又大又红的灯笼辣椒，用水洗洗甚或衣服上擦擦，就大口大口地吃起来，发出咯吱咯吱的声音，就像在吃一个红红的大苹果似的，很是享受，馋得我和哥哥也连忙摘下一个，有样学样地吃了起来。一开始吃着不习惯，吃多了觉得越嚼越甜。直到现在，我还经常把灯笼椒做成沙拉吃，那种原汁原味甜辣令人回味无穷！

那时又大又红的灯笼辣椒就是咱乐平农家人的田间小吃，也是餐桌上每天必不可少的菜品。我们一家人都喜欢吃灯笼辣椒做成的菜，炒肉片、豆腐、鸡蛋、鱼块或豆豉素炒灯笼辣椒，妈妈也总是换着花样做给我们吃，但不管怎么做，都是上桌即一扫而光，后吃的人只能倒点剩菜水。

灯笼辣椒不但炒着吃好吃，腌着也特别好吃。听母亲说过，其实腌制灯笼椒很简单，只需两步。先把准备好的新鲜灯笼辣椒用清水洗净，晾干表面水分，再用干净的牙签在它们表面扎几个小眼，放到干净的盆中，加入适量食用盐，调匀腌制，把腌出的水分倒掉。然后准备适量生抽、白糖、米醋，再加入少量米酒。把它们一起放入锅中，加少量清水一起熬煮成料汁，等它降温以后取出放入处理好的灯笼辣椒中。调匀以后腌制 3~5

天灯笼辣椒就能入味，取出就能吃，这样腌好的灯笼辣椒甜脆爽口，特别好吃。自从灯笼椒上市以后，腌制灯笼椒便成了我家早餐的下饭菜，久吃不腻。

而我最喜欢炒着吃，如果放点肉进去炒，那简直是人间极品，吃得我舍不得放下筷子。“灯笼椒炒肉”“豆豉炒灯笼椒”“油淋灯笼椒”“清蒸灯笼椒”是我家乡的几道名菜，家乡的主妇们都会做这几道菜，因为大家都爱吃。你走进任何一家乐平的餐馆，保证你都能吃上色泽诱人、味道上乘的灯笼椒。

1959 年夏中共中央政治局扩大会议和 1970 年秋中共九届二中全会期间，都曾指定乐平将灯笼辣椒专送庐山，供毛泽东等党和国家领导人品尝，成就了乐平灯笼辣椒两上庐山的佳话。2005 年 10 月，灯笼贡椒种子搭乘“神舟六号”进行太空培育试验。据了解，以灯笼椒为特色的“乐平辣椒”已获批成为中国地理标志驰名商标。这真是我们乐平人民的骄傲。

说起来，灯笼椒还是我家的发家史。原本生活拮据的我家，因为和灯笼椒结下不解之缘得到改善。

我 10 岁那年，有一天，爸爸突然宣布：他要种灯笼椒了。我们都很好奇，妈妈说：“我们家不是种了吗？”爸爸说：“我要种很多很多灯笼椒。我们乐平灯笼椒行销到了全国，我们隔壁村的人种灯笼椒发家了。”爸爸是个认准目标就努力去干的人。他把家里的两亩水田改成了地，用来种灯笼椒。爸爸在我们村已是种田种地的一把好手，但是为了种出品种更优良的灯笼椒来，他带上礼品去邻村的种灯笼椒大户请教种植技术。

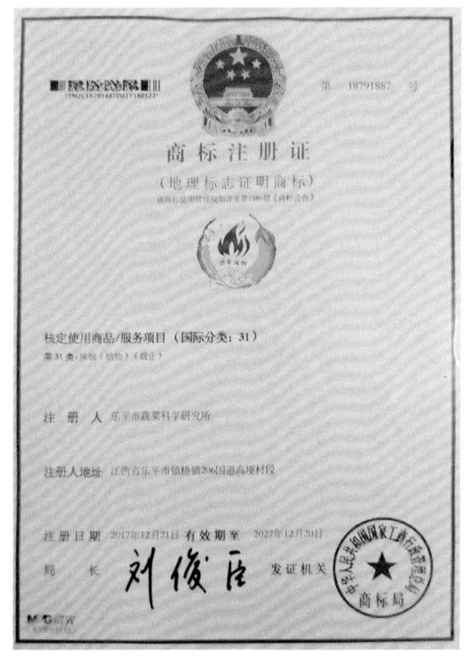

第 18791887 号

商标注册证

（地理标志证明商标）

核定使用商品/服务项目（国际分类：31）

第31类：辣椒（植物）（截止）

注　册　人　乐平市蔬菜科学研究所

注册人地址　江西省乐平市镇桥镇206国道高埂村段

注册日期　2017年12月21日　有效期至　2027年12月20日

局　　长　刘俊臣　　发证机关　中华人民共和国国家工商行政管理总局商标局

回来后，他照顾那两亩地，比照顾他最疼爱的小儿子还虔心。天刚亮他就上地抓“地老虎”，下一场雨就除一次草、培

一次土、施一次肥。他有一担破粪箕，一杆猪屎爬。天没亮，一担空粪箕出去，吃早饭时，挑满满一担猪狗屎回来。他让我们兄妹四个一放学也提上粪箕去捡拾猪狗粪，谁捡拾得多，过年的时候，谁的压岁钱就多，所以我们从小就很勤劳，一个个都是爸爸的好帮手。爸爸说，土肥施得多，土地就肥，种出的灯笼椒就个儿大，色泽亮，味儿鲜。

到了夏天，爸爸带着哥哥钻进村前的大河里捞须草，总要在二亩辣椒地的株里行间，像铺棉絮似的铺上厚厚的一层。天旱时，为了给地里放足水，爸爸有时整夜不睡觉，守着放水。由于肥足水饱，爸爸种的辣椒秧长成了辣椒树，树架胸膛高，爸爸走进去只剩下一个头，一株树一次可以摘红辣椒一二十斤。村里人都夸爸爸辣椒种得好，纷纷向他学习。爸爸从不隐瞒，手把手地教大家。

到了收辣椒时，全家总动员，人手一个大蛇皮袋，穿梭在比我们人头还高的挂满红灯笼似的辣椒树丛中，采摘红灯笼椒。整整一个下午，能采摘好几大袋。第二天凌晨 1 点左右，爸爸用三轮运去乐平卖。中午是我们最开心的时候，因为每次爸爸卖完辣椒回来，都会给我们带些好吃的零食回来。爸爸还鼓励我们自己去卖灯笼椒。除了我们的小弟弟，我、哥哥和妹妹，都和爸爸去卖过灯笼椒。有时采摘的灯笼椒不多，爸爸让我们去卖，卖回来，我们上交整十的钱，零钱自己留着，成为我们一笔累并快乐着的收获，兄妹几个乐此不疲。

一分耕耘，一分收获。自从爸爸种了灯笼辣椒后，我家的生活也有了改善，我们兄妹四人都得以上学，成了那时候为数不多的识字人。也带动了村里的其他人，走上了种菜之路。

如今爸爸不在了，他把勤劳、执着、坚毅、无私的美好品质留给了我们，更将关于灯笼辣椒的美好回忆留给了我们。如今，兄妹几个虽然天南地北各自生活多年，但每年春节回家，最念叨最喜欢吃的还是母亲的拿手好菜素炒灯笼椒，最愿意最提前放进车辆后备箱的也是那一罐罐红红的腌制灯笼椒。因为那寄寓着母亲对我们都要红红火火、快快乐乐的美好希望和祝福。

最是真味炒水蕨

汪华峰

赣东北地区靠近鄱阳湖，这里山川纵横，物产丰富，套用《滕王阁序》里的一个词“物华天宝”来描述它实在并不夸张。这里土地肥沃，阳光明媚，气候温润，是野菜生长的绝佳环境。每年一到春天，阳光明媚起来，空气变得湿润，温度也逐渐上升，蛰伏了一冬的各类植物重新生长出来，山蕨、马兰头、苦菜、野葱、鱼腥草等各种野菜都从土里冒了出来，香椿、槐花等从树梢或嫩枝处旁逸斜出，点缀着春光。

在过去，粮食等物资匮乏，青黄不接时，穷人只好吃野菜。如今，物资充足丰富，人们再不用以野菜补充蔬菜、粮食不足，反而成了富人的高档享受。采野菜、吃野菜甚至成了大家的心头之好和一种乐趣。

在乐平，人们对山蕨很是熟悉，因为当地多丘陵红土，非常适合山蕨生长，但是，对于水蕨，大家恐怕要陌生一点。

水蕨，顾名思义，亲水，通常生长在山区小河小溪边上。每到清明前后，和其他野菜一样，紧随着万物的复苏从泥土里冒出来，三三两两，在春风微拂和阳光照耀下稳稳当当地挺立。不过，它必须在水土优良的环境中才能生长，也难得大片大片地出现，总是稀稀疏疏地混杂在草丛、灌木底下，所以寻找和采摘都需要耐心和细心。水蕨的外形和山蕨相似，只是，它的茎更加粗壮，个头和山蕨比相对矮小，通体碧绿发翠，顶部是花序状，有一些细绒，看起来非常水灵可爱。

采水蕨，有点可遇不可求，因为，并不是只要有溪流的地方就有。不过，一个地方只要你看到过，年年在这个地方都能找到。比方，我户外徒步时，在乐平市洪岩镇尖村和婺源县许村镇的交界区域就发现过水蕨，以后每年春季都顺便路过采摘一些。这里山清水秀，空气清新。清明前后，山间泉水汇聚成的不知名的小溪边上，土地有点松软，正是水蕨软嫩的时候。钻进有点湿润的地里，蹲下身子，在草丛里仔细搜寻，总能发现它直挺嫩绿的身影，胖墩墩的。只要两指对准根部，捏紧，果断地往边上一折，就掐断了。这里掐完，换一个地方，一两个小时，就能采一大袋

水蕨。水流汩汩，声音流入心窝，沁人心脾。一番辛苦下来，望着满满收获，甚是欢喜。

采回家后，放地上摊开，把一根根水蕨底部老化的茎掐掉，剩余部分堆成一堆。把水烧开，把整理好的水蕨放入锅中焯水，这样有两点好处：一是焯水后嫩茎就不会老化，保持鲜嫩；二是可以去除野菜所携带的泥土腥味和涩味。然后放入冷水摊凉，捞出拧干水分，切段，倒入锅里热油中，加腊肉、猪油大火翻炒，葱姜蒜小米椒亦可加入，再度翻炒几番，五六分钟后，即成佳肴，入口温润酥脆，清香可人，如果有野葱段，味道更浓郁。

近年来，一些山区发展旅游业，野菜成为餐馆新宠。当地百姓采集水蕨卖给餐馆，额外获得一份收入。这种小众野菜，城里难得吃到，所以深受城里人喜欢。

近几年，我每到春季会顺便去采一些水蕨，总发现一些断茎露在地面，这说明之前已经有人采过。不过，野菜也是采不完的，你采一茬，不久就会又长出一茬，况且，只要你留心寻找，总能看到“漏网之鱼”。

把采摘好的水蕨带回家中，如果不能及时炒，焯水后放冷水摊凉，拧干水分，用保鲜袋装好放入冰箱冷冻层，保存几个月都不要紧。要吃的时候，取出用冷水化开，依旧鲜嫩如初，做好之后，春天的味道依旧，在你的唇齿间留下芬芳，让你又想起那春天的原野，流水潺潺的声音仿佛响在耳边。

回味家乡的甜辣水果“乐平灯笼椒”

黄建松

谁最能吃辣？网络上有个广为传播的绕口令：四川人“不怕辣”，湖南人“辣不怕”，江西人“怕不辣”。另外，也有个版本：四川人“不怕辣”，贵州人“辣不怕”，湖南人“怕不辣”。这个绕口令，不仅有能吃辣的比较，而且还有好吃辣的比喻。

我是江西乐平人，喜欢吃辣，但到贵州吃辣，一不小心就会辣得直扇嘴巴。贵州辣那是真的辣，和吃了辣椒素一样的干辣，贵州辣确实有特色，值得一提。第二个绕口令中之所以没有江西人，我觉得不是江西人吃辣没有进入前三名，而是江西辣与湖南辣的辣味有很多相似之处，辣度也相差不大，大多都是那种润口甜的微辣，这估计也是江西人和湖南人无辣不欢的原因。所以，这个版本中的“怕不辣”应是包含了湖南人和江西人。然而，由于湘菜在全国传播更广泛、更有名，湖南人又称江西人为“老俵”，所以“怕不辣”就以湖南人为代表了。

江西人不仅好吃辣全国出名，而且江西的辣椒也是鼎鼎有名，如“余干辣椒”“宁都辣椒”“樟树港辣椒”等特色品种。工作后我到过成都、重庆、贵阳，读研究生时又在长沙，可吃一遍下来唯有家乡的甜辣水果“乐平灯笼椒”让我回味无穷。小时候的夏天，我们小孩捉迷藏时常躺在椒禾下，因为渴了可以吃个灯笼椒，饿了也可以吃个灯笼椒。记得有一次，我躲藏在累累红果的椒禾下，跷着二郎腿又吃又喝起来……小伙伴们久找不见就急慌了，呼喊着大人打着手电筒来找，当爸妈发现时我正在椒禾下呼呼大睡。

“乐平灯笼椒”因果似灯笼而得名，又称“乐平灯笼贡椒”，因为在明清时期曾被钦定为宫廷贡品，誉为“天下第一椒”。近现代有关其专供、特供的说法也常有流传。成熟后的“乐平灯笼椒”果大肉厚，色泽通红，娇嫩欲滴，看一眼就会让你馋涎难忍，吃一口更是让你通体舒畅，那肉厚脆口、汁多辣甜的椒果，所有吃过的人都会难以忘怀。

“乐平灯笼椒”有很多种吃法，可以像吃水果一样生吃，也可以炒、

炖、腌、泡等，不同的吃法、做法会带来不同的口感和味道。我特别喜欢的还是炒着吃，我们老家的名菜有“灯笼椒炒肉”“豆豉炒灯笼椒”“油淋灯笼椒”。以至于现在每次回到老家，只要餐桌上上了灯笼椒，我都会立即尝起来，顾不上有没有开桌或什么名利场面，没有了斯文、没有了节制，兴致来了再下一碗饭，实在不好意思了就留个小半盘给大家。以灯笼椒为配料的名菜更是不胜枚举，如“冬笋炒肉”“茭白炒肉”“藕片炒肉”等，放点切片的灯笼椒和葱段，红白绿相间，更是秀色可餐。此外，用灯笼椒做的腌制剁椒，既是我特别喜欢的，也是我特别怀旧的。读初、高中时，我在城里学校寄宿，学校饭菜吃不下，妈妈常会给我做一罐腌制剁椒带到学校，每餐吃一点特别下饭。

“乐平灯笼椒”不仅好吃，而且营养丰富，维生素、蛋白质成分含量高，为甜椒系列上乘品种。以灯笼椒为特色的“乐平辣椒”已获批成为中国地理标志驰名商标。2005 年 10 月，“乐平灯笼椒”种子还有幸搭乘“神舟六号”进行了太空培育试验，以提纯复壮。在乐平，沿乐安河一带的镇桥、乐港、后港、礼林、接渡、众埠、鸬鹚等乡镇都有大量种植辣椒，其中又以镇桥蔡家产的大子粒辣椒和接渡窑上华家村产的小子粒辣椒最为有名。目前，乐平辣椒全年种植规模有 2 万亩左右，是我们家乡蔬菜主导品种之一。

我的家乡除负有盛名的“乐平灯笼椒”之外，还有“乐平炒粉”“乐平萝卜饺子”“乐平狗肉”等几十种名吃，其做法和口味都与众不同。同时，乐平还是“中国古戏台之乡”“赣剧之乡”，素有“马氏文章，洪公气节”美誉的历史文化名城，自东汉光和元年（178）建置乐平县至今已有 1845 年。乐平是省辖、由景德镇代管的县级市，人口近百万，地处鄱阳湖盆地边缘与赣北丘陵接界处，山水相连美

不胜收，境内有“洪岩仙境（4A）”“文山怪石林（4A）”“翠平湖”等十余个自然风景区，以及“乐平古城”“乐平古戏台”“红十军建军旧址”等人文景点，与“世界瓷都”景德镇、中国最大淡水湖鄱阳湖、“最美乡村”婺源、“人文圣山”庐山、道教名山三清山等景区旅游线路交叉相会。来江西旅游的朋友，不妨到我的家乡乐平走一走，领略小城人文，品尝乐平美味。

乐平苦槠豆腐

王佳裕

每年秋末初冬的时候，山上的一种小坚果便开始零星地往下掉，它外形如小笼包，身着棕褐色或棕黑色的外衣，顶部有个短尖，这是我童年时最喜欢捡的野果，它就是苦槠树的果实——苦槠子。

苦槠为壳斗科锥属的高大常绿乔木，别名槠栗、苦槠锥、苦槠子等，主要产于长江以南五岭以北、四川东部及贵州东北部，是常绿阔叶林的主要树种，在我市山区非常常见。苦槠的“苦”源于它的子叶（或称种仁）吃起来有苦涩味，所以苦槠果一般不直接吃，但苦槠果的种仁含有丰富的淀粉，经过我们劳动人民的双手，它会被加工制成一道别具特色的绿色美食——苦槠豆腐。

以前听到苦槠豆腐这个名字，总以为是苦的，饭桌上从未动过筷子，长大后去了邻省读书，有次放假回家，桌上刚好又做了这道菜，试探性地尝了口，没想到这一尝，瞬间征服了我的味蕾。如今，每到适宜季节，便主动邀请奶奶拎着篮子进山捡苦槠子制成豆腐。

苦槠豆腐的制作由来已久，据说以前在蝗虫成灾，大豆绝收的情况下，没有大豆就做不成豆腐，某农家看到那苦槠果实饱满，就尝试着采苦槠晒干，然后浸泡、磨浆，按照做豆腐的方法制作成豆腐。尔后村里邻居逐渐照样仿制，再然后逐渐扩散到大部分地方都学着做苦槠豆腐，后来一段时期，苦槠豆腐竟然成为招待亲朋好友必备的一道菜。清人吴其濬在他的《植物名实图考》中已有记载：“余过章贡间，闻舆人之诵曰：苦槠豆腐，配盐幽菽。皆俗所嗜尚者。得其腐而烹之，至舌而涩，至咽而餍，津

津焉有味回于齿颊。”可见当时在江西地区，苦槠豆腐已很受欢迎。

苦槠豆腐与豆腐制作工艺大同小异，只是原料由大豆换成天然的苦槠果。捡回家的苦槠果虽然大部分是开裂自行掉落的，但是为了更加容易获取里面的果仁，还需要曝晒几日才好破壳取“肉”，然后将一颗颗圆润、雪白、坚实的果实洗净后装入水桶中浸泡过夜，次日便被舀上石磨台，在一圈圈、一勺勺、一滴滴后化为一滩白液，过滤后的白浆与黑柴火灶台形成鲜明的对比，但经过柴火的升温不停冲匀凝沍后达到水乳交融，最后静置加压冷却定形，拿起不锈钢片将其切割成块、顺势放入清水中浸泡清漂。制作好的苦槠豆腐散发着天然的香气，新鲜的苦槠豆腐可煮、炒、炖，其中一种煮法则是起锅烧油，油热后煸炒肉馅变色，加入蒜片和干辣椒碎，佐以腌好的雪里红，滑入经过漂洗的苦槠豆腐，倒入酱油和水调味，炖一会儿至豆腐透明，撒上葱花，便得到一盆有减肥、排毒、止泻、延缓衰老等功效的美味，带来柔韧、细、滑、软、香舌尖上的享受。

拾苦槠子的乐趣恍如就在昨日，每次回忆起来脸上总不自觉地泛起微笑。旧时大自然恩赐的充饥物，如今变成美味又健康的家乡味。苦槠豆腐作为一种打上了浓郁乡土印记的家乡菜，已进入乐平人民的血脉之中，特别是那些漂泊在外的游子们，苦槠豆腐在他们心中有很重的分量，舌尖上的乡味，味蕾上的乡愁。

乐平菊花糊

汪丽霞

生活不止有诗和远方，还有我们念念不忘的记忆味道。

——题记

乐平菊花糊是中国江西省乐平市的特色传统食品，起源于明朝。菊花糊起源于乐平市的南门巷，最初是由当地人民发展出来的一种传统食品。

菊花糊的历史可以追溯到明朝末年。据传，明朝末年，乐平市附近曾经发生过战乱，导致当地的居民生活困苦。在乐平市南门巷附近，一位姓林的细心居民发现附近有许多野菊花，决定尝试将这些菊花制作成食物，以增加食物供给。

林姓居民精心摘取、清洗和烹煮野菊花，最终制成了一种糊状食品。由于当时社会资源匮乏，菊花糊成为当地居民的主要食物之一。然而，由于当时技术条件的限制，菊花糊的味道并不是很好。

随着时间的推移，乐平市的居民逐渐改良了制作菊花糊的方法，并增加了一些其他的食材，如红枣、核桃、芝麻等，以增加口感和营养价值。此后，菊花糊的味道和质量得到了提升，逐渐成为乐平市特色传统食品。

在乐平这座美丽的江南小镇，菊花糊既是当地人的日常小吃，也是节日的必备佳肴，更是老一辈人记忆中的味道。它不仅是一道美食，更是一种情感的寄托，一种生活的写照。

制作菊花糊的过程并不复杂，但每一步都需要精心操作。首先，选用新鲜的菊花瓣，最好是秋天刚采摘的，花瓣饱满，颜色金黄。将花瓣洗净后，放入锅中，加入适量的清水，煮至花瓣变成泥状。此时，花香四溢，令人心旷神怡。接下来，将煮好的菊花泥过滤出来，留下菊花汁。在这个过程中，一定要小心火候，避免菊花糊烧焦。

在菊花汁中加入适量的糯米粉，慢慢搅拌均匀，直至成为黏稠的糊状。然后，将糊状物倒入锅中，用小火慢慢熬煮，边煮边搅拌，防止糊底。煮的过程中，菊花糊的颜色会逐渐变深，香气也会越来越浓郁。当菊

花糊变得晶莹剔透，香甜可口时，就可以出锅了。

品尝乐平菊花糊是一种特别的体验。当你用小勺子舀起一勺，放入口中，那股香甜、绵软的口感立刻充斥整个口腔。那独特的菊花香和糯米粉的甜味交织在一起，让人回味无穷。细细品味，你还能尝到一丝丝的菊花独有的苦涩，那是自然的味道，也是记忆的味道。

乐平菊花糊的味道不仅仅是一种口感，更是一种情感的寄托。它代表着乐平人的勤劳、淳朴和热情。每当秋风起时，家家户户都会制作菊花糊，分享给亲朋好友。这种习俗已经传承了数百年，成为乐平人生活中不可或缺的一部分。

在乐平，菊花糊不仅仅是一种小吃，它还蕴含着丰富的文化内涵。每年秋天，当地的菊花种植户都会将采摘下来的菊花售卖给附近的糕点店和家庭作坊，用来制作菊花糊和其他糕点。这种传统不仅促进了当地经济的发展，也为人们带来了美好的回忆。

当你品尝着香甜可口的菊花糊时，你不仅能感受到它的美味，还能感受到那种浓浓的人情味。在乐平，人们喜欢聚在一起，品尝菊花糊，分享彼此的生活琐事。这种简单而美好的习俗，让人们更加紧密地联系在一起，共同分享着生活的喜怒哀乐。

随着现代生活的快节奏，人们越来越倾向于快餐式的生活方式，但是，乐平的菊花糊却依然保持着它那传统而质朴的味道。这是因为，在乐平人的心中，菊花糊不仅仅是一种美食，更是一种情感的寄托和记忆的味道。这种传统美食的传承，也是对生活的一种热爱和尊重。

总的来说，乐平菊花糊是一道具有深厚文化内涵的美食，它代表着乐平人的勤劳、淳朴和热情。当你品尝着它的香甜和绵软时，你会感受到那种浓浓的人情味和生活的美好。如果你有机会来到乐平，我强烈建议你一定要品尝一下这道美食，感受它带来的独特味道和情感体验。我相信，你一定会被它的美味和魅力所吸引，深深地爱上它。

如今，乐平菊花糊已经成为乐平市的著名特产之一，并以其独特的口感和丰富的营养受到了广大消费者的喜爱。制作菊花糊的技艺也逐渐发展成为一门传统手艺，传承至今。

家乡的豆豉灯笼椒

华丽亚

豆豉灯笼椒是家乡美食留给我舌尖上的记忆，也是亲人留给我温情而深远的回忆。

小时候，家乡神溪华家村常年种植“灯笼辣椒”。而豆豉灯笼椒是故乡家家户户都爱做的一道蔬菜，就地取材，脆辣鲜香，历来都是农村下饭神器。虽是家常菜，但却是乐平人味蕾里不可替代的美味！

当时，华家村分给我家约二亩菜地（靠近蔡家村田畈），土壤适合种乐平出名的大子粒辣椒。也就是明清时期曾钦定为宫廷贡品，后被誉为“天下第一椒”的“灯笼辣椒”。1980 年，乐平“灯笼辣椒”被评为江西省地方优良品种，1999 年乐平“灯笼辣椒”和乐平水芹作为乐平及江西名特蔬菜品种送“’99 云南昆明世博会”参展并获奖。2003 年乐平市蔬菜办与国家航天育种中心合作，精心挑选了 100 克“灯笼辣椒”种子，搭载卫星进行太空育种试验以提纯复壮，进行了太空培育试验。家乡“灯笼辣椒”可谓是上天入地之产品，很博世人眼球。

今天的乐平“灯笼辣椒”，主要分布在镇桥蔡家、华家、浒滝、渡头等村，以镇桥蔡家种植为主，大部分以露地栽培，少量竹拱大棚栽种。辣椒经过几代的培育与改良，品质越来越好，辣脆甜香的“灯笼辣椒”，留给我童年的记忆是快乐温馨甜美的。

引以为傲的“灯笼辣椒”，也是我爷爷的心头最爱。20 世纪 70 年代末，分田到户后，爷爷对土地更加痴迷。每天五点来钟就扛着锄头上畈侍弄菜园，菜园一年四季蔬菜喜人：苋菜、空心菜、大豆、南瓜、茄子、西红柿、大子粒辣椒、青菜、萝卜……

爷爷对种“灯笼辣椒”特别用心。每年 11 月份，他从辣椒地里挑选出个大肉厚、分量重、形态美、光泽亮的红辣椒，把它们晒干剥出里面黄灿灿的籽留做种子。第二年 4 月下种时，爷爷用炉灰与鸡粪作有机底肥，他小心翼翼地掏出准备好的辣椒籽，撒进菜园早已垄好的土畦里，播种后又在土畦上盖一厘米厚的细土。初夏，辣椒移栽后，每下一次雨，爷爷就

要给辣椒锄一次草、松一次土、下一次肥、培一次土。如遇天干，辣椒叶子旱得卷成筒，小小的白色辣椒花掉落一地，爷爷心疼得要命，忙挑着水桶去沟渠四处找水，一遍遍往返担水浇灌它们，直到菜地湿润，辣椒叶子舒展了，爷爷这才放下水桶，坐在辣椒田头抽起旱烟斗，烟雾中的辣椒枝叶相抱，摇曳舞蹈，爷爷露出了舒心的笑容。

因为爷爷的缘故，我爱上了吃“灯笼辣椒”。读小学时，夏天傍晚一放学，同学们大都要上畈帮忙做事，如：打猪草、放牛。其间会偷摘“灯笼辣椒”解馋，我看见鲜红、紫红、青红、青亮的辣椒挂满了枝头，还真舍不得摘它们。但架不住伙伴的一句话：不摘“灯笼辣椒”吃，就不和你“戏”。立即让人陷入孤立中。为头的几个调皮同学从家中“偷”来了豆豉、盐、麻油、酱油。却叫我去菜地里“偷”爷爷的宝贝红辣椒。没有法子，我只好蹑手蹑脚地溜进辣椒地，不一会一草帽“灯笼辣椒”就摘回来了。我们躲进牛棚里，大家七手八脚：破开、去籽、撕筋、洗净，用小刀切成小块，装进罐头瓶里，边装边拌上盐、最后放入豆豉浇上麻油与酱油，密封一个来小时。我们装模作样地打猪草的打猪草，放牛的放牛，但眼睛都会不自觉地瞟向牛棚的位置。一个来小时，仿佛等了一年，大家不约而同地汇拢，拿上冬茅秆做的筷子，迫不及待地打开罐头瓶，你一口我一口地品尝，这个小学版腌制的红“灯笼辣椒”，香喷喷、脆生生，颇有一番风味。

爸爸在县城上班，每个星期六回家，奶奶就要炒上一盘豆豉灯笼椒，一是犒劳爸爸，二是让爸爸解解馋。奶奶一般都是叫我去菜园里摘“灯笼辣椒”，我高兴地拿着篮子一路小跑。来到辣椒园里，一米来高辣椒树，行行合拢，密密匝匝，鲜红的辣椒像一盏盏点着了的“红灯笼”，张灯结彩闪烁在绿叶中，非常诱人。我专挑个大、肉厚的辣椒采摘，一斤只有十来个，我摘了满满一竹篮。要是爷爷看见了，一定要心疼的。

当时每个农村的菜园子都是一家人的钱袋子。镇桥“蔡家辣椒”是出了名的“灯笼辣椒”，早年曾特供领导品尝。20 世纪 80 年代初，家里的几亩田地一半种粮食与棉花，一半种蔬菜及“灯笼辣椒”，那是一家人的油盐酱醋与孩子们的书费学费。

记得八、九月份“灯笼辣椒”丰收了，爷爷打算去鸣山煤矿卖辣椒。

早上四五点钟起床，迎着露水与晨曦，爷爷挑着满满一担子红红的“灯笼辣椒”，急急地往前赶，我一路小跑紧跟着。爷爷喘息说，快点走，赶到七点前到，定能卖个好价钱。我们花了一个多小时赶路，终于 7 点之前来到了煤矿菜市场。当我们把辣椒从箩筐里倒出来，红艳艳一片，马上吸引了买菜的妇女们，她们围上来问道：是镇桥本地“蔡家辣椒”吗？是本地“灯笼辣椒”吗？爷爷慢声细语道：是自己种的，镇桥“灯笼辣椒”。妇女们听了争抢起来，七嘴八舌说，“蔡家辣椒”好出名的，是贡椒，得过奖！也叫“灯笼辣椒”，哎，这个辣椒还真像红红的小灯笼。我听了心里很骄傲，手忙脚乱地帮忙算钱收钱。不到一小时“灯笼辣椒”就抢光了。原来妇女们买回去，有的是做辣椒饼或辣椒酱，有的是做豆豉腌辣椒，有的是慢慢炒来吃，都想尝尝“天下第一椒”的美味。

（汪和云 摄）

爷爷种的“灯笼辣椒”每年要卖出一两百斤，为我们的书费学费贡献了力量。奶奶的豆豉灯笼椒却是我一生的回味。当我把一篮子“灯笼辣椒”交给奶奶时，奶奶踮着小脚来回忙碌起来，拿出豆豉、洗净辣椒，手撕成小块。灶膛里架起大火，干锅爆炒辣椒，炒煸炒干水分盛出。洗净锅，继续放菜籽油（香油），大火烧至冒烟，放入半把豆豉，调小火爆出豆豉香味后，迅速倒入煸好的辣椒，翻炒片刻调入适量盐和生抽，翻炒均匀即刻起锅装盘。

爸爸高兴地吃上一口，嘴巴“吧唝”一响，开心赞叹道：镇桥的“灯笼辣椒”，真是名不虚传，甜中带脆、脆中带辣，香喷可口。我学着爸爸的样子，吃得“吧唝”作响。如今，爷爷、奶奶、爸爸都去世了，我也离开故乡 40 多年了，但心中豆豉灯笼椒的味道，清晰难忘，隽永绵长。

接渡民间的几道知名菜蔬

张邦富

地处乐平城东的接渡，是赣东北腹地广袤平畴的中心。乐安河流入这块土地如蛟龙般的翻腾飞跃，留下一个潇洒的“S”形，使得这方水土充满灵性，千百年来孕育了多姿多彩的文化——汨滩饶娥的孝文化、南窑甑皮山的陶瓷文化、杨家店的手工业文化、儒林杨家的渔文化、淇头方张李的造船及航运文化、窑上华家的陶瓷文化等。

在历史的长河里，接渡村落里烟火繁盛，河流上船帆悠然。

新中国成立后，乐弋公路、乐德公路在接渡这块土地上穿行，乐平发电厂、乐平化肥厂、五七化肥厂、乐平煤渣砖厂和钟家山煤矿先后在此落户，巨大的人流和庞大的物流使这里热闹非凡。现代工业文明又为接渡续写了辉煌的篇章。

接渡是乐平最有灵性的热土，是最有烟火味的福地，也是乐平幸福的基石。

在传统的历史文化和现代文明的浸润下，接渡的民间文化一样丰富多彩，源远流长，比如其饮食文化就可圈可点，耐人寻味。

窑上辣椒

辣椒是农家离不开的食材。只要炒菜人们都习惯切几个辣椒做佐料，就好比大蒜、生姜、香葱。如果煎鱼，煎泥鳅黄鳝，煎鸡蛋，或者炒螺蛳，炒虾，辣椒放得更多。

炒荷包辣椒是人人喜欢的家常菜。剥了蒂的辣椒，等烧红锅，熬熟油，也不用刀切，直接倒进锅里，用锅铲背边拍边煸，等辣椒碎了，抓一把豆豉扔入锅中，再撒上些盐，翻炒一会，辣椒的辛辣之味就被激发出来，吊人胃口。这时滋点水，立即起锅。吃饭时，这道下饭菜是人人的最爱，个个吃得大汗淋漓，鲜香过瘾。

新鲜的红辣椒切碎，用菜刀铲进一个小碗里，撮一撮食盐，放一小把豆豉进去，用筷子一拌，就是一道腌辣椒，立即就可以下粥，那个滋味没

法说清楚，反正一个字：鲜。有人下饭也喜欢用筷子挑一点放进饭碗，既催饭又开胃。

过年前天天吃酒席，过年了天天吃大鱼大肉，时间一长，就惦起了辣椒，幸好秋天家家都晒了青辣椒、红辣椒，这干辣椒壳宝贝一样藏着，随手抓一大把，放脸盆里用冷水一浸，像泡香菇木耳似的，等发好了，也不用刀切碎，下锅就炒，放了豆豉的辣椒壳，真是人间美味。

当然这些老味道源自“窑上辣椒”。

窑上辣椒，秆矮叶碎，果实小巧，俗名“矮子辣椒”。这种椒栽苗时越小越好，有口头禅：“洛苏叻（茄子）栽花，稍胡椒（辣椒）栽芽。”栽苗时每蔸抓把干鸡屎着在垄上，用小铲子铲松土，再把鸡屎与土和匀，然后栽入小苗。培土时，每棵辣椒施一把菜籽枯，到坐果时，结出的辣椒皮光油亮，品相极佳；到了秋，老椒紫中透红，颜色可人。

“窑上”有上下两窑，这里唐朝就是陶瓷产地。据说这里的地下埋有古窑遗址，陶瓷不明不白地在此消失，辣椒又稀里糊涂地有了悠久的历史。这个村子的“矮子辣椒”村民年年留种，家家年前播种，户户开春售苗。苗用篮子提，或用担子挑，分散走村串户一路叫卖。因为这矮子椒品质纯正，早已名声远播，深受农户欢迎。不少路远的人还慕名上门购苗。

早年各村各姓千家万户的菜园种的都是窑上的“矮子辣椒”。

东津粉藕

藕是常见的食材。

藕有的生长在池塘里，有的生长在水田里；有的藕以粗长似手臂见长，有的则以白嫩而吸引买家。然而有一种藕模样细瘦，表皮颜色也如锈迹一般，在市场上它不仅价格高，而且深受顾客青睐。细瘦是它的品牌，锈迹是它的标签，这便是本地东津粉藕。

东津畈是个古村，因一条东津古溪从村边流过而得名。这脉活水一支蜿蜒在各家的家门口，早晚有人在水边洗涮，最后流入村前的田畈。另一支则在村后田畈里穿行向西。它流经的是深深的田垄。这田垄宽达十数丈，长过千米，即使大旱，水深依然过膝。这田垄不宜耕作，是一块处女地。下游一段，水更深，古称“团鱼塘”，旧时野生鲤鱼、鳡鱼身长几尺。

东津粉藕就在这田垄里野生野长。因为是活水，没有污染，所以这近两百亩的莲荷所产的莲藕口感特别，风味极佳。

早年这里的藕无人管理，中秋前后，本村或邻村的村民可任意采挖拿回家当作食材，但没有人把它当作特产拿到市场出售，顶多是送给亲戚尝鲜。

东津的粉藕做法简单，不像有的藕要配上肉炒才好吃，也不像有的藕煲汤才有鲜味。它不需要那些讲究，用菜油或猪油炒均可，油少些也无妨，藕下锅烧两灶火就熟了，除了盐和少许的葱段，其他的佐料于它都是多余，起锅前把绿葱撒下去，铲起来就是一盘清香扑鼻的好菜，吃起来一点不柴，而且粉糯，唇齿留香，老少皆宜。坐月子的女人忌口多，粉藕却不在其内，还营养开胃，增强食欲。哺乳期的女人吃它，特别催乳。东津畈人招待客人，少不了要炒个粉藕，每当有远道而来的客人吃过这藕，都会赞不绝口。

自从东津粉藕当作蔬菜出现在市场上，过年过节或摆酒席，买莲藕时，人们都把它当作首选。有人开玩笑说：东津畈粉藕就是扔在地上的藕梢，捡几截一炒，也是佐酒下饭的好菜。

李家白薯

如果把东津粉藕比作山野村姑，那么李家的白薯就是大家闺秀。

李家白薯历史悠久，几百年来，其栽培方式对外人来说，一直是个秘密。世世代代的李家人不仅守口如瓶，而且把这秘密当作宝贝一样藏着捂着，即便在外做客，酒后也不失言。说来稀奇的是，外嫁的女儿对娘家这白薯的生长过程也一无所知，仿佛从投胎落地到嫁作人妻其间的两十年光阴曾经屏蔽。

然而当你来到李家作客，不论是贵宾，还是闲客，李家人都会从地窖里拿出白薯，切成块放甑里蒸，或放锅里炖，当点心或当菜招待你。如果你从未吃过，心里会十分期待。等待的期间你忍不住就会展开联想，联想起红薯、芋头，甚至北方的土豆和山药，但怎么也弄不清这外表毛糙，形如萝卜的家伙在口腔里究竟是怎样的味道。在此之前，你或许会觉得这里的李氏太古板了，当看到主人如此热情地为你张罗而忙碌时，你会突然发

觉李家人实诚厚道，不仅不吝啬，反而豪爽大气。这时，你不仅理解他们，甚至会这样想：如果自己是李氏后人，白薯的栽培技艺也会秘而不宣。

终于要开饭了，男主人摆好桌凳，女主人就来擦拭了。鱼肉上桌了，酒斟上了，碗筷也备齐了。一桌的家常味道，主客落座，开怀小饮。正当你迷惑不解的时候，女主人从厨房里端着一大盆热气腾腾的菜肴小心翼翼地走来。男主人立即起身接了过来，旁人把鱼肉移开，大盆放在了正中。“白薯不怕火大，炖得越烂越好。”主人一边解释一边热情地招呼你等品尝。这时，你已迫不及待，夹起一块，好大，分量超过大块的肥肉，色白如膏。咬一口，一嚼，又软又糯，味蕾的空白一下被填上了，只觉自己今日好有口福。

这李字号的白薯，过去在接渡的菜市场上，常常露面，因为那时家家都种。现在年轻人都外出创业，或者外出务工，种的人少了，种的地也少了。近些年李家产出的白薯在景德镇非常走俏，本地人就难有口福了。

窑上辣椒，其鲜辣的灵魂；东津粉藕，其纯正的品质；李家白薯，其爽滑的口感，不知俘获了多少人的味蕾。它们的魅力除了有阳光雨露的恩赐，想必更主要的是有这方水土中灵气的加持，所以才成就了它们的美名。

五

品菜评谭·评名点

乐平“萝卜饺仂”

吴子仁

江西景德镇乐平的地方风味小吃和特色食品真不少，谷酒、清明粿、叶子饺、萝卜饺、锣匠粿、糕粿仂，以及冻米糖、芝麻片、桃酥等，大都小有名气。这些地方风味小吃和特色食品都源自乐平传统风俗和民间节庆。旧时逢年过节，乐平家家户户都会做节令食品，如清明包清明粿，端午节包粽子、搨叶子饺（桐子树叶或桑叶），农历七月半做锣匠粿（或叫月半粿），中秋印糕做饼，过年下糯米酒、做糕粿仂、冻米糖、芝麻片等等。“小孩盼过年”，逢年过节，爸爸妈妈都会忙上忙下，准备这准备那，就为了让孩子们一饱口福，享受节日的味道。现在物资丰富了，市场上常年都有买，想吃就吃，但缺少了爸妈的味道，缺少了节日的气氛。在这些风味小吃和特色食品中，既普通、朴素又常见，且经济实惠的，至今家家户户仍然可以自己动手做，保留原汁原味且让我印象深刻的还是乐平的萝卜饺仂。

悠扬的乐安江汇聚洎水、官庄水、长乐水、建节水、车溪河、安殷水、磻溪河等支流奔流在乐平广阔的大地上，给乐平塑造了许多土质松软肥沃的冲积平原。在这片松软肥沃的土地上，勤劳的乐平人民辛勤耕作，造就了乐平历史悠久的农耕文化和繁荣富饶的农业经济。自古以来，乐平物产丰赡，品种多样，有芝麻、花生、黄豆、小麦、棉花、甘蔗、稻谷、油菜、红薯、芋头、萝卜及众多品种的蔬菜、水果，其中“红黄蓝白黑”五色物产最为有名。红是红辣椒，黄是干萝卜丝，蓝是靛青，白是石灰，黑是煤炭。除石灰、煤炭是矿产外，其他都是农产品，萝卜占有重要的一

席之地。

也许有不少人感到纳闷，乐平现在棉花、小麦不多，靛青更是难得一见。可在七八十年以前，乐平大地上盛产棉花、小麦。20世纪三四十年代，我爷爷就是白手起家，依靠轧棉花、磨面粉、做面条等棉花、小麦加工业发家致富的。靛青是一种生物有机染料，“青出于蓝而胜于蓝”就源自靛青。制作靛青的苜蓝、蓼蓝在乐平栽种历史悠久。利用靛青印染织物，是我国民间的传统工艺。现代印染科技尚未普及的时候，人们穿的衣、盖的被都是用靛青印染的。乐平靛青曾经行销全国，是大宗优质商品。

松软肥沃的土壤非常适合萝卜的生长。乐平栽种萝卜历史非常悠久，多年以来在乐安江两岸广为种植。据《乐平县志》记载，光绪三十年（1904），乐平“萝卜一项，收成甚丰，乡民刨成细丝，行销各省，价值约三四万金”。抗美援朝期间，乐平为中国人民志愿军输送了百余万斤萝卜丝，为抗美援朝作了贡献。三年困难时期，乐平萝卜曾大量外运，支援灾区人民。乐平萝卜个大皮薄，肉嫩汁甜，质地松脆，不少人喜欢生吃，一口咬下去，香甜脆爽，满口生津。萝卜是越冬作物，经霜历雪以后品质更佳。“上床萝卜下床姜”“冬吃萝卜夏吃姜，不用医生开药方”，萝卜可以做菜，可以充饥，还能健脾消食、润肠通便、灭菌杀虫、预防感冒、提高人的免疫力。1980年12月，江西省蔬菜品种资源调查，乐平萝卜被评为地方优质品种。

有优质的萝卜就可以做出美味的萝卜食品。用萝卜做原料的菜品和食品很多，素炒、配肉、煲汤、做馅、煎饼等等，有的厨师能把萝卜做出人参味来，美其名曰“养生萝卜”。乐平的萝卜饺仂别有风味，是萝卜食品的“代表作”，是乐平的一张特色名片。有外地人到乐平做客，乐平人在招待客人的酒席上都会叫上两盘萝卜饺，一盘辣一盘不辣。熟悉乐平的人到乐平吃饭，不管是早餐还是中、晚餐一般也都会吃萝卜饺。乐平的萝卜

饺选取乐平本地产的优质萝卜做馅，将萝卜洗净刨皮，刨（切）成细丝，放点盐腌制 20 分钟后，挤出大部分水，再加上香油、葱和适量盐，馅就做好了。当然也可以依个人口味或食客口味，在萝卜馅中加乐平产优质辣椒（干辣椒或鲜辣椒）、加猪油渣、加适量猪油或加新鲜猪肉丝，辣、香、鲜、爽及营养就都有了。也有人将刨成细丝的萝卜放在水中煮开后起锅，去除水分再调味，这样吃起来会感觉比较柔软。包萝卜饺最好手工和面、手工擀皮，冷天和面还需加点温水，将面充分揉搓，和通和透，再“醒”20 分钟，然后包饺伪，口感会更好。“滚包冷粽”，热气腾腾的萝卜饺伪端上桌趁热吃，味道好极了。乐平人性格豪爽、热情好客，爱喝谷酒，在酒足菜饱之后，再来两盘萝卜饺伪，又会让客人胃口大开。萝卜饺解酒去腻，开胃消食。

现在市场上有很多速冻水饺、速冻包子、速冻馒头等等，但没有速冻萝卜饺。如果有哪位有识之士，将乐平萝卜饺生产批量化规模化，做成速冻萝卜饺，打造品牌，推向市场，既满足一些在外工作的乐平人回味家乡味道，也可以让全省全国人民知道乐平味道，很有可能造就一个新的食品产业，为乐平经济发展作出贡献。

如果你去乐平，一定要吃“萝卜饺伪”！

难忘乐平麻糍香

夏宇欣

拥有 1845 年置县历史的乐平，土地丰沃，物产丰富，素有赣东北“聚宝盆”之称和“鱼米之乡”的美名。无忧无虑的生活状态造就了此地百姓三“好”生活习惯，即好客、好玩、好吃，其中尤以好吃为盛。这里的百姓，大小节庆要吃，朋友聚会要吃，生日做寿要吃，娶亲嫁女要吃，实在没有由头放个电影、请个班子做戏要吃……而在这些美食中我最难忘的是家乡的麻糍香。

用糯米打的麻糍，是最大众化的糯米食。在我们乐平，每场酒席，麻糍都非打不可，否则失礼。蒸熟的糯米饭倒入碓臼，打得稀稠，一臼臼捞入麻糍缸，缸外用干牛粪生堆火保温，等待亲友食之。过去人们食量大，

喜欢吃麻糍，很多人一顿能吃两三斤，每家做喜事麻糍都打好几臼。

年少时的我记得我们村每年秋季糯米收成以后，空闲的时间，村民们都会以打麻糍来增添丰收的喜悦，营造开心的气氛。我们乐平乡村，每年的农历十月初一和冬至都有打麻糍的习俗。还有不管是红白喜事，一般早餐都以麻糍为主食，这一习俗延续至今仍没有改变。

记得有一次我家做喜事，头天上午我父亲就从村子里借来了打麻糍用的工具，一个麻糍墩（老家方言），一个打麻糍木棰，两根捣麻糍木棒。然后父亲把麻糍墩、木棰、木棒用开水清洗干净晾干。开始洗糯米，把糯米浸泡好。母亲则把打麻糍用的生芝麻放在锅里炒熟。第二天凌晨两三点钟，父亲和母亲便早早起来，把浸泡好的糯米滤干之后，用甑开始把它放在锅里面去蒸熟。我躺在床上，闻着那蒸熟的香喷喷的糯米饭，便也早早起来跑到厨房，吵着叫母亲捏了两个糯米饭团给我吃，那个香甜就不用说。我边吃母亲边跟我说，糯米饭一定要蒸熟、透、软，这样做出来的麻糍既软又有筋道。

上乐平做喜事吃麻糍的乡风很特别，吃正餐时，客人上桌落座，上了东坡肉，帮厨的会用托盘传来一盘麻糍。麻糍做成鸟蛋大小，滚满了乌芝麻，既像菜肴，又似点心，用筷子夹起，一口一个。上乐平人划拳猜令，大碗喝酒，性格豪爽得出名，这麻糍的吃法却斯斯文文。

送生贺喜，古来都有回篮礼，麻糍是少不了的。如果送嫁，篮子里回一刀肉、四十个麻糍。麻糍巴掌大一个，正中间还盖一个圆圆的红双喜印章。这是女子婆家答谢亲友的彩礼，走亲回到家，女当家的就会把麻糍分给左邻右舍，这是乡风。回礼的麻糍吃法很多，有油煎，也有水煮；有放烘笼上焙，也有放火桶里煨。焙麻糍和煨麻糍都是萝卜头最喜欢的零食。

而现在的油条包麻糍，更是我们乐平民间最受欢迎的小吃。我从小到大最喜欢吃麻糍，每天上学时，我都会到南门菜市场门口麻糍小摊，吃上几块钱的油条包麻糍，再喝一瓶纯牛奶，也算是我最美味的一顿早餐了。乐平街上各个菜市场门口都有卖麻糍小摊，他们的生意都非常好，每天都能卖出去几十斤的麻糍。

油条包麻糍芳香软糯，香甜可口，食后耐饿，老少皆宜。制作很简单，就是把热的麻糍平铺在一根或两根油条上，撒上白糖和熟芝麻粉，再

将油条对折，然后放在熟芝麻上一滚即可食用。既有油条的香脆，又有麻糍的香甜。麻糍小摊随身带的工具简单，只有一张一米高的四方小桌子，一个圆木桶，一张小凳子，一顶遮阳伞。把刚做好的热麻糍放在保温锅里，再把保温锅放在圆木桶里，里面用几件棉袄把它包好，这样麻糍就不会冷。四方小桌子分上下两层，上层是小格，里面装白糖和熟芝麻，下面大格装热水瓶，一次性茶杯和筷子等。四方小桌子上面再放一个托盘，里面撒一些熟芝麻粉，有的麻糍小摊还连带炸油条。他们做事熟练，服务态度又好，总是面带微笑。如果有顾客在他们那里吃，他们就事先给顾客倒上一杯开水，叫顾客先喝一口开水，慢慢吃别咽着。看着麻糍小摊师父们那忙碌的身影和脸上的笑容，总能带给我太多年少时老家打麻糍最开心最难忘的记忆。

一方水土养一方人。麻糍不仅是乐平的一种美食，也是美好的记忆，是一种无休无止的公开思念。麻糍之于乐平人，就像四川泡菜之于四川人，生煎包之于上海人，煲仔饭之于广东人，炸酱面之于北京人……每一个在外地拼搏的乐平人，在热切的思乡之情中都迫切地想要吃那一口熟悉的味道，恍若只有在舌尖，才能触摸到故乡！

（刘文龙 摄）

乐平叶子饺

黎素珍

人间烟火气，最抚凡人心。没吃过叶子饺子，不算到过乐平。

“独在异乡为异客，每逢佳节倍思亲。”常年在外的我，每逢端午就会想起老家的叶子饺子，叶子饺子是我们乐平独有的一大特色，里面凝聚了乐平人的智慧与滋味。很多人听到叶子饺子，第一反应就是这饺子有面粉皮的，荞麦面皮的，玉米面皮的，怎么会有叶子皮的……这就要说到叶子饺的由来了。叶子饺子其实是生活困难或物资紧张时，没有面粉或买不起面粉，我们乐平人的生活智慧，人们压时节的一种应急方法，现如今演变到现在，随着大家生活条件的提高，这饺子也是越来越讲究了。

首先就是选料，叶子需要桐树叶或者桑叶，叶子需要选用新鲜大的，清洗干净，用开水浸泡一晚，肉要用新鲜的腊肉熬油，还有剁碎的小米椒，拌入剁碎的苋菜或韭菜豆干做馅，馅里面还要多放油，防止到时候馅黏在绿叶上拿不下来，还要用上好的糯米和优质晚米，淘洗干净浸泡一夜，再把它碾碎成粉，调成米浆，然后就开始搨饺子了。舀一勺米浆到叶子上，再舀一勺菜放米浆上，叶子对折，这饺子就搨好了。放蒸笼里旺火蒸 15~20 分钟，叶子和腊肉的香味钻到鼻孔里就可以装盘了。趁饺子滚烫拿起一个，掀开外面的叶子，饺子看起来晶莹 Q 弹，咬上一口，这腊肉和米椒的滋味刺激着味蕾，那叫一个香，一个用绿叶包裹的智慧与滋味就水到渠成了。如今，进一步把叶子饺子演化，除了梧桐叶还用上了桑树叶。至于怎么用料到桑叶，这又是乐平人的智慧了——桑叶可是国家卫生部确认的药食同源的植物，有“人参热补，桑叶清补”之美誉，而且桑叶的来源更加广泛，叶期长，更适合商业经营。现如今不仅在自家的餐桌上，只要桑叶，梧桐树叶长到够大，走在乐平的大街小巷，就会闻到叶子饺子的清香。聪明的乐平人运用各自智慧，适度、巧妙地运用自然，获得质朴美味的食物。一道小小的端午吃食竟有如此的渊源，我为我是乐平人而感到骄傲。所以下次有朋友来乐平，想吃乐平的特色小吃，一定提醒他们赶上叶子饺子上市的时候，不仅能吃到这乐平仅有的特色，还要把这饺子的来

源告诉他，享受地方饮食文化的魅力。没吃过叶子饺子，不算到过乐平。

一种味道唤醒一种记忆，如今我总算领悟到了这个道理。每一个在异乡的乐平人，都会对家乡的美食有着独特的眷恋，这是文化的传承和爱的传递……不如现在就出发？来体验乐平人间烟火！

家乡的味道——洄田排粉

肖贵平

民以食为天，好的食物，必定是汲取了天地间的精华，比如温暖的阳光、肥沃的土壤、清新的空气、洁净的水源，当然还有人们劳作的汗水以及后期独具匠心的制作。

乐平洄田排粉，当属米粉的一种。米粉诞生的时期，难以找到确切的史料，但有个传说，颇能印证米粉悠久的历史。相传，秦始皇统一六国之后，于公元前221年对岭南的瓯骆发动了大规模的军事征服活动。秦军以陕西人为主，惯食面类，而南方只产稻米，不产小麦。秦军粮草运输困难，初来乍到，吃不惯大米白饭，战斗力大受影响，将领命令伙夫设法解决这一难题。于是伙夫模仿制面过程，将大米舂成米粉，炊蒸后搓成条，成为中国历史上最早的米粉。洄田排粉的制作始于明末清初，距今有400多年的历史。相传清朝顺治年间，皇帝南巡至江西时，地方官员运去洄田米粉以敬膳，皇帝食之，赞不绝口，钦点为朝廷贡品。又据《乐平县志》记载："乐平洄田一带程畈港背村，农民善造米粉，细白胜于他处。"因当地农民制作米粉时，放在竹排上折成块状晾晒，摆成一排排，故俗称"排粉"。

2008年10月，因参与将洄田排粉申报国家非物质文化遗产工作，我来到程畈港背村排粉生产大户朱明荣家采访，得以全面了解了洄田排粉的制作工艺和流程。

洄田排粉制作程序较为复杂，首先要选取本地优质大米。好的食物必须要有好的食材。做排粉的大米要颗粒饱满，晶莹洁白，没有霉变的杂质，好在洄田就是盛产优质大米的地方。挑选好的大米要用清水浸泡。水是生命之源，好料好水才能成全好的食物。安殷河的支流从港背村穿村而

过，河水清澈见底，村子里的井水更是清甜洁净。浸米需要一两天，中途要换一次水。米浸泡好后，清洗干净。接下来就是磨浆，这是一道最耗费人力体力的活。原先传统的做法是用石磨磨浆，一人下米，两人推磨，一整天也磨不了百十斤米。这种纯手工操作无法适应当今规模化生产，现在一般用机器磨浆，手工磨浆很难见到了。然而手工磨浆的排粉在口味上总要更胜一筹。磨好的米浆装进布袋，放进箩筐沥干水分，倒在簸箕中搓揉成团，将粉团在锅中煮至半熟，捞出后进行第二轮反复揉搓，也可以放在布袋中用棍棒敲打，以便让米粉充分黏合，变得更有筋道，这也是非常考验臂力的体力活。做好的粉团放进大锅上的压榨模具，模具呈圆筒形，底部有许多小孔。利用杠杆将米粉从小孔中挤出，变成一条条细细的米线直接掉入锅中煮制。煮熟的米线经过冷水漂洗冷却后，折成长方形码放在竹排上，在阳光下晒干。制作米粉，秋冬季比较适宜，这时天气凉爽干燥，阳光温和，晒出的米粉洁白晶莹。晒干的米粉一般三块叠在一起，用稻草捆扎，装箱出售。

因排粉制作工序复杂，工作量大，为赶上第二天晾晒，妇女们往往凌晨就起床劳作，要忙至午后才能开始准备中饭，很是辛苦。所以过去当地还盛传一句话说："有女不嫁程家坂，朝饭早来中饭晚。"

排粉的制作其实也是一个去芜存菁的过程，煮掉了很多米汤和杂质，留下了劲道的米粉。浓缩的都是精华，粉条里富含碳水化合物、膳食纤维、蛋白质、钙、镁、铁、钾、磷、钠等矿物质；粉条有良好的附味性，它能吸收各种鲜美汤料的味道，再加上粉条本身的柔润嫩滑，很是爽口宜人。

作为一个土生土长的洄田人，排粉自然吃了不少。小时候经常踮着脚在锅台边看大人们炒排粉，排粉的味道，就像在舌尖上打了一个烙印，深刻而久远。排粉易于贮存，久放不会变质。在农村，家家都会备上一些，以前，经常有人用手推车推上门出售，也可以用大米换排粉。排粉通常作为点心，家里来人来客，炒上两盘招待，既方便又能上台面。当然也可以作为主食，农忙时节，耕作的地方比较远，家里人一般都会炒上一大脸盆，送到田间地头，呼朋引伴一起来吃，少了筷子的时候，随便折几根树枝，就可以一起开干。吃饱后，元气满满，有力气接着干活。据老人们

讲，洄田排粉支援过苏区的红军革命，也支援过共库建设，这都得益于排粉便于运输、存储，更具味美耐饥的特点，深受群众喜爱。

排粉的做法多种多样，可以炒着吃也可以煮着吃，加进的佐料也是五花八门。当然，洄田排粉做得最好吃的当属洄田一带。一种广为称道的做法是——牛肉嫩南瓜炒排粉。

牛肉切成薄片，用红薯粉勾芡。拳头大的嫩南瓜切成细丝，姜蒜切成末，青红辣椒切成丁备用。排粉用开水煮软煮透，捞出用冷水浸泡。炒制时最好用柴火灶，这样火力强大均匀。农村手工压榨的菜籽油，可以多放一点，油熬熟后，将南瓜、姜蒜、青红辣椒下锅爆炒几秒，放进牛肉再爆炒几秒后，再放入米粉迅速翻炒。加上适量的盐、酱油、鸡精、胡椒粉、鲜辣粉，口味重的再加些辣椒粉。调料可根据自已口味不放。最后放入出生十几天的小韭菜，起锅时，嗖地一下，香气四溢，满屋的馋虫都流出了口水。

嗦一口这样的排粉，首先弥漫口腔的是一股鲜甜的米香味，经过咀嚼，牛肉的香味夹杂着南瓜、辣椒、韭菜等大自然的气息，敲开每一个味蕾，从而五脏六腑都沉浸在美食的快意之中。洄田排粉色泽丰富、香味浓

郁、滑而不糯、久食不腻。经过时间的沉淀，排粉在心中烙印下了家乡的味道——那是田野间稻谷的芬芳，那是屋顶炊烟的袅袅，那是炉膛里柴火的映照，那是灶台边慈母的微笑，那是村边落日的乡愁。

乐平糕粿仂

王佳裕

"粿"百度百科指用籼米、粳米先磨成粉后制作成的食品，后引申为糕点、点心的统称，是广东潮汕、福建、海南、台湾等地区传统的一类汉族小食。"粿"对于我们乐平人来说一点也不陌生，例如清明粿、七月半粿仂、麻糍粿等，而本人却独爱其中的一款米粿——松软版"年糕"即乐平糕粿仂。

乐平糕粿仂历史典故难以考证，有种说法似乎合理：汉末以来，北方战乱频频，中原士人百姓纷纷南迁，这些南迁的移民对故土食物太过留恋，因而将大米磨成米粉、米浆，强行开发出形态上极其接近北方面食的面条、馒头、包子、饺子……东南沿海各省，是北方移民的主要迁入地，山区相对平原既容易躲避灾祸，又可以很好保留传统习俗，所以，粿粿在我市应运而生就不奇怪了。

制作糕粿仂工序复杂且是个体力活，记忆中爷爷奶奶都是在冬闲年关将至时围着柴火灶完成的。又是一年寒冬腊月时，热气腾腾、香甜糯口的糕粿仂让人垂涎欲滴。乐平糕粿仂以优质稻米（糯米、早米）为原料，头天晚上把米淘净，浸泡过夜。下一步则是把浸泡沥干的米磨成粉，记得小时候村里只有邻居家一口石磨，放在其厨房里方便大家借用，碰上制"粿"高峰期，左邻右舍都来磨粉，按照先来后到顺序使用，石磨便和村民们都停不下来，闲聊声与石磨声最后变成白白的米粉。为了"错峰"，天刚蒙蒙亮，爷爷奶奶准备好原料和工具就动身出发，行走数十步便到达门口，轻唤一声"起来了吗"，得到回应后立马推门进入，翻开石磨，用净水冲洗两至三次，爷爷将石磨复位后就负责推磨，奶奶则负责下料，推磨是个体力活，儿时的我咬牙才能转动两至三圈，下料却是个技术活，多了，磨不动，少了，费时间，不过爷爷奶奶有几十年的默契配合，只见石

磨“咕咕”转得欢，一勺一勺料下得稳，慢慢下面盛料的脚盆里米粉便多起来了。几小时后，爷爷将盛有米粉的谷箩挑回后便起锅烧水，奶奶则把湿蒸布铺在饭甑上，用手将米粉一层一层铺撒在蒸布上，其间还得不停用筷子翻看直至粉团熟透。糕粿仂的成败全靠蒸煮，如果火候不够或求快则夹生，严重影响口感和色泽，甚至浪费食材。最激动人心的一刻终于到来，只见爷爷艰难地把饭甑从滚烫的灶锅里端出来，将热气腾腾的粉团倒扣在案板上，糯米的香气扑面而来，连灶台顶上的腊肉都成了“糯米香肉”。虽然是冬日，但爷爷脖子上还是挂了条毛巾，因为他需要做的事是用双手趁热把滚烫的粉团反复揉捏成形。未成形的糕粿仂又烫又黏，虽然案板上放着盛有水的脸盆和一碗食用油，但为了保证口感，只见爷爷不停将粉团翻转、揉捏、造形，不时由于太烫就拍打下案板，额头上满是蒸汽水、汗水，最后形状较方正的糕团就出现在案板上。为了解馋和让糕团形状更为方正，爷爷便用菜刀将其四周切下，由长条变成小块，招呼大家品尝，随手拿上一块送入嘴里便满齿糯香，或蘸些白糖更叫人心满意足。完全冷却后的糕团变得硬邦邦，这时得用铡刀将其切成巴掌大小方块，为了长久保存，就将切好的糕粿仂没入水中存储，定期换水，食用时取出洗净，或蒸、或煮、或炸……均让人念念不忘。其中糕粿仂泡饭深受本人喜爱，每每酒后，当问及需要什么主食时，脑海里第一选择便是它，佐以霜后的上海青，与米饭一同放入锅中煮熟，上桌后众人便大快朵颐。

乐平糕粿仂，会因为它带给味蕾的美好、带给岁月的温暖，在“稻米流脂”物产丰饶的乐平代代相传。在文化基因里，它还默默地与“三农”相呼应，演绎着勤劳智慧的味道。

记忆中的晨曲——油条包麻糍

王小芳

有人曾说，食在乐平，乐平之美味，非油条包麻糍莫属。此物，仿佛是乐平人的骄傲，是每个乐平人早餐的必选。

一日之计在于晨，早晨的微风带着一股朴实的味道。老街的角落，油条包麻糍的叫卖声与晨曦一同醒来，成为那独特的晨曲。

记得儿时，每逢假日，母亲也总会在忙碌的早晨，为家人准备一份喷香喷香的油条包麻糍。一家人围坐在餐桌前，享受着这份美味——麻糍，糯滑绵软，散发着淡淡的米香，如同白日的轻柔；油条，金黄酥脆，好似夜晚的静谧。二者相遇，如同日月交辉，将平淡的早餐赋予了别样的韵味。那蒸腾的热气，似古时仙女所披的轻纱，缥缈而又实在。在这样的氛围中，相互传递着亲情和关爱。那时的日子虽清贫，但简单的食物却能带来无尽的满足。后来长大了，到外地求学，每次离开家乡，都会想起母亲做的油条包麻糍。那份香脆与软绵的口感，那份咸中带甜的滋味，总是让我忍不住回味无穷。在异乡，我曾尝试过各种美食，但始终无法找到那种熟悉的感觉，它到底是如何制作而成的呢？

其实，油条包麻糍作为乐平菜的代表之一，它的起源可以追溯到乡村缺少糖果等甜食的时代，当地人创造性地将香脆的油条包裹在软糯甘甜的糯米麻糍中，形成了这道独特的小吃。油条包麻糍的制作过程需要技巧和经验，首先将糯米等材料磨成粉，然后搅拌均匀，蒸、打成麻糍；再将面粉、水和少量盐混合搅拌均匀，揉成面团，将面团发酵至柔软有弹性的状态。接下来，将面团擀平，再切成长条状。将切好的面团条放入油中炸至金黄酥脆，捞出沥干油分。最后将油条包裹麻糍，咬下去每一口都能感受到外层油条的香脆口感和内部麻糍的弹性和香甜。油条包麻糍的制作工艺虽然看似简单，但却需要严格的工序和精湛的技艺。不仅要掌握好油条的揉搓和发酵技巧，确保油条的口感香脆，麻糍的制作也需要掌握好火候和搅拌的力度，以确保麻糍的口感糯而不黏。

除了制作方式，油条包麻糍的选材同样凸显了乐平菜文化的特色。在

制作油条时，选用优质小麦粉和发酵剂，经过长时间的发酵和炸制，使得油条口感酥脆，香气四溢。而麻糍使用的是优质糯米，经过蒸煮后具有独特的黏性和咀嚼性，让人回味无穷。这种注重选材的做法，体现了乐平菜文化对食材品质的苛求和对食物原始风味的尊重，同时也凸显了乐平菜讲究“五味调和，兼取鲜、嫩、香、脆、酸、辣、甜”的特点。

在乐平，油条包麻糍不仅仅是一种食物，更是一种情感的寄托。许多在外漂泊的乐平人，每当回到故乡，总会第一时间品尝这道小食，仿佛在那一刻，所有的乡愁都得到了慰藉。而对于那些未曾离开过故乡的人，油条包麻糍更是他们日常生活的一部分，是他们对这片土地深深的热爱。

随着时间的推移，油条包麻糍的影响力逐渐扩大，它不仅仅在乐平受到欢迎，更是走向了更广阔的舞台。通过媒体的传播，更多的人开始了解这道地方特色小食，而那些曾经品尝过的人，更是成为它的忠实拥趸。每当有人谈及乐平，油条包麻糍总是被提及，成为乐平的一张美食名片。油条包麻糍的传播，不仅仅是一种食物的传播，更是一种文化的传播。它让更多的人了解到了乐平菜的文化底蕴，感受到了地方美食的魅力。而这一切，都离不开那些坚守传统、不断创新的手艺人。他们用双手，将一道道美食呈现在我们面前，也让我们更加珍惜这份来自乡土的味道。

当油条包麻糍的叫卖声穿越时空，回荡在我们的耳畔，我们看到，那些仍坚守在老街的摊主们，他们用双手编织着晨曲，在这晨曲的余音中，怀揣着他们对美好生活的向往——去追逐梦想，不断向前。在这油条包麻糍的背后，隐藏着世间最质朴的情感，最原始的生活态度。他们用美食温暖着每一个早晨的路人。油条包麻糍，不仅仅是一种食物，更是一种情怀。在这油条包麻糍的背后，书写着我们共同的记忆，串联起我们心中的那份柔软与温暖。它告诉我们，生活的美好往往藏匿于那些简单而平凡的事物中。让我们在忙碌的生活里，在这熟悉的味道中，找寻那份久违的满足与幸福。

岁月如歌，时间在指缝间悄然流逝，而这份美味却始终如一。如今，油条包麻糍已经成为乐平的一张文化名片。它的存在，不仅仅是为了满足人们的口腹之欲，更是为了传递一种情感、一种文化。在未来的日子里，希望这道小食能够继续传承下去，成为更多人心中的美好回忆。

一味艾草寄乡愁——乐平清明粿

邓小婕

提到家乡，你是否会想到李白“举头望明月，低头思故乡”的孤寂？是否会想到贺知章“儿童相见不相识，笑问客从何处来”的无奈？是否会想到王安石“春风又绿江南岸，明月何时照我还”的忧伤？古今中外，多少诗人为自己的家乡倾吐了笔墨，在他们心中，唯有家乡才是归宿，才是目之所及、心之所向。我，也不例外。

“巍巍翥山，悠悠洎水。”我的家乡——乐平市是江西省历史文化名城，它不仅是“赣剧之乡”，还是“江南菜乡”，更是“美食之乡”。

说起乐平美食，最让人难忘的必然是清明时节撞在舌尖上的清明粿了。年年清明“绿”，岁岁粿飘香。清明前后吃清明粿一直是乐平本土传统习俗，也是乐平人味觉记忆里忘不掉的家乡美味。

每到三月中旬，乐平家家户户便陆陆续续地开始采摘乡野间的艾草，俗话说春雨贵如油、清明雨纷纷，乡间的田野被雨浇过后，就鲜亮蓬勃起来了。这时候的艾草品质最好，且嫩、绿、香。

在乐平人家里，包制清明粿，不是闭门造车的一家之事，而是由邻里间几户人家大家共同帮忙完成。左邻右舍围拢在一起，大伙有的包馅，有的碾草……翡翠色的“清明粿”在一双双巧手中成形，其乐融融。

在乐平清明粿必须手工制作，方能保证它的品质。从艾草到馅料，没有一种是可以用半成品替代的；从采摘到包馅，没有一项是可以用机器完成的。清明粿一般由艾草、糯米以及各种馅料混合制成，无论是甜或咸粿，这表层略带清苦的草香，都是清明粿迷人的地方。清明粿使用的艾草，与糯米粉经过充分的搅拌，使面团着色。和好的面团微绿，入锅蒸透后，色泽翠绿欲滴。 绿绿的皮儿，软硬适中，有一点儿黏，却不黏牙，入口绵软劲道。

清明粿的起源，一直以来都说是因为寒食。寒食是清明节的开端，寒食节时的扫墓、祭祀，是中国人绵延数千年，与另一个世界中亲人进行生命感应的心理仪式。另一个世界是我们的牵挂，也是我们的恐惧，所以白

居易会说“冥漠重泉哭不闻，萧萧春雨人归去”，自然就透出沉重和料峭。在这个时节，人们心中对于阳春的渴望放大到了极致。于是采来野草榨汁加上米粉制成清明粿，用鲜亮的绿色向往着生生不息的翠意与生机，也表达着古人对生命的渴望。

清明粿在乐平是不存在甜咸党之争的，好吃的美食，当然选择“全都要”。甜的一般是黑芝麻糖馅的，流沙的黑芝麻，甜丝丝的却不齁甜，就像春雨润物，甜滋滋沁入人心。甜口的清明粿，虽没有复杂的馅料，但香甜的芝麻馅香缠绕舌尖久散不去。着急吃的时候，被烫得龇牙咧嘴，心里、嘴上却是甜甜的。

咸的则是笋干、腊肉、豆干这一经典搭配，每家每户还会依据个人喜好加些时令蔬菜。软糯的外皮，混合着艾草的香气，裹着咸香的春笋馅，吃起来超鲜美。每一只清明粿里都混合着春的气息，令人回味无穷。这一刻，咬一口清明粿，仿佛吃进整个春天。

每当想起那青青绿绿的清明粿，心底里便会涌起淡淡的乡愁。小小清明粿，散发着芳草香味，渗透出儿时回忆，蕴含着家的味道，交叠着各种怀旧情感，也是对大好春光的极力挽留。淡淡的艾草气息从舌尖蔓延至心间，思念的情愫也跟着绵绵糯糯地晕染，它就这样成为能让人惦记一整年的味道。

乐平糯米糕

叶亮兰

在江西省乐平市以北地区，一种古老的美食佳肴在唐朝悄然流行，那就是乐平糯米糕，又名黄金糯米糕。这道独具风味的小吃，早已成为乐平市北部地区人民心中的美食瑰宝，更是游子们思念家乡的味道。乐平糯米糕，不仅是一道普通的食物，更承载着北部地区人民的情感与记忆，见证着时代的变迁。

糯米糕是一种源于江西乐平北部地区的传统糕点，具有悠久的历史和丰富的文化内涵。据传，乐平糯米糕的制作技艺最早可追溯到唐代，当时的乐平以北地区盛产糯米，当地居民便以糯米为原料制作糕点。

糯米糕的制作过程较为烦琐，需要经过浸泡、蒸煮、压制等多个步骤。首先将精选的糯米浸泡在水中，待其充分吸水。确保口感的细腻与软糯。将糯米蒸至恰到好处，再配以精选的馅料如生猪肉、生鸭蛋、生鸡蛋等，两种蛋按一定比例放。（用鸭蛋，是因为鸭蛋黏力强，鸭蛋的蛋黄比较黄，所以做出来的糯米糕就比较紧致，但鸭蛋腥味重；用鸡蛋，是因为要遮住鸭蛋的腥味，这样可以增强它的口感。）接着把生猪肉切碎，蛋搅匀，蒸熟的糯米饭，根据个人口味加入适量的调味料，再放配料与糯米搅拌均匀，让它们充分混合。拌匀后，把搅拌好的糯米饭放在模具中，使劲地挤压，这样糯米饭就紧紧地粘在一起。然后将其放入蒸锅中蒸。蒸前最好蒸锅底部放一些粽叶，这样蒸出的糯米糕更香些。当然有些人为了让糯米糕更香些，会用粽叶包起来蒸。蒸至熟透即可。放凉再切成一个个方块便于存放。如果想吃可以拿一个方块切成一小片一小片再加热，蘸上一点白糖吃。每一口都能让人感受到满满的幸福。

糯米糕不仅美味可口，还蕴含着深厚的文化内涵。在乐平，逢年过节或是家有喜事，糯米糕都是必不可少的传统美食。尤其在春节期间，家家户户都会制作糯米糕作为节日食品。寓意着年年高升、吉祥如意、幸福和团圆。这些寓意是乐平人民对美好生活的向往和祝福。

糯米糕还有一个传说。相传在很久以前，乐平市北部地区有一个富饶的村子，村民们以种植糯米为生。有一年，村子遭遇了一场突如其来的洪水，庄稼全部被淹，村民们陷入了困境。为了渡过难关，村民们将储存的糯米拿出来制作成了糯米糕，分给大家共同分享。这种糯米糕味道香软糯，既解决了大家的饥饿问题，又增强了村民们的团结精神。从此，乐平糯米糕成为当地的传统美食。

糯米糕，这道充满魅力的传统美食，历经千年传承，依旧深受人们喜爱。它不仅美味可口，更寄托着乐平人民的朴素情感和对美好生活的追求。在享受美食的同时，我们也应该思考如何让这道

美食得以传承和发扬。

总之，糯米糕之所以受到人们的喜爱，是因为其独特的制作工艺、深厚的文化底蕴以及独特的口感。相信在未来的日子里，乐平糯米糕将继续传承创新，为更多的人带来美味。

一片叶皮饺　一份传承爱

黄琼

乐平，这片富庶的江南之地，不仅培育了众多的名人志士，更是以独特的地理优势，孕育了无数的美食。其中乐平的叶皮饺子、萝卜饺子和塔前雾汤，更是以其独特的风味和制作手艺，成为乐平美食的代表，更是远游在外的游子们念念不忘的“家”的味道。

叶皮饺子，顾名思义就是用树叶为原料制成的饺子，形状样子并不同于北方的水饺，它以树叶为皮，里面的馅也非比寻常，以米浆为主，包裹着菜馅，嘿，是不是特别有意思！树叶儿的选用也是有讲究的，必须是桐子树叶或者桑叶。端午前后，正是桐子树叶儿和桑树叶儿最鲜嫩翠绿的时候。记忆里每年的端午，妈妈总会从菜场买好鲜嫩的桑叶，将桑叶洗干净，调米浆、拌馅儿，开始一整天的忙活。米浆的调制也大有讲究，要稀稠适当，太干了不宜熟，蒸熟后偏硬，吃起来影响口感；太稀容易流出来，叶皮包不住，可就浪费了这一美食咯。馅料的制作也不麻烦，家家户户常吃是韭菜豆干馅和苋菜馅，苋菜馅必须得放腊猪油和大蒜子，二者不可缺一，不然就少了“灵魂”。

包的过程也并不复杂，将洗好的桑叶或者桐子树叶平铺在桌子上，一个个鲜嫩欲滴的小叶片乖巧地躺在桌面上，看着就让人心情舒畅。然后用调羹将事先准备好的米浆均匀地舀在叶子上，不能倒太多，否则待会儿包的时候会溢出来，再往米浆上加馅料，最后将叶子沿着中间的叶脉折叠包好，就可以上锅蒸了。热腾腾的蒸汽夹带着叶子的清香和米香，把肚子里的小馋虫都勾出来了，让人止不住地咽口水。

儿时的我们，早早端好碗筷守在厨房门口，不停地问着忙碌的大人，“饺子熟了吗？什么时候好呀？”就盼着饺子出锅的那一刻。掀开锅盖，

清香跑满整个屋子，顾不上饺子的滚烫，快速地掀开外面一层深绿的叶皮，之前混白的米浆此时已变成半透明，包裹着翠色欲滴的韭菜、白玉似的豆干或是绛红多汁的苋菜，让人满心欢喜，忍不住地伸出筷子夹上一大块塞进嘴巴，爽滑Q弹，菜肉馅里藏着隐隐约约的树叶清香，让人忍不住大快朵颐，被烫得直呼气也舍不得吐出来，惹得妈妈直笑骂，“真是个小馋猫”。

十多年前，当我还在外求学时，爸妈总是早早包好叶皮饺子，等着我端午假期回家享用美味；回家参加工作后，每年的端午包叶皮饺子的活动，就变成了一家三口其乐融融地忙碌；前两年我的孩子也渐渐长大了，看见外婆包叶皮饺子，也好奇地上前帮忙，那架势一板一眼的，做起来倒也有模有样。叶皮饺子在祖孙手间传承，爱也在一代一代地传递。

美食是一种文化，是一种情感。它有着独特的魅力，可以让我们放松身心，可以让我们感受到家的温暖和爱的味道。在这个繁忙的世界里，让我们停下脚步，享受舌尖上的美食带给我们的愉悦，品味生生不息的人间烟火里的生命热情。

家乡的碱水粿

汤丽平　叶亮兰

活了大半辈子，走过许多地方，也吃过许多美食，唯独迷恋的一道美食就是家乡的碱水粿，每次回沿沟必吃。不知道是忘不了这美食的味道，还是它留给我的儿时记忆。

记得小时候每逢过节，妈妈便要开始做碱水粿。她先把事先准备好的整齐的一捆稻秆放入锅里烧出一大锅焦黄色的水，作为碱水粑的天然的碱配料。接着把糯米与大米按照一定的比例放入烧好凉透的稻秆水里浸泡至用手轻轻一捏成粉，便可以开始磨浆了。

说起磨米浆，那可真是我那时最讨厌的一件事。因为要被妈妈抓住推石磨，不能出去玩。每到那时，我便开始嘴巴不停地咒骂这个米太多或者这个石磨磨得太慢，骂着骂着最后也只能用眼睛不停地盯着桶子里的米，一点点地被妈妈一勺一勺地放入石磨中，最后全部磨成乳黄色的米浆流出

来后，便撒着脚丫狂跑，生怕再次被妈妈叫住。

紧接着妈妈便把它们倒入锅里，不断地用大铲勺用力地搅拌。这时不仅要用力，还得把握火候。火候小了米粉不熟，火大了，又会烧糊，做出来的碱水粿会发苦。这时候的爸妈配合极默契，只要妈妈一个手势或一个眼神，爸爸便知道是添柴还是降火。在妈妈近一两个小时的不断搅拌、揉搓下，一个直径近半米的大粉球便出锅了，我们这些小馋猫便开始围着它，伸出黑爪子去抠挖粉团吃。每到这时，妈妈便笑着拍打着我们的手说："别急，蒸好后让你们吃个够！"这时的我们便眼巴巴地等在锅旁，直至粉香四溢，便迫不及待拿着碗筷一个个争着抢着，哈着吹着热气，生怕慢了会被别人吃完似的不停地往嘴里塞，有时烫得嘴巴直抽抽都不停。而这时，也是妈妈最忙碌的时候，不是一碗碗地端给邻居尝，就是热情地叫着路过的人进来吃。而此时的我们好像吃得比刚才更快了。如果把放凉后的碱水粿切成薄薄的一片片，放进油锅里，哪怕放一点点肉丝混着青菜一起炒，对于那时急缺吃食的我们来说，那可真算得上是人间美味了。哪怕是现在，也是许多沿沟人招待来客或夜宵吃得最多的美食。

有时我也好奇，问妈妈这碱水粿的由来，妈妈想了想，便笑着说："具体从什么时候开始有，谁也说不清楚。只知道你爸每次去挖煤下矿，吃上几个，一天都不饿。"我想想也是，我们涌山是煤矿之乡，又尤以沿沟矿产最为丰富，挖煤又是一个又累又费力气的活，是得吃一个顶饿的东西才行。要不然，这一车车黑如乌金的煤，是怎么挖出来的呢？

如今的我们无论吃任何好吃的似乎再也不会有儿时猴急似的吃碱水粿时的心情了，母亲也再也不能像年轻时那样挥汗如雨地在热气腾腾的锅旁边为我们亲自做碱水粿了。每次回去，母亲只能特意去小炒店为我们炒来一盆碱水粿解解馋。看着母亲日渐苍老的面容、佝偻的身躯，心里如蜜如盐，浓浓的甜和酸涩的痛便溢于心间。

家乡的碱水粿如同烙印一般深刻于我的骨髓里，成为我这个外嫁女的一个挥之不去的执念。

品菜评谭·说小菜

乐平霉豆腐

方乐珍

在江西省东北部，美丽的乐安江畔，有一块充满故事的土地——乐平。那里的土壤肥沃，阳光充足，人们勤劳善良。而我，将带您领略霉豆腐的传奇故事。

霉豆腐是中国人喜爱的传统食品，含有多种人体所需要的氨基酸、矿物质和B族维生素，营养价值很高，具有开胃、去火、调味的功能。而乐平霉豆腐，不仅是我们餐桌上的一道美味佳肴，也是我们心中那份深深的乡愁。小时候，每天早晨，妈妈总会从坛子里取出几块霉豆腐，盛在碗里，那股独特的香味，总能瞬间勾起我们对家乡的思念。

关于霉豆腐还有一个美丽的传说，在唐朝时期，寺庙中的和尚做了一些豆腐，但因为有事情就外出了，等再回来的时候发现豆腐已经长霉了。出家人向来都比较节俭，这些和尚不舍得把这些豆腐扔掉，于是就加了一些佐料，竟然惊奇地发现味道很好，这样才有了今天的霉豆腐。

霉豆腐的制作过程，就像一部史诗般的乐章。它需要经过多道工序才能制作完成。首先，需要挑选新鲜的豆腐，然后将其切成小块，将豆腐块放入霉房，用稻草垫底棉被覆盖，等待霉变的出现。在这个过程中，需要不断地观察和调整温度和湿度，等豆腐的表面长满长长的白毛，就可以腌制了，把盐和细细的红辣椒粉混合在一起，裹满每一块霉好的豆干以确保霉豆腐的口感和品质，最后装罐，用高度白酒封口，也可以浸在芝麻油里，霉豆腐的醇香加上芝麻油的清香，真是绝，让人垂涎三尺，回味无穷。

在制作霉豆腐的过程中，乐平人的智慧和勤劳得到了充分的体现。他们懂得如何把握霉变的最佳时机，如何保持豆腐块的湿度和温度，使得霉豆腐的味道更加醇厚。这就是乐平霉豆腐的魅力所在，它不仅仅是一种食物，更是一种情感的寄托和记忆的载体。

当我品尝着这美味的乐平霉豆腐时，我仿佛能闻到乡村的气息，听到田野的蛙鸣，感受到那份纯朴和真实。每一口都让我陶醉其中，回味无穷。我想，这就是乐平霉豆腐的故事，一个关于乡愁、美食和情感的动人故事。

如果你有机会来到乐平，一定要尝一尝这里的霉豆腐，它会让你感受到这个城市的无尽魅力。在这个充满故事的地方，每一口食物都藏着一段美好的回忆。这就是乐平霉豆腐的故事，一个值得我们去品味和珍藏的故事。

时光荏苒，岁月如梭，乐平霉豆腐的故事仍在继续。一代又一代的乐平人，传承着这份美食的技艺，将乐平霉豆腐的味道，传递给了更多的人。

而对我来说，乐平霉豆腐不仅仅是一种美食，更是一种情感的纽带。每当我回到家乡，妈妈总会亲手为我制作一坛霉豆腐，那熟悉的香味总能让我泪目。这份味道，是妈妈的爱，是家乡的情怀，是我心中永恒的乐平霉豆腐。

在这个变化万千的世界里，乐平霉豆腐的故事仍在继续。它不仅仅是一种美食，更是一种文化的传承和发扬。然而，无论时代如何变迁，乐平霉豆腐的味道始终如一。它依然保留着那份淳朴和真实，那份乡愁和情感。每一口都让人回味无穷，让人陶醉其中。

小坑辣椒果

甘建和　董淑芳

历居山下有小村，名小坑。村名很土。土到别人初次听到还以为是个笑话。心里还在纠结，难不成有大坑？不瞒各位，还真有。总之，都是山沟沟里。小坑三面环山，有条大路通市里。背靠乐平市第一高山，叫历居山。

小坑有种美味咸菜叫辣椒果。就是小坑及小坑附近的一些村子里百姓自己做的一种早上吃粥搭配吃的小咸菜。辣椒果样子很不起眼，第一次见到辣椒果的人可能还不敢吃。有的略黄，有的略黑。外形虽然粗鄙，实则美味无比！就和历居山一样。山高林密，青翠满茏。坐车一进历居山地界，感觉温度都降了几度。深深一吸，肺都被新鲜空气瞬间填满！一个字，爽！虽是一座山，其实就是个天然氧吧！健康生活的好去处！延年益寿的休闲所！

辣椒果制作非常简单，取材大米磨成粉，红辣椒切碎，生姜大蒜切碎，加入香油，随后放入各种调料，进行搅拌搅匀，让鲜味咸味与食材充分相融。辣的程度可以自己调节，有的还放入白糖，辣中带甜。调好后静置阴凉处大概 1 小时随后放置在锅里大火蒸。蒸熟冷却后可洗净手将其搓成球状或者干脆不搓，用筷子将其挑入簸箕内放在太阳下曝晒。5 到 6 天后形成干硬球状或块状即可，一道美食就已完成。美食虽好，历居山人更好！百姓之间基本都能和睦相处。很少听到说历居山的人在外面干了啥啥坏事的。可用民心淳朴，源远流长来形容。偶有争执，也都是让大家来评个理。百姓的理很简单，帮扶弱小，以善为先，以孝为本，以理服人！乐平人一听说历居山，都知道两点。一地方远，二人很好。虽没去过历居山，但似乎大家都知道。

多年过去了，始终对小坑的辣椒果难以忘怀，念念不忘。既能当菜吃还能当零食！就地取材，物美价廉，可甜可咸。吃粥下饭之美味，居家必备之良品！有时，身处历居山，看多了美景，似乎就淡漠了。今天又是个雨后的晴天。满眼皆翠绿，蓝天手可弹。给我的感觉似乎又回到了童年的

美丽，一瞬间，真心想说，历居山，真好！

这么个地方，这么个有山有水有风景，有情有义有情思的地方。难道你不想来么？鲜美的辣椒果欢迎您！

柚子皮

朱婉贞

秋季正是水果成熟的大好时节。中秋节前后，柚子也要上市了。

柚子的果肉酸酸甜甜的，许多人买来它，只吃果肉，就将它外黄里白的“大棉袄”给丢掉，这“大棉袄”正是柚子果肉外面的皮，聪明的人们将它制作成了一道美食，俗称柚子皮。柚子皮，想必大家都吃过。而我，一提起柚子皮，脑子里就如有电影上的长长的画卷，一幕一幕徐徐展开……

我小时候，家境不是很好，兄弟姐妹七个，我有四个姐姐，两个哥哥，当我懂事时，大姐二姐都已出嫁了，父母带着我们兄弟姐妹五个，日子过得还是挺苦的。平时想吃肉很难得，就是逢年过节，桌上有肉了，都不是那种放量吃的，每个人尝上一两块肉，然后都自觉地不再往肉盘子里伸筷子。早上从来没有包子、馒头、油条、饺子吃，只有亘古不变的稀饭，下稀饭也不会炒菜来下稀饭，只有咸菜，最最廉价的咸菜就是柚子皮。依然记得，我在新乐中学读初中住校时，经常带柚子皮，因为，不仅是下稀饭吃，偶尔中晚饭打不到菜时，它可是我的“救命”菜。

说起制作柚子皮，那的确是一段温馨的记忆。

首先选食材。如果是现在，我们会到菜市场，在这里你会发现柚子主要分为两种，一种是以食果肉为主的柚子。外面

的“棉袄”却很薄，一种是果肉很少，外面的“棉袄”又厚又软，这种柚子用来做柚子皮是最为合适的。可是，那个年代，哪有那个闲钱去买柚子呢？在乡下，大部分人都会在自己家的院子里种上一些容易生长的果树，比如：枣树、柚树、桃树，而且这些树长出来的果实，从来不是独家享有的，谁来了想吃，都可以拿起竹篙敲打下来，主人不会吝啬，总是笑嘻嘻地说：吃吧吃吧，果子本来就是大家吃的。所以，如果想做柚子皮，只要是有人吃了柚子，我们就可以去捡几次柚子外皮，捡了几次，就有丰富的食材了。哪管它是谁家的，更不会去管这柚子外皮的厚与薄。因此，不管自家有没有种柚子树，都会有做柚子皮的食材。

如果是自家的柚子，就还有一个剖开柚子的过程。把一个金黄的柚子摆在案板上，对着柚子上下两个对称的圆点慢慢切下去，横一刀竖一刀，度数是 90 度，切的时候要仔细观察，切的深度至少要达到三至四厘米才行。切好这两刀，就从刚刚十字交叉的刀口处剥，这样就把柚子的“大棉袄”掀掉了。剥下来的“大棉袄”，放在案板上切，不能切得太薄，切薄了没有柔韧性，晒的时候很容易碎；也不能切得太厚，切得厚了，腌的时候不容易入味。要切成三至四毫米的片，恰到好处才行。

开始洗柚子外皮了，那可是我们孩子最喜欢做的事。将切的柚子外皮放进一个木盆里（洗澡用的大木盆），倒入许多清水，柚子外皮全浮上来了，我学着妈妈那样，使劲翻洗，搓呀揉呀，觉得还不过瘾，索性脱掉鞋子，跳进大木盆，用脚踩，姐姐也加入进来，于是，我们手牵着手，跳起了欢快的“舞蹈”。爸妈在旁直喊叫：小心点，别摔跤！那一刻，觉得这是世界上最快乐的事了。

柚子外皮不是一次就能洗干净的，要浸泡，每天都要洗、换水。换水前要先将柚子外皮捞出来，使劲地捏挤水，捏干了，放入另一个盘子里。全部挤干后，把水倒掉，换上清水，把柚子皮放进去，这样重复三至五天，直到柚子皮完全没有了苦涩的味道，才算是洗干净了。

洗干净了柚子外皮之后，就要蒸柚子皮及拌料。将洗好的柚子皮放进蒸笼，为了口感好，还可以加一点糯米粉。蒸熟之后就可以出锅啦，将大蒜、辣椒、生姜、麻油、盐等配料放进盘子里拌匀，这可是技术活，柚子皮味道好不好，全靠这材料配得怎么样。我记得每到这个时候，妈妈都会

叫上隔壁的大妈一起来计划计划，很是慎重。

拌好的柚子皮看起来湿漉漉的，这就需要晒干了。将柚子皮一片一片地放进簸箕里，端到太阳底下去晒，晚上须收起来，因为晚上有湿气，柚子皮会回湿，等到第二天出太阳了，再放外面晒，直到吃起来很干爽就好了。白天晒，晚上收，装在一个坛子里，气温如果达到了 30 度以上，晒上一个星期左右，要是天气不好，那可说不定呢。晒柚子皮时，又给我们这些馋嘴的小孩机会了，我们会趁大人没看到时，就去偷柚子皮吃。抓上一大把，跑到村子前的竹林里，呼朋引伴，一起分享“胜利”果实。真好吃呀，我拿起一片，还没入嘴就闻到了香味，一口咬下去，恨不得连舌根都吞下去咯。

当制作柚子皮完美收官，便是品尝的大好时光了。妈妈和隔壁邻居的大婶大妈奶奶们端着自家做的柚子皮，便互相送来送去。早上大伙儿端着稀饭，稀饭上放着柚子皮，来到“聚会”的地方，蹲在那儿，一边吃，一边聊开了。听：尝尝我的手艺，怎么样？哎呀，你做得有点咸？不错，我喜欢她家的，辣得够味。当然，还有哪家没做柚子皮的，也会收到可口的柚子皮吃。大家一边吃，一边谈笑，其乐融融。

柚子皮不仅吃着香，还有很大的作用。奶奶说，人吃不下饭的时候，吃几片柚子皮立刻就开胃了，可以连干几碗饭；人感到胃很胀时候，吃几片柚子皮就消痰化气，立马不胀啦。看来柚子皮的作用可真大呀。

时光荏苒，一晃我走向了中年，我们的生活发生了翻天覆地的变化，生活水平提高了，物资也很丰富了。走进超市，食品琳琅满目，令人目不暇接。饭桌上的菜肴，色香味俱全，更是应有尽有。可是，我依然忘不了幼时的下饭菜——柚子皮，因为它承载了我儿童时美好的回忆，承载了我少年时的读书经历，承载了邻里相亲的淳朴情谊。

母亲的豆豉酱油

邵建勋

乐平有林林总总的美食，乐平的油条包麻糍，乐平的水桌，涌山的猪头肉，塔前的雾汤……，而我最独爱妈妈酿的豆豉酱油。

俗话说：清明前后，种瓜种豆。记得小时候，父亲带着我在田埂边上种豆子，锄开一块土，我撒上几粒黄豆子，再盖上土就完事了。这些豆种非常好养活，既不需要好田好地，也不需要施肥浇水，布谷鸟一开腔，它们就噌噌地冒出来了。夏天的青蛙一鸣叫，它们就开始结子了，秋天的太阳一晒，豆叶就黄了，豆荚就鼓了。收下来的豆梗和豆荚晒在打谷场，到了傍晚，母亲拿着连枷有节奏地拍打豆荚，小豆子们一个个就从豆荚里噼里叭拉跳出来。母亲用扫帚扫拢，我们兄妹几个就蹲在一边捡溅射在远处的豆子。母亲把收下来的豆子先用风车吹去豆叶和灰尘，再放在倾斜簸箕上，簸箕一头高一头低，圆溜溜的豆子从高的一头滚到了低的一头，而扁小的、变形的豆子和小石子因为滚不动留在高处被母亲清理出去。

晒干的黄豆清洗干净后，放入缸里，在井水里浸泡一夜，等豆子泡得胖胖的，两指一掐就碎了，母亲就捞起来放锅里蒸，蒸熟后的豆子晾在簸箕上，母亲又打发我们去菜地摘来南瓜叶，趁豆子还有一点温，给豆子盖上南瓜叶做的被子，几天后豆子身上长满了白毛，白毛又慢慢变黄，等发酵好了豆子拌上水和油，放在陶罐里，内层用南瓜叶，外层用薄膜密封起来，放在阴凉处。放上一段时间后，等到再打开，一股豆豉特有的香味扑面而来。豆豉出罐后一部分被晒干做成黄豆豉干，豆豉蒸肉，豆豉炒青椒，只是放了一小撮豆豉，简直香死个人。

记得小时候，经常看到外地人用独轮车推着大大的酱缸到村里叫卖。老家的人买来大多晒酱油。趁着秋高气爽雨水少，家家把大缸摆到了晒场，加入一大缸水和几袋粗盐，晒上个几天，等盐粒都溶化了就可以加上豆豉晒酱油了。因为晒酱油最怕进生水，一旦进了生水，可能会坏掉，坏掉的酱油只能倒掉，而错过了秋晒的节气，今年就别想酱油拌饭了，所以每个大缸边上一定有个防雨的器具，有塑料雨衣，有锅盖，甚至有废了不

用的大铁锅当防雨神器。秋水隔田埂，有时雨说下就下，一点招呼不打，大人的在田里劳作来不及收拾，我们小孩子最喜欢这个时候，一个个冲到晒场，一边大喊："落雨了，盖酱油"，一边抢着盖，盖完自家的，又帮边上没人来的盖，等到雨大了，还在雨里浪一会儿，玩得一身水，家长认为是盖酱油给打湿的，难得地躲了一顿揍。

晒了足足半个月，一缸水都晒成了半缸多，开始熬酱油了，母亲在漏勺里放上白纱布，把头道酱油汁过滤到大桶里，而晒过的豆渣有的加水晒第二遍，有的直接晒干当咸菜。原汁倒入大锅里，用柴火灶煮。一家煮酱油，半村都能闻到香。酱油煮开后会有浮沫，母亲用锅铲撇去浮沫，一直等锅边都有淡淡的盐渍，这时熄火等凉，开始装瓶，记得小时候，母亲最喜欢用医院里的玻璃盐水瓶当酱油瓶，把盐水瓶洗净，倒置晾干，一斤一瓶，还带橡皮塞，不开瓶就不易坏。有亲戚邻居没做酱油的，送上一两瓶，这纯天然无添加的家酿酱油，家家也稀罕得很。

虽说自家做了酱油，但要用上一整年，所以做好的酱油平时也是不舍得吃，平时里年幼的孩子早上吃粥没有菜，母亲就在每人粥碗里加一小勺，这样酱油拌粥孩子们就吃得津津有味。而过年过节或者来人来客做菜时，母亲才舍得拿出来大方用。特别是乐平人吃水桌，有一道大菜——白切肉，八块肥的八块瘦肉叠摆一碗，配上一碟家酿酱油才是灵魂。

记得我在镇里读初中的时候，平时住在学校里，只有周末才回家。有一回是星期三，学校因为开运动会下午没课，我打算中午回家再拿些生活费，上午一打放学铃，我就往家赶。家里离镇上有八里地，走了一节多课的时间，等走到家，父母午饭都吃好了，桌子没什么菜，只有一碟咸豆豉。母亲搓着双手说："怎么这个时候回来，今天田里活忙，来不及弄菜。"我也饿了，就准备盛饭吃，母亲听说我下午没课，可以晚点走，就急忙拦住我，让我再等等。说完回头就拿来两个鸡蛋，敲碎、划开、冲上水，放在锅里蒸。十几分钟后，一碗黄松松的鸡蛋羹就好了，母亲用汤匙在鸡蛋羹上划了一个十字架，又浇上一勺家酿酱油，舀一勺放嘴里，一吸，滋溜一声就到了肚子里，满口鲜香。母亲问："好吃吗？"被美食堵住嘴的我不住地点头，母亲笑了，我也笑了。回过头看到父母中午唯一的菜——那碟咸豆豉，鼻子一酸，低下头不敢再看母亲，因为怕她看见我眼里的泪水。

如今超市里各种各样的酱油琳琅满目，可怎么吃都没有家乡的味道，特别是近来食品添加剂泛滥，让人愈加怀念起母亲酿的酱油。一到了秋天，年迈的母亲还是会酿上一缸，兄弟姐妹每次去乡下，回来时母亲也总装上一瓶让带回来吃。不管是卤好的牛肉，还是清蒸的螃蟹，不管凉拌的皮蛋，还是煮好的汤，来上一勺自酿的酱油，那味蕾就会唤醒你的记忆。那是童年的味道，那是故乡的味道，那是妈妈的味道，那是思念的味道……

秋日制作美食红薯干

汪华峰

有时，微信朋友圈看到一些微信好友晒图，把自己动手做成的食品、佳肴之类的晒出来，不仅图美，而且想起那味美，非常羡慕，感觉自己也要用心学一点手艺，不能“徒有羡鱼情”。

时间进入 11 月份，秋天的暖阳如春天一般明媚。一天，我骑电动车去郊外徒步。回来时，看到路边一块地里有村民正在挖红薯，地的一角满是红薯，破了皮的地方露出鲜嫩的粉红色，一个个肥硕结实，像一颗颗小手雷，于是兴冲冲询问卖不卖。村民转过身，非常爽快地说，卖，你自己挑。我拿了一个塑料袋，专门挑选个大的红薯往里装，直到不能再挤进去为止。称了一下，足有 20 多斤。

回到家，我把红薯放到楼下的水泥地摊开，让水分自然晾干一点。过了几天，到了星期五，专门查看了天气预报，几天都是天晴，就准备利用双休日的时间进行加工。星期五的晚上，我拿出一个铝盆，装了约半盆

水，把红薯浸在水里，过一段时间，等它们皮上的泥软化了，用洗衣服的刷子通身地把红薯表皮的泥刷下来，有的表皮有不平整，就要多刷几下，才能把凹陷处的污泥清除掉。洗完后，用脸盆、蒸笼分开装，放阳台通风处，一晚的时间，完全可以自然晾干。

星期六，天还是蒙蒙亮，我一醒来，脸都没洗，在水龙头旁洗了下手，就把菜刀、砧板摆好，先把红薯的两头切掉一些，再看个头大小切成两块还是三块、四块，再把每块根据宽度切成几条。这点是需要经验和手感的，因为薯条太大块，晒起来不容易干；如果太细长，蒸熟过程中和倒入簸箕时就容易碎。

切好后，薯条放蒸笼里，电饭煲装好冷水，蒸大约 30 分钟，用筷子戳一戳，能稍稍用力就能戳开，已经熟了。我端着一整个蒸笼连红薯到楼的顶端阳台，在两面墙上横放两根竹篙，把早已洗净的簸箕平放，把冒着热气和清香的薯条倒进簸箕，又勺子和筷子并用，把薯条比较均匀地分开，这样，就能使薯条得到充分晾晒。反复几次，终于把洗净的红薯都加工完。当太阳已在头顶，望着满眼的金红色和上升的热气，我心里亮堂堂。

到了中午，我上楼顶，把薯条用筷子夹着翻个面，这样，两面都能得到充分晾晒，薯条软硬适中，也能加快“工程进度”。

做红薯干，得三蒸三晒，就是蒸三次，晒三次，才能完工。当然，后两次蒸，时间不用太长，蒸个 10 分钟左右就可以。我反复几次，大功终于告成，当自己拿出几根品尝，心里感觉美滋滋的。

其实，现在无论买什么吃的都非常方便，红薯干也不例外，但自己动手，有一种乐趣在里头，而且，零添加，无污染，岂不是正好？

品菜评谭·侃酒俗

乐平人与酒文化

徐金海

酒与烟一样，是世人的生活资料中最普遍、最常见、最不需要又最需要、最难割舍的。人人都知酒的味道，不饮酒的人也尝过，经常喝几口的人很普遍，但真正爱酒天天喝的人并不很多，即使不爱喝也难摆脱它的纠缠。乐平人好酒，名声在外。乐平人好酒，指口腹之欲强烈，那倒不一定。古人、今人、此地人、他地人，都差不多，即使有差别，除了禁酒的教徒，区别不会很大。那么，凭什么说乐平人好酒？凭的就是，乐平人最看重酒。这与直接喝酒是两回事。喜喝是生理需要，看重，则是用酒来表达超越了生理需要的情感、愿望、追求等需要。这不正是酒文化的表现吗？不错，这仅仅是其一个方面，酒文化丰富多彩，难以尽述。

在不同的民族，不同的地区，不同的文化中，酒在人们生活中的作用，异彩纷呈，但大同小异，比如表达喜悦之情，大事成功了、过年过节亲人相聚，用酒来庆祝。表达友情，“酒逢知己千杯少”，甚至一醉方休。表达敬意：宴请尊长和恩人、贵客，自然要敬酒，便有了“先干为敬”的礼数，等等。在心理和生理方面，酒有着矛盾的双向作用，高兴时喝几盅，谓之助兴，愁苦时也喝几盅，谓之消愁。酒能助兴不假，酒能消愁吗？李白说：“抽刀断水水更流、举杯消愁愁更愁”，同时又说：“五花马，千金裘，呼儿将出换美酒，与尔同销万古愁。”现实中借酒消愁的人的确不少。酒是养生的良药，也是杀生的利器，古往今来与此相关的悲喜剧不断上演，此等等，不一而足。——这种种共性，在乐平这块土地上展现得淋漓尽致。

此外，酒文化在这块土地上还展现出独有的风貌。乐平，酒的作用在某些方面像爆竹。喜事打爆竹，悲事也打爆竹。大姑娘出嫁上轿起程打爆竹欢送，到了婆家落轿进门打爆竹欢迎。死了老人抬棺材上路打爆竹送走，到了葬地打爆竹下葬，谁能说清打爆竹表达的情感到底是喜还是悲。喝酒也类似：嫁娶、建房、做寿等喜事请客喝酒划拳，为老人送终同样请客喝酒划拳。前者称为红喜事，后者称为白喜事，都是喜事，只是颜色不同，喝酒划拳就有了理由。把为老人送终称为白喜事，虽说冠个白字加以区别，却不能否定它是喜事，只是喜事中的一种，这是否有违人的良知和道德观念，抑或是民间豁达的习俗？

在红喜事方面，酒表达喜悦的作用被发挥到了极致。在乐平，酒是宴席、欢庆、祝贺及感谢的代称和符号。办宴席请客被称为“请酒”。办喜事酒宴，应邀赴宴的人无疑就是去欢庆、祝贺或致谢的，也就是去吃酒。一个酒字表达了相关的一切。

乐平人一出生就与请酒结下了终生之缘：先是满月酒，接着是周岁酒，以后每十年请一次生日酒，最后是送终酒。你请生日酒亲友来祝贺，亲友请生日酒你去祝贺，加上其他红白喜事如婚嫁、乔迁、考取大学、谢师、获得大荣誉、老人过世的请酒，过年过节的酒，这么多不同名目的酒织成了一张密网，让你如鱼一般在网中游来游去，终生泡在酒中也游不出去。

酒文化在乐平最精彩的表现，就是行酒令，主要的方式就是划拳猜枚。这是历史非常悠久、覆盖了全国的一种民俗文化。划拳在汉代就很兴时，被形象地称为“拇战”。如何是划拳，谁都明白，无须解释。划拳与饮酒结缘，始于何时，是先有酒后有拳，还是先有拳后有酒，这如是鸡生蛋还是蛋生鸡一样，无人能答。划拳猜枚的人无须知道这一点，有拳划可猜枚就够了，比了解什么都重要。现在的乐平，划拳猜枚的人数之众，技巧之高，远超历史上任何时代。这已成了最广泛、最普及的群众性娱乐活动，几岁的小孩学猜枚，大些的孩子学划拳，经常能见到。成年人饮酒，不划拳的极少。无论是农村还是城区，也无论是客店还是户家，只要不是一人独饮，必有拳声飞扬。逢年过节，平时请酒人家，拳声绕梁，终日可闻。20年前，我为乐平酒厂写了一本小册子做宣传，书名《酒话与酒令》，

其中有大量的如何划拳猜枚的内容，省出版社出版后，拿了3000册回来，很快被人拿光了，连我存底的几本后来也被人强行拿走。真没想到人们对这样的东西如此感兴趣。为了存底，连续几年，我都到流动的旧书地摊上去寻找这本小册子。地摊上有乐平人写的各种旧书，就是不见那本小册子，我也不再抱有希望。不料今年初我儿子从网上买来两本，问他是什么人卖的，他说是武汉的网站。真是古怪奇巧，我20年前写的小册子竟成了600里之外的陌生人网上的交易品，难道是被复制了？难道说，武汉人也如乐平人一样喜欢划拳猜枚，才有人以此来赚钱？不明白，我也不想弄明白。

划拳猜枚，是否还有比乐平更兴盛的地方？我不敢断言，但我敢说：乐平周边县市难望乐平之项背。说乐平人划拳猜枚技巧高，有何凭据？这当然是许多人无数次与外县外省人交战得出的结论。本人就有过多次这样的经历，记得有一次去山西阳城治病，医院的男医生个个喜喝酒划拳，请他们吃酒时竟向我和我的陪同人挑战，他们五个人败得一塌糊涂。我俩的拳技在乐平并不算最好的，在这几千里之外的陌生地二对五，也能摧枯拉朽打败对手，自然得意洋洋。20世纪末我领着一伙同事游千岛湖，来自全国各地的人共乘一条可供百人同时用膳的大船，中午吃饭，刚动筷隔一桌的来自宁波的年轻人就开始划拳。令我讶异的是姑娘和小伙子对垒，并且每人双手轮番上阵，如二人转的一个舞姿。乐平划拳猜枚的女人也不少，似这姑娘那样张扬的我没见过，也未见过用双手划拳的。心想：世上还有比乐平人更喜划拳且划出花样来的地方，就是宁波了，他们的拳技一定很高。我让拳技差的小胡去试探一下，果然如我所料，小胡只划了几拳就铩羽而归。接着又让拳技最高的小曹去挑战。对方所有的人全败在小曹的手下，而且败得很惨，有人被削了“光头”。在这个过程中，全船的人停杯放箸，都全神贯注观战，不时爆发阵阵笑声，简直要掀翻船顶盖。热烈的气氛使来自四面八方的人融为一体。这就是酒文化的魅力。还有一个有趣的故事，我村子里一位农用车驾驶员绰号叫野猪的，常去弋阳县曹溪镇丈母娘家喝酒划拳，每次都大胜而归，后来被对方划拳者称为“神拳”，见他去了就说“神拳”来了。一次在我家喝酒，划拳时，与一难得见面的老者对垒，一小时后他就躺在门外的砖堆上，叫也叫不醒。老者说：“你在

弋阳是‘神拳’，回到乐平成了‘鬼拳’。”——这些是我个人的几次经历，相信还有许多其他人也有过很多类似我经历的故事，无须多说，就很能证实我的判断。

划拳有许多种类，除了上述提到的人人都理解的拳外，还有内拳、正添减、压子拳、盲人拳、哑巴拳等，这里受限篇不能细叙。

说了划拳说猜枚。“枚”，乐平人称为“子”，猜枚就是猜子，也说估子。这种酒令不如划拳人气旺，但也相当普及。拳技不高的往往以猜子来应对挑战。这种酒令在乐平普遍流行的只有两种方式：坐三和打擂。用的“子”多是牙签或火柴，坐三：两个人，每人三个子，一方做，一方猜。猜方的子可以是虚数。做的人用手握0至3的任一数的“子”让对方猜，猜的人不用做子，可用手指表示，也可用言语表示。双方之和的三为做方领有，猜方不能猜。双方之和为三，做方胜。此外的双方之和被猜中，猜方胜。既不是三，也没被猜中，重来。打擂较简单，其优点是大家同时参与，气氛热烈。其行法是多少人参入用多少个子，擂主握其中任一数的子出去，让所有参与的人猜。避开了擂主手中的子数为胜，撞合了为败。都避开了，擂主败。这两种酒令其中也是有技巧的。认真说来，不是技巧，而是诀窍。揭破了，作用就不大灵。对于不知道的人来说，就显得很神奇。这诀窍20世纪80年代发源于乐平双田地区，那时知道这奥妙的人极少。我是最早掌握这诀窍的少数几个人之一，与人比试时，让对方惊呼“神仙下凡了”。现在已大白于天下了，屁都不值。却又生出许多诈术来，外地人来乐平吃酒不知情的人，好行这种酒令的，多半是吃不了兜着走。

酒文化繁荣，酒令兴盛，有什么好处呢？好处肯定有，但别指望它发展经济、富国强民，也别指望它提高人的道德文化素质或强身健体，它的好处就是丰富生活，娱乐人生。仔细想想，这也很重要哇。竞技体育、文艺，主要功能不是这样吗？男女老幼都非常需要娱乐。娱乐丰富了生活。没有娱乐的生活无疑是单调而枯燥的，令人无法忍受。酒令出现已几千年了，不但没消失，反而发展了，提高了，也更普及了，不正是因为它能丰富人们的生活，可满足历代人的娱乐需要吗？划拳猜枚，不需要花钱，不需要器具，也不受时空的限制，随时随地可干起来，而且人人都能参与。

这是其他任何娱乐形式不可比的。人们对行酒令十分感兴趣就是可以理解的了。前年景德镇酒业公司和瓷都晚报联合在乐平举办划拳比赛，这无疑是个千百年来无人做过的创举，有史以来的首次，使人惊奇又感到突兀，因而将信将疑，又由于没有政府的参与，讯息传播受限，除了市区和近郊，远处的人大多不知道。尽管如此，报名参赛的人仍很踊跃。整个比赛过程热烈、和谐、顺畅，取得了完满的成功。许多后来才得到比赛消息未能参加比赛的人非常遗憾，责怪宣传不到位。现在，大家都翘首等待第二次比赛，这第二次是什么时候，由谁来组织，谁也无法回答，我们就耐心地等吧。

独具特色的乐平酒文化

曹晓泉

乐平历史悠久、人文昌达。东汉灵帝光和元年（178）始设县治，因“南临乐安河，北接平林”而得名，至今已有1800多年的历史。乐平地处赣东北丘陵与鄱阳湖平原过渡地带，域内山地、丘陵、平原交错，河流纵横，山川秀丽。素以“洪公气节，马氏文章”著称于世。保留了400余座融建筑、雕塑、工艺、绘画、文学于一体、被称为“中华一绝”的古戏台；培育了“一王二侯五宰相，两名状元威武将，三位榜眼和探花，二百六十进士郎。”……悠久的历史，秀美的山川，勤劳勇敢、聪明、热情与好客的人民，生发了丰富多彩、独具特色的乐平酒文化。乐平的酒文化体现了乐平人的生活方式及精神文明状态。

一、独特的喝酒方式

乐平喝酒特色鲜明：一是大碗盛酒小勺喝，这是乐平传统的喝酒方式。酒桌上按适当的距离放几个大碗，每人发一个小瓷勺子用来舀酒。在外人看来也许不卫生，其实，这与各自用自己的筷子共夹一盆菜是一回事，显得自然，这不仅简单方便，更是体现了乐平人的豪爽、平等、互信的秉性。当然，用勺子舀酒舀多舀少也很有技巧，因而生出许多有趣行为和言语。二是打箍敬酒。这是乐平人喝酒必需的程序。从东道主开始，按一定顺序逐个敬酒，不落一个，叫打完一箍。箍者，圈也。打箍敬即转圈

敬。主人敬完后，酒桌上每人逐个打箍，无一例外。打箍是乐平喝酒的礼节，主客之间，宾客之间互相敬酒，礼尚往来，以示尊重，符合孔子“饮酒以理”的观念。乐平人打箍敬酒区别于用杯子敬酒的关键是舀酒，有两种舀酒方式，一种是自己舀自己喝，一种是打箍敬酒的人舀给被敬的人喝。不管哪种方式，最关键的是舀酒的多少，落实到人人喝到酒上，体现了乐平人的另外一种喝酒理念，就是人人喝酒，人人必须喝到酒。假如十人一桌，打完箍，每人差不多半斤酒，这是乐平人喝酒的起步量。同桌喝酒，人人参与，人人快乐，人人平等，人人是主人，人人是客人，人人喝酒，人人喝到酒，乐平人喝酒的豪气可见一斑。如今，乐平喝酒的方式虽然有所变化，但一提到乐平喝酒，让你立刻想到的依然是瓷器小勺喝酒与打箍。

二、浓情寓于酒

乐平人对酒的情怀远近有名。一个成年男子，如果不是对酒精有生理上排斥或其他原因，没有不喝酒的，甚至很少不会划拳的。乐平的女子也不乏酒中豪杰。

1. 乐平人喝酒的理由多。每天都找得到喝酒的理由：今天心情好，喝杯酒助助兴；今天心情特差，喝杯酒消消愁：渴了，喝杯酒解解渴；乏了，喝杯酒解解乏……在乐平，过年过节要喝酒，各种喜事要喝酒，朋友聚会要喝酒，请人帮忙要喝酒，等于说只有酒才能表达快乐、热情、友好、敬谢之情意。少了酒就少了最重要的东西，真正是“无酒不成席”。乐平人的喜酒多，结婚、生育、乔迁、上学、各种生日等等，都要摆酒庆贺，这叫红喜事。但有一种喜事很特别，就是60岁以上的老人去世，依然要请客摆酒，照样会划拳热闹，称之为“白喜事”。古有庄子逝妻“鼓盆而歌”，今有乐平人为老人丧葬喝酒划拳，表现都很独特。老人去世喝酒热闹应该不关道德、善恶之类，习惯使然，风俗使然，酒文化的独特表现。

2. 乐平人好客也好斗。这里说的“斗”，不是打斗，是指斗酒。用李白诗中“五花马，千斤裘，呼儿将出换美酒”来形容乐平人的好酒也好客一点不为过。乐平人的民间活动很名：演戏、划龙舟、舞龙灯等等，只要村里有这些活动，整个村子就比过年还热闹，各家各户，不论穷富，都如

做喜事一般。打电话、上门请，亲戚、朋友逐个邀。一场戏如演上十天八天，家家天天客满，倾其所有，却快乐无比。这时，人们担心的不是花钱和劳累，而是担心家中无客，如邻居每天客来如潮，自家寥落冷清，就会有几分羞愧。说是看灯看戏，不如说是喝酒划拳。若到村中瞧瞧，东倒西歪，酒意盎然者比比皆是，真个是“家家扶得醉人归”。

乐平人的好客与喝酒好斗，两者是一致的。往往是：对客人的友好、热情、尊重等情感，不是用言语表达，而是用斗酒来体现。不能使客方喝个东摇西晃，就不算最热情。

婚宴最能体现这一点，尤其乐平农村结婚摆酒的风俗。乐平的结婚酒，在农村最为讲究。结婚酒至少要喝上三天，婚庆当天为正日，女方中午为正餐酒，晚上男方为正餐酒。上午男方去女方迎亲，女方摆迎亲酒，一般情况下，迎亲酒较温文尔雅，适当敬酒、划拳，但不拼酒，主要是怕迎客醉酒，误了大事。晚餐，男方设席以待，新娘一到，酒席开始，各席开怀畅饮。但酒席的中心和重点是如何陪女方的贵宾（乐平叫“贺客”），在农村，贺客是一支庞大的队伍，人员要两种人组成：一是必须去送嫁的亲戚，如新娘的兄弟、母舅、叔叔、伯伯等；二是其他的亲戚、朋友，称“挑担的人”（过去女方的陪嫁品要人挑去），其实是精心挑选的喝酒勇士。男方则视“贺客”的情况，挑选人员陪同，称“陪客”。贺陪双方排兵布阵，为即将展开的酒仗做好准备。

吃过点心后，贺客入席，双方礼貌敬酒后，划拳猜子。晚宴虽是正餐，但仅是斗酒的前奏。晚餐后，男方家端上热水毛巾，让客人洗脸休息。

晚上八九点钟，夜宵开始，这时，将几张八仙桌拼成一个大桌，一字排开，贺客、陪客分边坐下，正式拉开战幕。先敬酒，再划拳，桌子长的可以几个点同时开战，此起彼伏、热闹异常。但当晚的酒仗有个时间节点，到晚上 12 点会自觉停战。

第二天一早开始，重摆酒席，双方重新排兵布阵，这是一场最激烈最放开的酒仗，没有客套，单刀直入，没有时间限制，直拼个你呕我吐，直到一方败阵为止。

三、崇尚酒德

好客、好斗似乎是乐平酒文化主旋律，但乐平毕竟是礼仪之邦，有浓

厚的文化积淀，所以乐平人喝酒其实特别崇尚酒德。

1. 喝酒有礼。《礼记·乡饮酒议》中对饮酒礼节有详尽的规定，乐平虽无此繁杂的礼仪，但不乏礼节。一是座位有序，不管是官场还是普通的农家，乐平人都特别讲究酒席中的座位，非常在意主客、尊卑、长幼的座序。如官场酒按级别坐、朋友酒按年龄坐、宗族酒按辈分坐。而且上座之前，都会有一番谦让。二是敬酒有礼。乐平的喝酒“打箍”，其实是乐平最特别又最普通的礼节，就是敬遍围坐在桌上的所有人，符合《礼记》中“学长而无遗”要求，即不论长幼都要敬酒而不遗漏。打箍敬酒的顺序、礼节很有讲究：按顺时针方向，尊先卑后、长先幼后。在农村不少人在敬酒划拳前抱拳行礼，有侠士风度。

2. 饮酒以量。孔子在《论语·乡党》中告诫弟子：“惟酒无量，不及乱。”意思是喝酒不限量，但不能喝醉。乐平人也有“酒凭量饮”“较拳不较量”的喝酒理念。斗酒是双方自愿的取乐行为，没有任何强制性。这种自愿选择的娱乐行为非常普遍，被误以为乐平人都是不醉不散的拼命三郎。违背饮者的意愿，硬要灌醉人这样的行为是基本不存在的。乐平人喝酒有一个大家较为认同的“度”，就是“八分量”。这其实就是孔子主张的应达到“酡”的状态，即微醺而不醉。

3. 重视酒品与酒相。酒品即喝酒时的品行。不少乐平人在意酒桌上的行为，通过酒桌上的一举一动来看这个人是真诚还是虚伪，是坚强还是软弱，是踏实还是轻率，是豪气还是畏缩，是灵活还是死板等等，并由此判别出善恶美丑，可交与不可交。所以认为能喝多少喝多少的人是老实人，能喝多少还超出的人是豪爽的人，没喝多少却说喝了多少的人是虚伪的人，弄虚作假的人是狡诈的人。这或许有一定道理，但不能把它绝对化，错误的成分可能更多，不同的人喝酒后心理和生理反应是不同的。不能把酒品与人品画等号。酒相即酒后的形象。酒后吐真言，酒后露真相，乐平人特别在意酒相。一席酒后，对一些反应特别的人会有评论，说某某酒相怎样怎样，对一些酒相特别差的人席前还会互相提醒：这个人酒相好差的，别让他喝多了。乐平人认为酒相不好无外乎几种：借酒装疯动手动脚、火暴脾气打架斗殴、失去约束胡言乱语等等。酒相特差的被人“看破相”，这种人没有酒友，人们也不愿意与他共饮，甚至给自己恋爱择业以

负面影响。

四、讲求酒艺

酒艺即酒桌上的艺术。乐平人好客豪爽，为了让朋友多喝酒，开心快乐地喝酒，就要想方设法挑起喝酒的气氛。所以善于劝酒，善于用各种方式赢得对方喝酒（如划拳、猜子等）的人被认为酒艺高超。一是语言劝酒，乐平人有很多朗朗上口的劝酒的话，如“喝酒喝得快，全靠东家带”，这是劝主人多喝酒；“酒醉后来人”，这要让迟到的人多喝酒；至于像“感情深一口闷”“屁股一抬，喝酒重来”“能喝三两的喝半斤，这样的朋友最知心”“酒逢知己千杯少”等耳熟能详的劝酒词张口就来，灵活运用。二是特别喜欢玩喝酒游戏，如划拳、猜枚、翻牌等等。划拳是乐平人最喜爱、最推崇最普及的酒桌上的游戏，也最能体现乐平人的酒艺。乐平划拳高手如云，风格各异，拳艺的广度、高度与深度可以说全国首屈一指。据说有些高手在外地划拳，每划必胜，从无败绩，让人惊诧不已。

五、乐平的酒

说到乐平的酒，人们也许会想到曾经的乐平酒厂生产的系列酒，乐平谷酒、乐平谷烧、乐平南酒、乐平特曲、乐平老窖、赣王等一长串酒名就会浮现在眼前。它们曾经风靡乐平，风靡赣东北地区，曾经是乐平人的骄傲。然而，曾几何时，酒厂衰败了，消亡了，那弥漫在城区的酒香和甘美的乐平谷酒只是留给乐平人美好的回忆，如果你此时还能拿出一两瓶瓶装的乐平谷酒或南酒，人们会视若珍宝。朋友闻香而至，开瓶倒酒的那一刹那，你会看到众人惊叹渴望的目光，体会到超过开任何一种名酒而流露的喜悦和此酒不再的惋惜与忧伤。

酒厂的老酒已难觅踪迹了，乐平人对美酒忧伤的情怀也会慢慢淡去，好在还有一种深植于乐平百姓的酒，她也扎根于乐平本土，在乐平代代相传，生生不息，永不消亡。它是真正的乐平老百姓自己的酒，乐平人亲切地称她为“土八路”。说她“土”，那是一点不假，第一，制酒的作坊是土的。普通民家，有土锅、土炉、木甑，就可以拉开架式酿酒。第二，原料是土的，唯一的原料就是当地产的普通稻谷。第三，酒曲是土的，会酿酒的师父都会自制酒曲，这是用 40 多种中药材制成的，如肉桂、川芎、百岁心、黄荆子、大豆、小豆、八豆等，其中有种土名叫“马柳仿”的药材

田野间随处可见。第四，师傅是土的，每个乡镇都有自己的酿酒师傅，他们土生土长，是普通农民，没有专门培训，没有技术等级。第五，制作工艺是土的。浸谷—蒸谷—凉料—拌料—下缸发酵。20 天左右，大木甑里就会流出香味扑鼻的酒来，不需勾兑，不需调试，即出即用。第六，包装是土的，不用瓶瓶罐罐，不用商标，存在家里用缸，运出去用塑料壶。

乐平的土八路酒是土的，但更是纯的，纯稻谷，纯天然，50 多度的酒精度。好的谷酒，点火就着，蓝色的火苗，显示酒的纯真，犹如乡间的少女不涂脂抹粉，无雍容华贵，清纯中透出几分野性，质朴中夹着星点粗俗，清水出芙蓉、天然去雕饰的美，肌肤中透出的香依然会让你动心动情。

乐平的土八路酒，商场的货架，富贵人家的餐桌上不见踪影，不是不配，而是人的慕洋嫌土、重形式轻实质的虚荣心使然。实际上，商场货架上看去花枝招展、光彩夺目，几十元、百多元的瓶装酒，比土八路差多了。土八路是普通农家必备之饮料。每年秋收后，桂花飘香的时节，大部分农家都会挑上自己的谷子去当地的酒师傅家，220 斤谷子（以前是 120 斤）酿一甑（习惯称为个）酒，出酒 95~100 斤，成本价每斤只需 6 元左右。别看乐平谷酒“低贱”，但他是纯粮酿制，营养丰富，香味浓郁，味道醇厚，也会受到不少高雅人士的青睐。南京京剧院的原院长，一次来乐平做客，喝过主人上的土八路后，问此酒要 60 元一斤吗？当得知只要 6 元的成本价时，大为惊叹，当即买了上百斤酒带回南京。

乐平谷酒来自于草根，所以最具包容性。浸泡不同的材料，制成不同的酒，如杨梅酒、枸杞酒、各种各样的药酒，不同的味道，不同的功效，这是其他酒所无法替代的。

“酒乡”侃酒

徐行溥

乐平人好客好酒，久负盛名，宋代诗人权邦彦在《乐平道中》，就有描述宋时乐平“村村沽酒唤客吃”情景的诗句。可见，酒、饮酒、酒文化，在乐平可谓年深日久。无怪乎，总有乐平人在谈酒文化，并谓之乐

平民间饮酒劝酒、行令猜拳就很有文化味，如“三星照”“四季财”“五经魁”“六六顺”等酒令中的文化之蕴；如“快”“变”“诡”“迷”等拳技中的智慧之巧，等等。作为观念形态的文化，它是人们物质生活的反映，酒乡酒民侃酒文化，顺理成章。

古人就有“仓廪实而知礼节，衣食足而知荣辱”之说，在物质开始丰盈的今日中国，人们热衷于讲文化就不足为奇了。文化是什么？文化就是“修养、自觉、自由和善良”，文化育人、文化化人、文化沁人，文化，是渗入人们物质生活诸领域、统领精神生活诸方面之魂。君不见，中央的一个决定下发后，大有“文化是个筐，什么都能装”之势。实则，广义的文化观，就定义为物质财富与精神财富的总和，大谈文化、广议文化，也无可厚非。

就酒文化而言，笔者以为，这一从物质生活始且介入精神生活而形成的酒文化，其实涵盖颇广、内涵颇丰。这一跨越时空数千年的“酒”，已经渗透人类社会诸多领域，在人们生活中享有特殊而微妙的地位。不信且看：

酒之于历史。酒与中国文化的历史，与中华文明的发展，几乎是同步前行的。中国是世界上酿酒最早的国家之一，有史记载，在夏朝就有“仪狄始作，酒醪，变五味。少康（一作杜康）作秫酒”。在距今约四千年左右的龙山文化遗存中，就发掘出许多陶制酒器，我国酿酒饮酒的历史可谓源远流长。

酒之于其名。酒的别名，广载于我国古籍文献与文学作品之中，粗略统计，达近 40 种之多。如：杜康（曹操“唯有杜康”、皮日休“空凝杜康语”）、欢伯（汉焦延寿）、杯中物（陶潜）、秬鬯（《诗经·大雅》）、白堕（古善酿者名、苏轼“自劝饮白堕”）、壶觞（陶潜“归去来辞”）、冻醪（《诗经·豳风》）、酌（便酌、小酌，李白）、酤（《诗经·商颂》）、金波（元张养浩）、壶中物（唐张祜）等等。闻其名便令人感觉到酒香中泛出的浓浓文化味。

酒之于礼仪。酒于礼仪，首推祭祀，在古代，或祭天地、或祀宗庙、或拜神明、或敬先祖，必“祭酒”，故谓之“饮必祭、祭必酒”，且位尊望重之人才能主持祭酒之仪，“祭酒”也一度成为朝廷官职。古人因其对神

秘未知世界的恐惧，欲于幻想中祈求力量与智慧，寻求心灵的寄托与慰藉，离不开祭祀、朝拜，这其中，酒的功能无疑为之提供最佳媒介。

在人们日常生活的礼仪、礼节中，奉嘉宾、迎节庆，亦是无酒不成礼、无酒不成节、无酒不成席。出征或结盟则饮“歃血酒”，获胜则饮“庆功酒”，出行则饮“饯行酒”，归来则饮“接风酒”，婚姻则饮“交杯酒”，合家相聚则饮“团圆酒”……

于祭祀大典而言，酒是超越客观之物连接理想与现实的一种文化象征；于日常礼仪来说，酒是凌驾社会之上沟通个体与群体的一种文化媒介。

酒之于文学。千古诗仙“李白斗酒诗百篇，长安市上酒家眠”（杜甫），苏轼则“得酒诗自成”，李清照亦“年年雪里，常插梅花醉”。唐诗宋词元曲里关于酒的警句，可说是不胜枚举。在文学艺术的王国里，酒，是许多艺术家激发才思、获得艺术创造力的重要途径。而酒的命题，更是他们构思作品、表现生活、展示人物心态性格的重要形式与手段。《三国演义》写酒，其形态表现为谋略；《红楼梦》写酒，其形态表现为雅趣；《水浒传》写酒，其形态表现为义勇；《儒林外史》写酒，其形态表现为清谈，等等。这其中，描写酒之为用令人叹为观止。

酒之于谋、勇。说谋，醇醴香中有谋略。曹阿瞒“青梅煮酒论英雄”，刘玄德“巧借闻雷来掩饰”，周公瑾假醉诈蒋干，赵匡胤杯酒释兵权……这浓浓的酒香中，就飘逸着一种幽幽的权谋、韬略之气。说勇，自古英雄多豪饮。鲁智深醉拔垂杨柳，武都头醉打蒋门神……这醇厚的酒香中，就蕴含着那种雄浑的胆略与义勇之气。

至于那暗藏杀机又暗中斗智的鸿门宴，则体现着刘项二营垒中诸谋臣勇士的计谋与勇气的较量与博弈。

酒之于交友。虽说是“君子之交淡如水”，但毕竟“酒逢知己千杯少”。知心密友，相聚相别，互叙友情，酒为媒介，酒是纽带。知己相逢之时，把盏交杯，推心置腹，率真爽直，恰似“一片冰心在玉壶”。故人离别之际，设宴饯行，饮酒作别，难舍难分，意欲“劝君更尽一杯酒”。坊间好友，文人雅士，猜拳行令，酒亦给朋友间增添几分雅趣或曰文雅。古代文友，凡饮酒，必作诗、行酒令，酒家之“雅座”大概源于此意吧。

《红楼梦》中胸无点墨的薛蟠，不是被逼得吟出“女儿乐……女儿悲……”之不雅的浑“诗”吗！

酒之于心态。自古以来，因乐而一醉方休者有之，人逢喜事精神爽，畅饮美酒郁金香。因愁而自饮闷酒者有之，借酒消愁愁更愁，抽刀断水水更流。君不见，1976 年 10 月粉碎“四人帮”之时，北京一度倾城酒罄，施光南一曲“八亿神州举金杯”“千杯万盏也不醉”的祝酒歌唱遍神州，人们喜庆若狂的心态欣然融于“酒”的旋律之中。在人们的日常生活中，愁而饮酒以消愁者也大有人在。舞台上，一出美中见醉、醉中见美的京剧《贵妃醉酒》，把杨玉环醉后自赏、怀春的心态表现得淋漓尽致。

当然，在现实生活中，亦有酗酒闹事者、借酒装疯者、酒壮色胆者、醉驾肇事者、酒后胡言者，等等。可见，在酒文化中，如何在精神的自由和行为的约束两者之间形成一种平衡，这也是人们必须求解的一个课题。

然而，酒文化毕竟是人类文明长河、文化星空中的一道绚丽风景，悠悠文明史中飘荡着醽醁的酒香，醇醇壶觞里蕴含着厚重的文化。因而，酒之于人生、于社会，抑或与历史、与文化的命题，仍将在我们乐平，以至大到在整个人类文明史中持续地、永久地言说下去、侃谈下去。

乐平人的酒情结

曹涛勇

中国是酒的故乡，乐平是酒的郡县。乐平人好客好酒，远近闻名，久负盛名。乐平人好酒，“无酒不成席”；乐平人喜酒，“无酒而不欢”；乐平人爱酒，“浓情寄于酒”。

——有朋远来，不亦乐乎，以酒助兴。乐平人热情好客，每有客来，有朋自远方来，都会备上一桌好菜，邀集三朋四友，一同陪伴远方来的客人，沽上一壶美酒，抑或沿袭百年来的传统，倒上一大碗满酒，摆上两个小空碗，以瓷瓢为量器，每个小碗里舀上一至两瓢酒，主人先敬客，然后顺时针或逆时针或从大到小依次打箍敬酒，主人敬毕，大家轮着打箍敬酒。抑或用现在的玻璃杯（二两或二两半），满上酒打箍互敬，每人敬完酒后，进行第二个环节，猜拳、估子、行酒令，酒过三巡，天南海北，在

坐的越来越亲、兴头越来越浓，待到兴致高时，被家人催促再三时，才依依不舍吃上主食，散席而去。此酒，因为高兴，以酒助兴矣。

——家有喜事，亲朋相至，以酒怡情。乐平人仪式感足，每有弥月、周岁、幼学、弱冠、而立、不惑、知天命、花甲、古稀、耄耋、期颐，每有金榜题名、秀才及第、喜结良缘、乘鹤仙逝、上梁乔迁、从戎升迁，每有定婚、结婚、省亲、拜师等喜事，都会宴请亲朋好友，备上好菜，沽上好酒，唤客品尝，以证大事，满心而来，怡情而去。此酒，互信互通，以酒怡情矣。

——事遇不畅，推杯换盏，以酒释怀。乐平人凡事好强，自己分内的事、承诺了的事、受人之托的事、路遇不平之事，都会尽其所能，想方设法，促成办成。在这过程中，每遇事有羁绊，难以推进，总会百般寻找关系，托请事主，摆上酒宴，邀及对方亲朋好友，推杯换盏，目标事成，共同斡旋，一次不行，再来二次，二次不行，再来三次，直至事成作罢。此酒，融通互利，以酒化解矣。

——异姓调和，互亲互敬，以酒为媒。乐平人重情重义，每有相亲、提亲、定亲、结亲，每遇审婚、定婚、结婚，每逢元宵、端午、中秋、重阳，每有社戏、开谱、庆典，无不定上酒席，都会邀及至亲好友，共同见证，以酒为信，以酒为据，异姓调和，异族融通。此酒，互亲互敬，以酒为媒矣。

——酒如擂台，互不相让，以酒斗法。乐平人斗酒斗法，从不服输。每有喜宴，比的是谁家的酒喝得多、时间喝得久、场面更热乎。特别是每逢村内演戏、划龙舟、舞龙灯，每个家庭，比的就是看谁家扶得“醉人归”多。乐平人习惯把酒桌当擂台，上得酒桌，就爱斗法，关系越亲，斗法越凶，无醉不爽，不醉不归。乐平斗酒之势，形式多样，花样百出，通南晓北，然数农村结婚酒最为讲究、最为壮观。每有农村结婚酒，至少要喝三天。婚庆前一天为预酒，浅尝辄止。婚庆当天为正日，晚上男方为正餐酒。正酒当晚，男方设席，新娘一到，酒席开始，各席开怀畅饮，但一般都会适可而止，为的是等待闹洞房。闹完洞房至晚上八九点后，开始宵夜，女方贵宾（贺客）、男方亲友（陪客），在几张八仙桌拼成的大酒桌分边依次落座，正式拉开战幕，敬酒、打箍，划拳、行酒令，变着法子

让对手喝酒，几个点同时开战，此起彼伏，战火纷飞，好不热闹，至深夜子时，方才罢休。第二天一早，洗漱完毕，重摆酒席，双方重新排兵布阵，展开最为激烈、决定胜负的酒仗。此时，没有客套，不会作礼，单刀直入，没有时间限制，直拼至你呕我吐，对方无一人上阵或服输为止。此酒，互不相让，定决胜负，以酒斗法矣。

……

可以说，乐平人一出生，就与酒结下了终生不解之缘。从出生请落地酒、满月酒、逢十周岁一次酒，到送终酒，从红喜酒到白喜酒，从自己的酒到亲朋的酒，让你一生之中在酒网中游弋，让你一生中感悟酒的含义。乐平人爱酒喝酒，但不嗜酒、不赖酒，喝酒有规矩，有礼节，有尊长、有礼数，饮酒以量，以宜为止，更重视酒品与酒相，不因酒而误事、不因酒伤情、不因酒而闹事。如今乐平人爱酒喜酒，已由传统“饮惟祀”的对天地鬼神的诚敬转化为对尊者、长者之敬、对客人之敬、对友人之敬。喝酒的量，也开始量凭人饮，由传统的敬酒，敬尽兴酒，转变为随各人之所愿、尽各人之所能，体现为“尽其欢”“尽其宜”的初衷，体现了酒之“和中”的真正含义。

酒乡说酒，酒之于乐平人，千百年来割舍不去的情结，千百年后依旧存在的乡愁。

乐平人喝酒

肖贵平

人们常说“柴米油盐酱醋茶”是日常生活中必不可少的东西，除此之外，应该就是烟和酒了。烟的历史不长，也没形成文化，酒则不然，不但历史悠久，而且文化内涵丰富。起初酒诞生时，是因为粮食有了剩余，剩余了怎么办，总要想着法子加工成其他东西供人享用。酒，这种仪态万千、色泽缤纷、如梦如幻的液体，总让人捉摸不透，爱恨交加。它炙热如烈火，冷酷如寒冰；它缠绵如春梦，狠毒如恶魔；它柔软如锦帛，锋利似钢刀。酒在人间流淌，与人类血液汇成一条精神的长河。

人为什么要喝酒？人需要酒来陶醉，人也需要文化来陶醉。生活中

有许多的劳累和烦忧，酒和文化都能让人忘我忘忧，暂时寄身于一个自我陶醉的世界。酒和文化结合便形成了酒文化。文人雅士一经酒的陶醉和蒸腾，胆气豪气灵气骤然上升，诗词歌赋、水墨丹青便随酒气喷涌而出。

乐平人善于酿酒，且把本地或自己家古法酿的高度白酒戏称为“土八路”。乐平人喝酒的场合很多。来了亲朋好友要喝酒，传统佳节要喝酒，红白喜事要喝酒，村里做大戏要喝酒，当然家里有好菜自己自斟自饮也要喝酒。

外地人喝酒一般都用杯子。乐平人却喜欢用陶瓷的调羹喝，俗称“瓢一瓢”。上座就是拿着瓢子敬一圈，互敬一圈下来，几十瓢就落肚了。当然，瓢子有大有小，舀的酒也有多有少，这时就看出一个人的酒量和人品了。酒量大且豪爽的次次瓢满。酒量小或滑头一点的，会把瓢子侧起来舀，当然大家会互相监督，也会互相吐槽。敬长辈时一般都会自己多喝或让对方少喝，这是必要的礼道，敬同辈那是不会谦让的，大家的酒都要舀得一样多。

到了劝酒的环节比的就是热情和口才，打的都是感情牌。什么穿开裆裤一起长大的，同窗苦读的，一起打工的，一块偷菜的，一起扛枪，不一而足。就算不太熟的，也要找点共同认识的亲朋好友扯在一起。

乐平人喜欢劝酒，也擅长劝酒。劝酒的目的，酒桌上的人都心照不宣。劝酒是真热情，当然热情里也会有些“小阴谋”，那就是想方设法让一两个人喝醉了，一场酒局下来，没一两个醉的，那就是没喝到位。劝酒，是强制于人并使之合理化、合情化的一个特例，己所不欲，勿施于人——这条为道德和法律所尊崇的古训在酒桌上已被废止。把灌醉别人当作目标，是劝酒者可以不摆上桌面的“阴谋”。人们走上酒桌，目的不是吃饭，而是表明自己在参加一项活动，一种氛围友好而热烈的仪式。推杯换盏一番之后，“酒精杀场”上的攻守同盟很快形成，不胜酒力者、心善面软者、缺少心眼者，便是首攻对象。劝酒者第一目标，便是要被劝者在飘飘然中吐露“真言”，最好能听到隐私，听大舌头“演讲”，套别人说疯话，真是其乐无穷。第二目标，是要看到别人“现场直播”，有人“现场直播”，劝酒者便有英雄斩人于马下之快感。第三目标是要别人在回家时磕掉两颗门牙，或被老婆拒之门外，有这样的故事发生更会让劝酒者快乐

不已，饭后闲谈多了一个话题，甚至会为在酒桌上的壮举自豪许多时日。

乐平人喜欢划拳，也善于划拳。敬酒敬不动了怎么办，最后还有游戏环节。最多的便是猜拳，也可以猜字或者翻扑克。这种活动一搞起来，气氛顿时热烈起来，划拳声音一个高于一个，不仅比技巧，还要比气势。“一定高升、哥俩好、三星高照、四季发财——”，说最动听的话，做最说一不二的事，输了拳必须饮酒。面对这种酒桌上的激烈对抗，双方都坦然接受，愿赌服输。酒桌上的人们更是睁大眼睛擂鼓助阵，摇旗呐喊。喝酒竞技的结果，使得接受变成付出，接收美食的快感变成肠胃的受难，不胜酒力者交出“公粮”，便是酒桌上人们期待的高潮。

当然，酒桌上不乏有乐意喝醉者、乐意被灌醉者。酒醉之后，可以说平时不敢说的话，可以做平时不敢做的事，要发泄、要出气，喝了酒是最好的时机。喝了酒可以指桑骂槐，可以声东击西，甚至可以“该出手时就出手”。

随着社会的发展，乐平人喝酒也变得越来越文明，劝酒斗酒越来越少。人们慢慢懂得并接受良好的酒文化。酒文化应该体现出对人性的尊重，对人生的关怀，酒文化应该是优雅的、和谐的、充满情调的，如春风、如雨露，能滋润人的心田，净化人的心灵。酒当然也是不可或缺的，在酒桌上，亲朋好友聚在一起，端起酒杯，各自量力而行，慢慢品，慢慢聊，喝出高雅的品位，喝出浓郁的情谊，让酒文化散发出更幽深厚重的韵味。

品菜评谭·论产业

关于发展“乐平小炒”产业、推进品牌连锁经营的建议

柴有江　南海军

近年来，以乐平人经营为主的“江西小炒”如雨后春笋在浙江各地的大街小巷涌出，迅速发展，在当地已具备较大的品牌效应与口碑，成为我市部分外出务工农民的主要谋生手段之一。这对于形成乐平小炒地域品牌产业化，有着非常大的现实基础。

一、“江西小炒”的现状及特点

（一）基本现状

据估算，目前“江西小炒”门店已超过5000家，从业人员上万人。这些门店主要集中在浙江的台州（仙居、黄岩）、温州（乐清）、宁波、金华（义乌、永康）等地，福建泉州等地也有少量分布。

（二）主要特点

1. 经营主体集中化。据不完全统计，80%以上的“江西小炒”经营主体为乐平人，周边万年县、德兴市也有部分从业者；其中鸬鹚、众埠、名口等乡镇人员最多。

2. 经营模式简易化。“江西小炒”店铺规模普遍不大，多数为100平方米以下的小店，7、8个桌子，装修简单，采取夫妻店、父子店的经营模式。

3. 消费对象大众化。“江西小炒”的消费对象主要瞄准大众化群体，特别是当地务工人员，以实惠的价格、家常的味道赢得大量回头客。

4. 餐饮口味包容化。“江西小炒”的菜品不固定，以市场为导向，川湘粤淮阳等各大菜系俱全，市面上什么菜受欢迎就“模仿”什么菜，顾客要求什么口味就烹制什么口味。

二、“江西小炒”火爆原因分析

2010 年到 2020 年左右时间，在没有政府扶持的情况下，“江西小炒”从无到有，做到如此规模、如此体量，大致有以下几个方面的原因。

1. 现实需求造就了巨大的市场。浙江民营发达，在此务工的乐平人众多。由于这些务工人员对当地清淡饮食吃不惯，便在租住房间炒些家常菜吃，也有部分人尝试在外面摆地摊经营小炒生意，结果大受欢迎。既满足务工人员的现实需求，又找到了一条致富的道路。

2. 稳定收入吸引了大量的从业人员。据了解，一般一家“江西小炒”店的年纯利润在 20 万 ~50 万元之间；部分“网红店”“特色店”的年纯利润达 100 万 ~300 万元；极少数转型成功，已从“江西小炒”升级为大酒店、连锁店的年纯利润甚至达到 500 万元以上。而且，小炒行业投资门槛、成本、容错率高，加之自己做老板，不受约束、时间自由，使得“江西小炒”成为农村群众外出务工的最主要方向。

3. 物美价廉促进了行业的发展。“江西小炒”价格不高、分量大、菜品多，可选择余地大，全国各地的菜品都能“模仿”，全国各地顾客的口味都能满足。加之小炒店出菜速度快，服务态度好，热情实在，能适应快节奏的生活生产要求。

三、发展“乐平小炒”的前景展望

规模巨大的乐平小炒店是发展“乐平小炒”的现实基础。目前，乐平小炒店的规模大概在 5000 家，以单店日营业额 2000 元，年营业时间 350 天计算，年营收在 35 亿元以上。如果有 10000 家乐平小炒店，整体年营收可以达到 70 亿元以上，并且预计能带动相关源头蔬菜种植业、家禽养殖业 10 亿元以上的规模。这是发展“乐平小炒”的现实基础和巨大潜力。

“江西小炒”的火爆为发展“乐平小炒”积累了实践经验。“江西小炒”的经营业主以乐平人为主体，其菜品、烹饪技术也以乐平传统食材、做法为主，“江西小炒”的成功，既为发展“乐平小炒”积累了丰富的实践经验，又为发展“乐平小炒”赢得了巨大的市场空间。对标沙县小吃、资溪面包，建立“乐平小炒”行业协会、创树大型连锁区域产业品牌，并予以合理有效投资管理，就能把“乐平小炒”发展成为全市新的特色产业、支柱产业，带动百姓创业致富，带动相关农副产品、种养殖业一并发

展，最终让“乐平小炒”成为我市的一张靓丽名片。

四、发展“乐平小炒”存在问题

1. 行业内“内卷”严重。随着从业人员越来越多，在没有相关的行业规范情况下，较易产生恶性竞争，极易出现一家店面生意火爆后，旁边出现多家经营店面情况。

2. 品牌化专业化程度不够。既没有形成地理标志，也没有龙头企业或品牌，店内店外环境、菜品质量、厨师专业水平都有进一步提升的空间。

3. 受众面覆盖面不够广。目前来看，“江西（乐平）小炒”主要集中在浙江、福建部分地区，而没有像兰州拉面、沙县小吃一样遍布大江南北。

4. 挖掘本土文化不够深。没有与狗肉、谷酒、桃酥等乐平特色菜、特色饮食深度融合，传承乐平饮食文化，带动当地农产品发展。

五、发展“乐平小炒”建议

品牌化创新。“乐平小炒”比盒饭热乎，比食堂带劲，是省委省政府推广赣文化、推广赣菜的前沿阵地。建议由市委市政府高位推动，启动“乐平小炒”及行业协会商标的注册，规范管理，盘活窗口、做火品牌、擦亮招牌。围绕商标品牌，在培育打造“乐平小炒”名牌上下功夫，每年组织餐饮企业去各地参评参展，扩大乐平菜的品牌影响。号召各地乐平籍“江西小炒”店主更换店名为“乐平小炒”，引导新入行经营人统一打“乐平小炒”招牌。

特色化菜品。推出具有乐平小炒特色并易携带打包、快递配送的主打菜品，早餐系列如：稀饭、豆浆、油条、油炸清汤、乐平豆脑、蛋花酒酿、油条包麻糍、乐平拌炒粉、洄田排粉、乐平炒年糕、萝卜蒸饺、韭菜豆干饺、肉饼汤、茶叶蛋等。主食小炒系列如：灯笼椒炒肉、乐平炒粉、乐平狗肉、米粉蒸肉、涌山猪头肉、大蒜炒肉、菜心炒肉、红烧鱼、油渣炒青菜、爆炒腰花、爆炒肚片、塔前雾汤等。

标准化经营。在注册商标的同时，在市委市政府的领导和扶持下，以协会的形式对“江西小炒”的经营质量和服务进行标准化提升，不断扩大提高品牌平台影响力。行业协会加强对门店的服务管理，把各地“乐平小炒”连成一个有机整体，既注重厨师技艺的提升，也加强经营观念和从业

礼仪的培养。

乡土化展示。在传承和保护好现有特色优势基础上增添更多乐平元素，既要让“乐平小炒”海纳百川、包罗万象，炒出天下味道，更要注重从文化上找突破口加大加强对乐平菜、乐平小炒的宣传，将洪马文化、赣剧文化、古戏台文化等地域特色文化巧妙融入其中。如店招可统一为有韵味的仿古戏台式建筑风格，店内装饰、餐桌、餐具、垃圾桶也可统一采用古朴风格，还可在墙上张贴“乐平小炒”菜品来历、独有口感、名人典故、精美图片等。

产业化发展。努力将“乐平小炒”打造成引发相关产业链条发展的“燃点”，带动“乐平小炒”品牌上下游产业振兴，拉动就业创业。如，乐平是“江南菜乡”，有很多很好的食材，要以本地的特色农产品为依托，在菜品的制作上订立标准食材，推进乐平本地农产品产供销链条的发展，促进在外经营与在家务农经济收入持续增收，取得“双赢”，推动乡村全面振兴。

网络化营销。克服经营模式局限，立足“共建共治共享”，以合作社、公司入股、门店经营模式，利用电商平台，提升技术力量，做大经济增长量，实现利益共享，不断向全国各地延伸。

综上，建议我市及时启动、大力发展“乐平小炒”产业，这对群众发家致富、社会经济发展和增加财政税收都有着十分重大的意义。

“安牌”的危与机

曹涛勇

说起“安牌”，乐平百姓会立马想到“安牌中国桃酥王”，也会因之而骄傲。“安牌”桃酥在某种程度上就等同于“安牌”。当前，“安牌”正站在危机并存的十字路口，如果再不抢抓时机、奋起努力，“安牌”可能“泯然众矣”；如果改革创新得当，“安牌”也大有可为。

一、“安牌”的危机与挑战

“安牌”在发展，但危机与挑战却以更快的速度在靠近，甚至包围“安牌”。

1. 对手群起，冲牌压力增大。目前，市场上并非“安牌”一家独居，可谓是对手群起，如“乐平桃酥王”“瓷都桃酥王”“沃冠桃酥王”等，形成了多家包围、觊觎“安牌”的境况。因没有统一的制作工艺标准、品质质量标准，加之市场监管不到位，以致这些品牌的桃酥并没有“安牌”讲究用料、讲究工艺、追求品质，从而低成本、高利润的优势愈加显现，对商超和消费者产生了很大吸引力，一些商超的桃酥专区，“安牌”桃酥摆放的位置已经靠后了，使“安牌”中国桃酥王发展压力步步增大。

2. 花落他家，保牌压力骤增。虽然乐平人最早制作桃酥，乐平桃酥生产销售规模在全省也是数一数二，“安牌”桃酥“荣誉等身”，是江西省最有影响力的桃酥品牌，但事实是“安牌”的品牌影响力在弱化。随着中国轻工业联合会分别在 2017、2018 年把“中国桃酥之乡”中式糕点之乡（桃酥）授予鹰潭，“中国桃酥之乡”中式糕点之乡花落鹰潭后，“安牌”桃酥、乐平桃酥在全省的影响力大大降低，“安牌”中国桃酥王的保牌压力骤增。

3. 机制不活，守牌难度加大。江西食品厂是江西现存唯一的国资食品企业。因为体制机制的原因，企业对政策、对政府依赖大，企业内部创新活力不足。虽然当前企业班子有情怀、有想法、有举措，也在丰富品种、加强销售等方面做了不少的努力，但创新短板、人才短板，放胆一试、放手一搏的“束缚”仍一定程度存在，加之市场上其他品牌桃酥的“抄袭”影响，“安牌”中国桃酥王守牌难度在加大。

二、“安牌”的优势与潜力

“安牌”发展危机并存，优势尚在，潜力巨大。

1. 有优良的自身基础。一是品牌历史底蕴深厚。“安牌”始创于 1986 年，1987 年 3 月 20 日正式注册。“安牌”桃酥，1986 年被评为国家商业部优质产品奖；1987 年被评为江西省优质产品奖；1988 年，在首届中国食品博览会上，该厂生产的糖果糕点勇夺两金三银一铜佳绩；1991 年国家商业部继续授予部优产品称号；1995 年，被中国食品工业协会授予名牌产品等省级以上 8 项桂冠；2002 年，“安牌”商标被确定为江西省著名商标；2019 年“安牌”中国桃酥王荣获中华老字号博览会最具影响力奖及中华老字号（山东）博览会最受欢迎产品奖，“安牌”桃酥制作技艺荣获景德镇

市级非物质文化遗产等多项荣誉称号。2021 年，荣获中国食品行业百年传承品牌奖、江西省品牌建设先进企业及江西名牌产品称号。二是品牌影响有口皆碑。目前，“安牌”桃酥品种多样，达 20 个，主要有 1500 克原味桃酥王、1480 克易拉罐奶油味桃酥、蔬菜桃酥、芝麻桃酥、木糖醇桃酥等。“安牌”中国桃酥王系列产品年产量达千吨。“安牌”食品分别销往景德镇、南昌、浙江、江苏等省市及网上销售至全国十几个省市区，年销售额有望突破 3000 万元，这些地区都纷纷给予好评。三是品牌项目内容丰富。“安牌”商标项目丰富，按国际分类有 30、40 类两大类。其中 30 类项目，分别为膨化水果片、蔬菜片、糕点、糖果、可可制品、茶、食品用蜂蜜、面粉制品、食品淀粉、食用冰、调味品等；40 类项目分别为面粉加工、食物熏制、食物及饮料贮存、榨水果、茶叶加工、饮料加工、药材加工、印刷、服装制作、纺织品精细加工。饮料加工包含 33 类，分别为：酒（饮料）、米酒、果酒（含酒精）、料酒、开胃酒、蜂蜜酒、烧酒、清酒、酒精饮料（啤酒除外）、汽酒。“安排”品牌还有许多产品可以生产打造。

2. 有广阔的发展空间。一是有利于巩固扶贫成果。“十四五”时期是国家巩固拓展脱贫攻坚成果同乡村振兴有效衔接的 5 年时间过渡期，精准扶贫时建立的长效扶贫产业，如马家柚、茶籽油等将逐步进入收获期。通过“安牌”整合扶贫产业，并对基础农产品进行深加工，有利于延长产业链，留住更多利润，更好反哺脱贫户。二是有利于推动乡村振兴。把“安牌”做成集食品、饮料等为一体的大型企业，有利于全面整合我市农村资源，全面盘活“江南菜乡”品牌，全面激活“灯笼辣椒”“乐平花猪”“涌山猪头肉”等地方特色产品，把全市产业振兴工作链接起来，形成一个有影响力的整体，从而更好服务乡村全面振兴，推动共同富裕。

3. 有奋进的领导班子。干事创业，关键在党，关键在人。发展壮大“安牌”，我们有担当作为的市委领导班子。新任七届市委主要领导 8 月 1 日来乐上任后，8 月 7 日就到江西食品厂调研，并就做大做强“安牌”系列产品提出要求。近一年来，七届市委团结带领全市党员干部“心往一处想，劲往一处使”，极大凝聚了民心，夯实了产业基础，巩固了防疫成果，提振了干群信心，在“奋力用实干创造新时代乐平第一等的工作”道路上阔步前进。发展壮大“安牌”，我们有干劲十足的江西食品厂领导班子。

近年来，江西食品厂努力在产品多样化、销售多元化、人才年轻化上下功夫，并取得了一定的成果。比如推进产品销售线上线下结合，进一步改进工艺，完善了无糖桃酥等。

三、做大“安牌”的建议设想

（一）做大“安牌”食品的建议

为了实现“安牌”食品的做大做强，走好“安牌”振兴做大之路，笔者建议：

1. 优化企业发展条件。一是加速食品工业园建设，加速江西食品厂新厂建设。二是开通城区至食品工业园公交线路，方便食品工业园企业职工上下班。三是在 206 国道乐平段两端处显要位置，安设“安牌中国桃酥王之乡——乐平欢迎您”大型广告牌。四是大力发展乐平物流，降低乐平物流成本。五是将“安牌”桃酥系列产品列入招商推介会、首选、特供食品，以政府名义进行广泛推介。六是将该厂坐落于洎阳北路十字路口经营 30 多年的食品大楼打造成“安牌中国桃酥王”系列产品展示楼、对外宣传窗口。

2. 规范桃酥市场秩序。建议政府部门牵头，规范我市桃酥市场经营秩序，制定桃酥工艺标准，严厉打击仿冒及傍名牌制作桃酥厂家，净化桃酥市场，保护“安牌”名牌产品合法权益。

3. 加大税收优惠力度。针对“安牌”系列产品，出台税收优惠政策，加大税收优惠和培植企业生产能力力度，推动企业做大做强。

4. 打造安牌旗舰食品。建议政府部门牵头，引导全市桃酥生产厂家，尽早统一搬迁至后港食品工业集聚区，抱团发展，形成产业链，以“安牌”中国桃酥王为旗舰产品，全力做大桃酥系列产品，并启动加速“中国桃酥之乡”申报工作。

（二）做大“安牌”产业的建议——以“安牌”蔬菜为例

建议“安牌”和“江南菜乡”联手，打造品牌蔬菜产业，提振蔬菜影响力，提质蔬菜品牌。

打好蔬菜品牌战，不宜另起炉灶，应选用“安牌”、做大“安牌”。因为：江西食品厂是真正意义上的生产型龙头企业。在蔬菜发展中，采用“安牌”商标，可以乘风借势，大大缩短创品牌的时间，节约创品牌的巨

额财力、物力和人力。启用“安牌”可以迅速统一无序市场，迅速解除各类蔬菜“群雄竞争、群雄割据”的局面，真正把蔬菜及蔬菜加工品统一起来。启用“安牌”可以迅速集结社会有用资本，扩大蔬菜开发资金的运用效益，逐步提高乐平蔬菜的科技含量、品牌效益和市场占有率，实现蔬菜产业化经营，达到振兴乐平蔬菜的目的。

而在启用“安牌”过程中，有许多不成熟的条件，需要我们大力克服。这些不成熟的条件主要表现为：蔬菜开发中，干群品牌意识不强，投资者不愿将资金转移到蔬菜品牌上来；思想意识上，有关职能部门没能高度统一，组织工作很困难；重视程度上，予以纳入“安牌”旗下的各企业或成员的重视程度不一样，有强烈的患得患失意识；产品质量上，我市农产品中，实际上并没有一个真正意义上的拳头、品牌产品。冠用“安牌”后的所有农产品的质量，在一定时期内还有待进一步大力提高；人才队伍上，缺乏一支专业人才队伍；综合素质上，使用“安牌”后，“安牌”旗下各成员，尤其广大菜农，综合素质、思想认识有待大力提高。

所以，要借助“安牌”打好蔬菜这张牌，明确目标，加强管理是关键。当务之急，必须：第一，要制定统一规划。制定好一个运用“安牌”品牌加快蔬菜产业化发展的规划。第二，要实行统一管理。采用“安牌”商标后，要随之迅速成立蔬菜产业化集团公司，实行统一管理，进行专业化、集约化和规模化生产，避免盲目性和趋同性，通过“公司+农户、互联网 +、电商 +、订单农业”等形式，形成“利益共享、风险共担”的联结机制。第三，要整合有效资源。大力改造传统蔬菜种植方法和产业结构，全面推行新技术，提高科技转化率，进一步提高劳动生产率；第四，要加大加工流通速度。迅速提高蔬菜产品的附加值和缩短蔬菜产品进入市场的周转时间；第五，要打造坚强队伍。迅速建立农村合作经济组织，打造好一支坚强有力的攻坚队伍；第六，要提高竞争力。采取输送干部和蔬菜大户及种植能手配套培训等“走出去、引进来”的办法，大力发展“无公害蔬菜”“绿色蔬菜”，提高蔬菜进入市场的竞争力；第七，要优化发展环境。加大规范市场和政策兑现力度，为运用“安牌”品牌创造一个宽松的发展环境。

附："安牌"的由来

"安牌"中国桃酥王系列产品，是江西食品厂的主打产品。江西食品厂成立于1954年，是江西省食品生产重点企业之一，江西"老字号"企业。2016年6月退城进园，占地面积28.5亩。江西食品厂因创新研制出"安牌"系列桃酥，先后荣获省商务厅首批"江西老字号"企业、全国食品工业优秀龙头食品企业、江西省食品工业行业十大诚信企业及中国食品安全百家诚信示范单位等多项荣誉称号。目前，该厂为全省唯一一家国有食品企业，有在职员工86人，已形成年产千吨桃酥的生产能力。

1986年以前，江西食品厂在市场中，默默无闻。1986年，国家商业部举办优质产品评选活动，当时，江西食品厂新近研究出炉的桃酥，也荣幸被列为"陪考"对象。当时，江西食品厂的桃酥因没有商标而被拒之门外。时任国家商业部副部长看好江西食品厂桃酥，情急之下，他为江西食品厂提供了"爱牌""欣牌""安牌"等几个商标名称，江西食品厂领导结合实际，以"安牌"为桃酥命了名。

为什么选择"安牌"？江西食品厂一班人经过了深思熟虑！单从字面上，《辞海》曰：安者，安全、安心、放心、安稳、舒服、快乐、安康、安居乐业、安定民心、安然自足别无所求等之意。又引自《老子》文曰：甘其食、美其服、安其居、乐其俗……古人，便已深知"安"的深刻内涵，采用"安牌"便是启用其安详、祥和、美满的内在含义。从"安牌"的社会效益来说，"安牌"让消费者感到"安全放心"，并有祝消费者"平安幸福"的内在社会效果；同时也寓意着江西食品厂能"一帆风顺、平平安安"，不断向前发展。评选过程中，江西食品厂的桃酥因味美质优、用料考究、外形富有创意，夺取了商业部优质产品奖，并以"安牌"桃酥选料精细、配方科学、工艺先进、品种齐全、口味更纯，被誉为"中国桃酥王"。从此，江西食品厂所生产出的食品均以"安牌"进入市场，并实现了江西糕点进入全国市场的首次突破。

关于做大乐平桃酥产业的思考

彭建飞　曹涛勇

桃酥是我国历史悠久的传统糕点食品，它象征着吉祥、如意、幸福、美好。桃酥也是中国四大名点之一，是国民点心，亦是国民乡愁。桃酥产业是富民产业，有着强劲的发展潜力和巨大的发展市场。近期，我们对乐平桃酥产业发展情况进行了调查，并就做大乐平桃酥产业进行了分析思考，现形成报告如下。

一、做大乐平桃酥产业的可行性

1. 有传统。据史料记载，乐平自唐代已开始进行桃酥制作，至今已有1400多年的历史，且在宋代作为乐平贡品进贡朝廷，一度成为京师王公贵族馈赠、待宾的上品。当时，因在景德镇陶瓷作坊务工的乐平农民将自家带去的面粉搅拌后放在瓷窑炉表面烘焙，并在烘焙时加入桃仁碎末，制成酥饼，取名“陶酥”，后谐音为桃酥。之后，桃酥生产不断扩大，成为全市许多地方都能生产的境况。

2. 有规模。据不完全统计，在乐平市域内现有规模加工生产桃酥企业（厂家）10余家，作坊10余家，直接从业人员逾千人，带动与桃酥产销相关人员数万人，年产值数亿元，形成了从原料采购、生产包装、运输服务到终端销售的产业链条一条龙顺延。

3. 有市场。目前，除乐平百万市民消费外，乐平桃酥产品还远销上海、江苏、福建、浙江等10余个省市，并在一些大中城市设立了代理商和营销网络。未来，随着桃酥产品品质的创新创优和销售网络的完善，市场将进一步拓宽，不仅国内市场覆盖面进一步扩大，还将挺进国际市场。

4. 有潜质。技术力量雄厚，乐平现有桃酥生产专业技术人员逾千人，有研发、生产、销售“桃酥大军”数万人；配方难抄袭，乐平桃酥用料讲究、制作精良、工艺先进，特别是以江西食品厂生产的“安牌”系列桃酥为最，以其选料精细、配方科学、工艺先进、品种齐全、口味更纯，被国内食品专家誉为“中国桃酥王”，并于2018年获得景德镇市级非物质文化遗产项目“乐平桃酥制作技艺”；桃酥口味丰，除传统口味外，还有红枣

味、芝麻味、奶油味、枸杞味、香葱味、巧克力味、葡萄味、海苔味以及水果味等，适合老中青少小各个年龄阶段；市场口碑好，乐平桃酥以其干、酥、脆、甜等特点闻名全国，20 多个品种广受青睐，成为众多消费者走亲访友等必备的特色“粿子”，特别是无蔗糖桃酥更是江西首创产品，成为更多消费者舌尖上的“独家记忆”；国优品牌响，乐平桃酥享誉省内外，特别是“安牌”桃酥，1986 年被评为国家商业部优质产品奖；1987 年被评为省优质产品奖；1988 年被中国食品博览会授予银奖；1990 年被授予“中国桃酥王”荣誉称号，先后被评为“中国食品安全诚信品牌”“中国食品行业百年传承品牌”“赣鄱十宝”“2019 中华老字号博览会最具影响力奖”“2020 中华老字号博览会最受欢迎奖”等多项荣誉称号。2021 年 4 月 18 日，叙利亚驻华大使伊马德·穆斯塔法先生一行 10 人抵达景德镇进行访问考察，品尝“安牌”桃酥后盛赞，“如果不是提前知道我们品尝的是‘安牌’桃酥，我们还以为自己在丹麦”。他盛赞安牌桃酥的口感细腻酥香和丹麦国宝曲奇品牌 KJELDSENS 非常相似，并亲笔题词“我爱景德镇，我喜欢安牌”。

二、乐平桃酥产业发展的现实问题

虽然乐平人很早就制作桃酥，目前乐平桃酥生产销售规模在全省也是数一数二，但事实上乐平桃酥产业发展现状不容乐观，并非良性竞争，影响着桃酥产业发展壮大。

1. 品牌众多，竞争无序。目前，市场上并非只有“安牌”，近年来产生了多种品牌，如“乐平桃酥王”“瓷都桃酥王”“沃冠桃酥王”“高家庄桃酥”以及其他品牌桃酥高仿“安牌”等。因没有统一的制作工艺标准、品质质量标准，加之市场监管不到位，以致这些品牌的桃酥并没有“安牌”讲究用料、讲究工艺、追求品质，从而以低成本、高利润的目的参与竞争，导致市场竞争中，各类桃酥企业产品品质不一、良莠不齐、竞争无序、“内卷”严重、品牌化专业化程度不够，影响着桃酥产业良性发展。

2. 花落他家，优势不再。虽然乐平人以“安牌”桃酥摘获了“中国桃酥王”的桂冠，且保牌至今，但事实是“安牌”的品牌影响力也在弱化。随着中国轻工业联合会分别在 2017 年、2018 年把“中国桃酥之乡”“中式糕点之乡（桃酥）”授予鹰潭，“中国桃酥之乡”中式糕点之乡花落鹰潭

后，“安牌”桃酥、乐平桃酥在全省的影响力正在大大降低，乐平桃酥产业发展的优势弱化、压力骤增。

3. 机制不活，壮大很难。因没有一个统一的规划、统一的管理、统一的运营，各桃酥企业处在无序竞争、恶性竞争当中，加之江西食品厂因为体制机制的原因，企业对政策、对政府依赖大，企业内部创新活力不足，没有龙头企业的引领、没有政府政策的引导，导致全市桃酥产业发展举步维艰。

三、做大乐平桃酥产业的几点思考

乐平桃酥产业发展危机并存，优势尚在，潜力巨大，尤其是“一带一路”的纵深推进、千年瓷都的魅力显现，更为乐平桃酥产业发展带来了千载难逢的机遇。我们建议：要对标沙县小吃、鹰潭烘焙（10 万从业大军、300 亿产值）、资溪面包，全域一体推进桃酥产业发展，把“小桃酥”发展成“大产业”，带动百姓创业致富，助力全市高质量发展。

1. 要强化产业化领导。建议市委、市政府将桃酥产业作为主导产业之一，列入重点发展方向，按照“做响品牌、做大商会、做实生产、做旺贸易、做强研发、做靓集聚区”的总体思路，强化产业长期发展的顶层设计，制定出台培育产业发展相关扶持政策，优化产业布局和产品结构，形成统一规划、统一发展、统一管理的运营机制，推动桃酥产业实现一流管理、一流品牌、一流质量、一流包装的高质量发展，促进桃酥产业、现代服务业、休闲旅游业“三业融合”，生产、生活、生态“三生融合”，把乐平建设成集桃酥研发、培训、观光、展示、体验为一体的全域产业基地。

2. 要优化产业化环境。要优化发展模式，以“政府主导＋企业主体＋市场运作＋商会助力＋多方参与”为运作模式，以高标准、高质量、高水平推进后港食品工业集聚区和桃酥产业园规划建设，依托江西食品厂的行业影响力，创新模式开展对外招商推介，开展全产业链招商，打通上下游形成产业链。同时，产业园推出投资建设标准化厂房或按揭贷款入驻两种模式，最大限度地降低企业前期投资成本，努力打造一流的桃酥产业核心基地。要优化发展要素，大力发展乐平物流，减少物流成本，规范桃酥市场秩序；引导商业银行与市桃酥生产企业签订战略合作协议，推出“桃酥贷”特色产品，加大信贷专业资金投入，支持桃酥企业扩大生产销售规

模；加强与南昌大学食品学院合作，大力培养和引进专业技能创新设计和管理人才，做好桃酥产业技能人才的职业能力考核、培训和评价工作，支持开设本地桃酥人才培训基地，开展桃酥技术研发和创新，为产业可持续发展提供人才支撑；优化行政许可、金融、水电气等服务措施，减少企业制度交易成本；吸纳引导年轻人来乐开展小型化、门槛低、投入少的桃酥作坊式体验创新；建立乐平桃酥产业信息数据库，努力补齐各类生产要素，全面优化企业发展条件。

3. 要抓实品牌化打造。建议政府部门牵头，引导全市桃酥生产厂家，尽早统一搬迁至后港食品工业集聚区，抱团发展，形成产业链，以“安牌”中国桃酥王为旗舰产品，丰富桃酥文化内涵，全力做大桃酥系列产品，满足不同层次消费者的需求，并启动加速“中国桃酥之乡”申报工作（鹰潭只是举办了中国桃酥节）。同时，启动“乐平桃酥”及行业协会商标的注册，参照国家行业标准，制定乐平桃酥工艺、质量标准，提升乐平桃酥企业的产品品质，推动乐平桃酥向行业产业链、价值链高端跃升。组建行业组织——乐平市桃酥商会，定期组织各类交流活动，每年的春节、清明节，可专门召开桃酥从业者座谈会，引导会员单位共同分析市场形势、寻求合作机遇，通过相互考察学习，实现互通有无、取长补短、共同发展。

4. 要抓好网络化营销。要紧扣线上线下融合发展，立足“共建共治共享”，以公司入股、门店经营等模式，利用电商平台推广宣传，不断向全国各地延伸，做到“哪里有桃酥市场，哪里就有乐平人，哪里就有乐平桃酥专营店”。要建立和完善信息网络和反馈机制，及时掌握消费者诉求，根据消费者需求，进一步抓好科技创新和品质提升；要发挥名人效应，邀请省内外食品行业和相关部门的专家权威组织开展鉴评活动，对我市桃酥系列产品进行品评、作出评语，并把名人和评语应用到宣传中去，其次，在进出乐平206国道二个乡镇，做大型跨公路路牌广告“中国桃酥王之乡——乐平欢迎您”，进一步扩大乐平知名度和美誉度。

对推进“江西小炒乐平造”的几点思考

易安定

洪范八政，食为政首。近年来“江西小炒”热度颇高，以乐平人为主力军的“江西小炒”如雨后春笋在浙江各地的大街小巷涌出，迅速发展，在当地已具备较大的品牌效应与口碑。据不完全统计，目前“江西小炒”门店已超过5000余家，从业人员上万人。其中80%以上的经营主体为乐平人，其中鸬鹚、众埠、名口等乡镇人员最多。这些门店主要集中在浙江的台州（仙居、黄岩）、温州（乐清）、宁波、金华（义乌、永康）等地，福建泉州等地也有少量分布。

为此，笔者也特地到浙江杭州和义乌等地进行了实地考察调研。初步了解到：一家“江西小炒”店的年纯利润在20万~50万元之间；部分“网红店”“特色店”的年纯利润达100万~300万元；极少数转型成功，已从“江西小炒”升级为大酒店、连锁店的年纯利润甚至达到500万元以上。乐平小炒店店铺规模普遍不大，多数为十几平到几十平不等的小店，七八张桌子，最多容纳30人左右，采取夫妻店、父子店的经营模式。消费对象主要瞄准大众化群体，特别是当地务工人员和货运司机，以实惠的价格、家常的味道赢得大量回头客，素菜菜价10~15元之间，荤菜菜价一般在15~30元左右，单店日营业额一般大约在2000~5000元左右。餐饮口味包容化，菜品不固定，以市场为导向，川湘粤、淮扬等各大菜系俱全，市面上什么菜受欢迎就“模仿”什么菜，顾客要求什么口味就烹制什么口味。整个小炒行业投资门槛、成本、容错率低，加之自己做老板，不受约束、时间自由，使得“江西小炒”成为农村群众外出务工的最主要方向。

从目前整个行业来看，“江西小炒”除了门店经营者本人是江西（乐平）人外，不管是装修风格还是酒品菜品，都很难看到具体的江西（乐平）元素。就从运营来看，也存在很多痛点和堵点，比如原料成本高、房租水电贵、市场不稳定等等。就推进“江西小炒乐平造”工作，笔者认为主要是分三步走：原料供应链整合——标准化样板化打造——市场化推广运营。

一、原料供应链整合——突出从“要我干”到“我要干”转变。前期省里和我们乐平都尝试过对分散在各处的“江西小炒”门店进行整合，但效果都不太好，究其原因还是无法真正给从业者带来实质性的利益。可能部分从业者有家乡情怀，会愿意按照政府要求进行标准化改造，但其间要投入的成本还是让大部分从业者却步。要真正帮他们解决实际困难，他们才会愿意主动加入进来。在调研考察中发现，很多“江西小炒”门店离菜市场距离非常远，大部分业主反映每天单买菜和干货（米、油及各类调料）甚至要花 1~2 个小时，而且菜和干货价格普遍偏贵，有些甚至附近只有一家供应店，完全形成卖方市场。乐平是久负盛名的江南菜乡，拥有江西省最大的县级蔬菜批发市场，全市蔬菜年播种面积 36 万亩，年蔬菜总产量达 125 万吨；又是国家粮食储备基地，年粮食播种面积达 93 万亩，产量达 8 亿斤。乐平距离杭州大约只有 400 公里，乘坐新通车的杭昌高铁 2 小时左右就可以直达杭州；离义乌、诸暨、永康、金华等地也只有 300 余公里。如果能引入相关物流投资方或是由国资公司牵头，对整个产业配送和原料成本和利润进行科学细致的测算，整合组建完善供应链，组织菜农和规模企业与“江西小炒”门店签订合作关系，保证新鲜、无公害、可追溯的稳定供应和配送。同时建设数字交易平台和信息平台，实现资金流水并表，打通最初 1 公里与最后 1 公里，这样可能有望实现从业者、投资方和政府三赢。

二、标准化样板化打造——解决从“不会干”到“如何干”问题。在调研考察中发现，很多“江西小炒”门店经营者文化水平不高，虽然想融入乐平本地特色元素，但不知道如何干。很多从业者并没有经过专门的技术培训，在老乡或亲戚店里打下手学习了一个来月，就开始自己开店做菜，整个菜品口味也参差不齐。笔者建议还是要充分依托乐平在浙各处商会作用，成立一个“江西小炒”从业人员相关组织或协会，真正把从业人员整合起来。前期如果能够打通供应链配送，从业者在利益的驱使下就会想加入协会中。协会本身可以制定相关入会要求和协会章程。比如，由政府进行门店标准化改造，把乐平戏剧文化和乐平菜相关饮食文化融入其中。笔者认为完全可以结合前期打造乐平菜工作成绩，提供标准化装修模式（老北街样品店）、乐平菜菜谱和制作技法（《舌尖乐平》），通过文化赋

能和健康赋能两条路线，真正把“乐平文化”通过“江西小炒”这样一个渠道推广出去，在满足消费者味蕾的同时，也讲好乐平的故事、乐平的人文、乐平的历史底蕴。同时要求统一收支账号，实现资金流水并表。真正解决从业者“不知道怎么干”问题。

三、市场化推广运营——实现从“现象级”到“品牌化”出圈。当前期资源整合和标准化打造完成后，后期需要进行的就是扩大和推广整个市场，真正把“江西小炒乐平造”这个品牌打出去。建议突出“江西小炒”优势定位：比快餐盒饭更热乎，比城市食堂更好吃，比预制菜更新鲜健康。当前，快餐和预制菜是一个火热的话题，随之产生的各种争议也是层出不穷。“江西小炒”相比快餐和预制菜突出的一个优势就是食材新鲜、看菜点菜、现吃现炒，这是很多人选择江西小炒的一个重要原因。如果能在“新鲜健康”这个定位上做文章，真正把“反预制菜”品牌打响，也许能够获得更大市场。同时，后期可以采取加盟店的运营模式，对新从业者进行标准化培训，提供金融创业贷款支持，把当下火爆的文旅行业机遇（景德镇旅游业火爆出圈，清明期间同比增长9倍，位列全国热门旅游地第3名），充分把景德镇瓷文化和乐平戏剧文化有机融入餐饮行业和“江西小炒”之中，真正把“江西小炒乐平造”这个品牌打得更响。

后记

乐平素以“稻米流脂”物产丰，“村村沽酒唤客吃”著称赣鄱大地，凡节庆，或迎宾，必有佳肴美食好酒。久而久之，在勤劳智慧、淳朴好客的乐平人中，产生了一种“吃”的文化形态，即饮食文化。初步形成了属于景德镇菜、赣菜的重要组成部分，又有自己特色内涵的，包括“‘乐平水桌’宴席”“江西小炒·乐平菜”“乐平特色菜”“乐平小吃”四大系列的“乐平菜”。

为弘扬优秀传统文化，策应打造“景德镇菜”品牌部署，提升“乐平菜”品牌影响力，宣介乐平本土特色美食，激发内需活力，繁荣乐平餐饮业，推动文旅商贸业发展，根据市委关于打造“乐平菜”品牌工作安排，2023年12月以来，除推送“戏宴·曲水流觞”“府宴·洪马气度”两宴席到景德镇市参评外，在市内，采取现场烹饪评委评、线上征集线下评的办法，开展了“‘乐平菜’名品评选”和“讲好‘乐平菜’历史故事”征文的有关活动。

由于市委、市政府的高度重视，有关单位的大力支持，业界人士与美食爱好者的积极参与，打造“乐平菜”品牌的工作取得明显成效：

——2023年12月27日，在“景德镇菜”名品认定发布暨“景德镇菜”昌南里示范基地授牌仪式活动中，乐平市选送的“戏宴·曲水流觞”“府宴·洪马气度”（由乐平宾馆烹饪制作）入选为“景德镇名宴”。

——2024年1月20日开展的“乐平菜”名品评选活动中，在各乡镇及有关餐饮单位送评的90余道菜肴和小吃中，评选出“乐平30道名菜”和“乐平10道名点”。

——2024年1月底，在收到的“讲好‘乐平菜’历史故

事”120余篇征文中，评选出二等奖3篇、三等奖6篇、优秀奖30篇。

为和读者分享这次打造“乐平菜”品牌工作的成果，彰显乐平源远流长的饮食文化魅力，填补乐平菜系及饮食文化研究上的空白，以宣传推介，存史传薪，特组织力量编撰了这本《舌尖上的乐平》。

在本书的编撰过程中，得到了市领导的关心与重视，有各乡镇、街道，市政府办、市商务局、市教育体育局、市财政局、市融媒体中心、市档案馆、市文联、市经济合作交流中心、市机关事务管理中心、乐平宾馆、市历史文化研究会、市摄影家协会及相关单位参与和支持。

参加本书编撰的主要有徐行溥、曹涛勇、柴有江、彭建光、易安定等，由徐行溥负责统稿，除“品菜评谭”中署名的作者外，有如下同志相继提供或撰写部分资料：孙建明、王子琦、邹兵、余杰浩、吴英杰、涂斌、曹建波、程金山、卢翼、张国军、王义强、徐钟、程林平、郑琳琦、徐志鹏、周晓萍、屠俊哲、吴兴鉴、刘振清、齐文明等，图片由市摄协陈雪明、胡木水、刘凤雷、汪小华、徐天泽、郎治平、胡治平等提供（少数图片辑自网络，望作者与编者联系，以与本书其他作者同付稿酬）。

借此机会，向关心、支持、参与本书编撰的各级领导、诸多同志及有关单位，一并表示衷心的感谢！

由于编撰时间仓促、资料不足，加之编撰者水平有限，书中错漏、缺憾在所难免。敬请业内方家不吝指正，读者提出意见。

编 者
2024年5月